国家自然科学基金资助出版

高等学校信息安全类专业系列教材

网络行为分析与网络智慧治理

主编 于洪涛

编委 吴翼腾 李邵梅 黄瑞阳 曲 强

吴 铮 丁悦航 李 倩

西安电子科技大学出版社

内 容 简 介

网络空间一如物理世界，所有行为背后都可以看见人的影子，本书给出的即是一种网络行为的洞察术，书中具体研究网络行为背后是谁、是何居心以及此行为有无规律、可否预测等的理论和方法。

本书共 9 章，在总体概论的基础上，按照分析过程，对网络行为数据获取、数据聚合、数据处理、网络用户资源测绘、事件检测与评估、事件溯源、行为预测等几部分内容进行了体系化的讲解，并给出了基于行为分析的网络智慧治理方法。

本书例程翔实，体系完整，既可作为大数据、人工智能、网络空间安全领域的教材，也可作为网络行为分析专业研究者的工具书和参考书。

图书在版编目(CIP)数据

网络行为分析与网络智慧治理 / 于洪涛主编. —西安：西安电子科技大学出版社，2020.10
(2022.4 重印)
ISBN 978-7-5606-5772-1

Ⅰ. ①网… Ⅱ. ①于… Ⅲ. ①互联网络—用户—行为分析—研究 ②互联网络—治理—研究 Ⅳ. ①C912.6 ②TP393.4

中国版本图书馆 CIP 数据核字(2020)第 139259 号

策划编辑 李惠萍
责任编辑 祝婷婷 王 瑛
出版发行 西安电子科技大学出版社(西安市太白南路 2 号)
电 话 (029)88202421 88201467 邮 编 710071
网 址 www.xduph.com 电子邮箱 xdupfxb001@163.com
经 销 新华书店
印刷单位 陕西精工印务有限公司
版 次 2020 年 10 月第 1 版 2022 年 4 月第 2 次印刷
开 本 787 毫米×1092 毫米 1/16 印 张 17
字 数 392 千字
印 数 2001～3000 册
定 价 41.00 元

ISBN 978-7-5606-5772-1 / TP

XDUP 6074001-2

***** 如有印装问题可调换 *****

自　　序

2020 年的春节，过得很闹心，举国上下受疫情所困，据说皆因一只蝙蝠。

全球疫情持续发酵，远在澳大利亚的女儿依旧每天与我们连线，只是发生了些微妙的变化，经常由被动方变成主动方，由简单的"有事启奏、无事退朝"变成"无事找事、无话找话"，连线时长自然由短变长，通话结束的提议方竟然有时由她变成了我们。此事暂且不表。

于我而言，这个春节还有其他的意味。其间收到调令，于是在年近半百之际，正式进入职业生涯新阶段。虽早在意料中，却也难免心生戚戚。本早已视为寻常的城市、校园、办公室，都多了一层留恋的色彩。不能复工的日子，也给了我更长的时间以黯然告别，驰骋荣耀过的篮球场、久未踏访的小径、习焉不察的春芽新柳……中间难免触景生情，回忆起那些人、那些往事，甚至可笑地思考一下人生。

由自己的往事回顾妄想到人类历史，历史由无数大大小小的事件连缀而成，重大历史事件则能勾勒出历史发展的基本线索和大体轮廓。所以虽然我们相信历史是由人民群众创造的，但是学历史的时候，我们更多关注的是伟人和大事件。与此雷同，回顾个人的一段历史，也是由许许多多的事件堆砌而成，但是决定个人走向、可以勾勒个人历史轮廓、值得记录和回忆的其实也就是那么几件大事。所以，无论编年体、纪传体还是纪事本末体的史书，核心记载的都是关于人的事。学习历史是为明理，是为了让历史照进现实，也就是所谓的以史为鉴，以人为镜。然而，在文化多元的今天，我们可以看到，很多的历史人物形象被颠覆。这中间，除了人性本身复杂，难以二元定论之外，很多时候源自对其相关事件描述的准确性、完整性。人当然没有上帝视角，描述事件既不可能百分百准确，也不可能百分百完整，怕的是史官故意的歪曲或取舍。除此之外，科学的分析方法也极其重要，能否从人性出发，以同情心见微知著，也决定了历史分析的价值。以近年来出现的宋史、明史热为例，一方面是因为更多有佐证价值的史料、遗迹被发掘，另外很大一部分原因是这些作者能够在大历史背景下从人性角度将史实关联和取舍，代替了过去简单粗暴、人为强加的论断，自然更能打动读者。简言之，是否全面客观地评价一个人一件事，个人认为主要取决于两个方面：客观全面的事实描述加科学的分析方法。

回到与女儿连线的事上，从某一天开始，突然发现了这些微妙的变化。我想了下，这肯定也是疫情闹的，她一个人在国外，疫情暴发下被传染的风险，当地政府摇摆不定的抗疫政策，本地居民对华人的仇视，抢购潮下囤货的路径搜索，被砍单、断粮断卫生纸的焦虑，回国和继续学业的两难，甚至出门是否戴口罩的犹豫（戴口罩怕被打，不戴口罩怕被传染），凡此种种压在她一个人柔弱的小肩膀上，本来一个人在外求学就很难，如今难上加难，更难的是一个人憋在宿舍，无处纾解，我们就成了她最自然的选择和压力出口，所以，也就有了这些变化。因此，对事实的正确描述以及对这些事实基于历史背景和人性的解读，不只对大历史分析有效，对每一个微小的个体同样合乎情理。

互联网的迅猛发展带动了网络应用的普及，移动互联网和智能终端更是以个性化之名将这种普及推向极致，网络应用的普及引发对网络行为的关注，人们希望像解读史实和个体事件一样，通过对网络行为数据的客观全面的选取以及科学分析实现对其正确的解读，这就是网络行为分析的初心和起点。

回首 2020 年这不到四分之一的时间，我们就见证了如此多的大事件，疫情席卷全球且以恐怖速度增长、美股高频度熔断、各国封境……当然都不是什么好事。如果说蝴蝶效应还只是个学术名词，这次蝙蝠却着实让全世界见识了它的厉害。大风起于青蘋之末，回头看，在疫情之初很多事情就在网络上有了征兆，比如如今所说的"吹哨人"。如果能够敏锐捕捉到这些事件并且科学分析进而上达决策层，或许能有助于将新冠病毒扼杀在萌芽状态。发展到后来，大家隔离在家里每天都在网络上关注疫情、搜索药物信息、搜索交通信息……对这些公众网络行为的分析逐渐进入决策层视野并开始成为决策的重要依据。以这次疫情为范例，容易看出网络行为分析的重要性。

如果说之前人们还更习惯于面对面交流，这次的新冠肺炎疫情则逼迫大家学习和适应网上生活，连老师都变成了主播。从目前的全球疫情态势看，还无望短期内将新冠病毒"饿死"在人间，可以想见，非接触式的网络生活必将被更多人接受，不管人们愿不愿意。更多的社会人将变成网络社会人，网络行为数据将更加丰富多彩，网络行为分析也必将更加重要和热门。

复工前隔离幽闭于斗室，对本书做最后的修改，忽念及家事国事天下事，感其与本书所述内容之相通，故作此序，望能帮助读者更好理解本书，亦望本书能够对读者有所裨益。

于洪涛

2020 年 3 月于北京

前　　言

　　善恶同源，驾之者胜。当今世界，网络已经成为如同空气和水一样几乎不可或缺的存在，同时，网络的虚拟性也使其成为各种恶行滋生泛滥的空间：骚扰、诈骗、谣言、虚假评论、不良信息、反动宣传、网络渗透、网络群体性事件、网络病毒，凡此种种，危害百姓利益，破坏社会稳定甚至威胁国家安全。习近平总书记指出，网络空间天朗气清、生态良好，符合人民利益。网络空间的治理，不但需要全社会共同参与、共同努力，更需要技术手段的支撑和保障。网络空间安全的重要性已为全社会所公认，相关理论与技术也全面开花、枝繁叶茂。

　　凡是行过，皆有痕迹。网络世界，纵然表象繁杂缭乱，技术五花八门，其深层的背后仍然是物理世界鲜活的人，因而其本质与物理世界并无二致，"行"则有"痕"，透过"痕"则可以看清人。网络空间的"行"即网络行为，其"痕"即为网络行为数据。网络行为既是网络世界的重要组成部分，也是网络世界存在的理由。网络空间自身构成虚拟世界，但是由于网络背后的主角和驱动力是人，因而其必定与物理世界建立连接，构成广义上的网络空间。在广义的网络空间中，从衣食住行到精神需求甚至于其他的方方面面，物理世界的人都可以通过具体的网络行为得到解决和满足。通过对这些行为数据的分析，不难理解行为者的动机，甚至可以通过历史规律的分析对未来行为进行预测，这就是网络行为分析的初衷。网络行为分析技术近年来蓬勃发展，已发展成为网络空间安全的重要支撑。

　　有道无术，术尚可求；有术无道，止于术。网络分析技术的快速发展急需与之相适应的科学理论，然而截至目前，尚缺乏全面、统一的网络行为分析专著。我们在近年来的项目实践和学术研究中发现，网络大数据及人工智能的很多应用及研究虽名目各异，然本质和方法上殊途同归，深感统一论述之必要。基于统一论述的初衷，本书搜聚当前最热点的网络行为分析类应用，以它们为起始研究对象，针对它们做共性分析，建立网络行为分析技术的基本概念和框架，进而按照网络行为分析的过程，从行为数据获取、数据聚合、数据处理、网络用户资源测绘、事件检测与评估、事件溯源、行为预测等几方面进行了体系化的讲解，最后给出了基于网络行为分析的网络智慧治理方法。

　　兵无常法，水无常形，运用之妙，存乎一心。本书重点讲述关于行为分析的技术体系、技术原理及技术应用方法，但要正确分析网络行为，仅限于此是远远不够的。技术乃良工之利器，其重要性毋庸置疑，不过任何技术都不是万能仙丹，一试必灵，必须认真考察应用场景对技术的选择性以及技术针对应用场景的主动适应，尤其网络行为分析，其背后是复杂的、活生生的人。"周公恐惧流言日，王莽谦恭未篡时"说的就是识人之难。对网络行为分析来说，除了识人本难，需要从人性角度进行考察外，还要加上前置环节，即行为数据的选取难。人类没有上帝视角，永远无法得到全要素、全周期的行为数据，选取数据时，必须摆脱无关及伪劣数据的牵制、迷惑和干扰，否则如同缘木求鱼，结论可能与真相差之千里。可以说，行为数据选择的代表性和准确性很大程度上决定了行为分析的有效性。

本书的内容组织和形式设计，试图以身边的热点应用为起点，以容易理解的方式引导读者建立关于行为分析的整体概念，包括通用定义和理论框架，进而以具体的例程贯穿行为分析各个环节的讲解，帮助读者对照概念开展实操以深化理解。其中，全书的章节内容规划和整体统筹由于洪涛负责，第1章由于洪涛、吴翼腾编写，第2、4章由李邵梅编写，第3、8章由吴翼腾编写，第5章由黄瑞阳、李倩编写，第6章由吴翼腾、曲强编写，第7章由吴铮、丁悦航编写，第9章由曲强编写。另外，赵秀明、胡新棒、郑洪浩、李继中等为本书的绘图、审校、排版付出了大量心血，在此特真诚感谢他们的辛苦付出和认真态度。

本书终于能够付诸出版，感触良多，我要感谢所有给予我智慧的伟大的学者们，还要感谢职业生涯中给予我真诚的帮助、启发以及值得回忆和自省的人和事。特别地：

感谢已去世多年的父亲，他曾经当过多年的村支书，沉默寡言，很少过问我的学习和工作，但是他说过的一句话让我永生难忘，那就是在他供我们姐弟几个上学、遭遇亲邻不解甚至嘲讽时说的"砸锅卖铁也要供孩子们上学"。正是这句话让我们姐弟几个都走出农门、接受了高等教育，也正是这句话，让他负债劳累多年，却几乎没有享受过生活。父亲，我时常在梦中看到您慈祥的微笑！

感谢我的母亲，她只是一个普通的农民，几乎没有接受过什么教育，但她是十里八村有名的记忆力好、识字多的人。在她八十多岁的时候，仍然会偶尔戴上老花镜颤颤巍巍地给孙女写上一两句祝福的话，也会在遇到不认识的字时向别人虚心请教。她有着那个年代妇女共有的勤劳能干的品质，而且富有生活智慧，印象中当年她总能把贫穷的家打理得整洁温馨。她常常会用"但做好事莫问前程"之类的俗语，告诉我们做个好人，做个善良的人。母亲很宽容，对所有的人，其中也包括我，她从不计较我没在她膝前尽孝。今年疫情期间母亲不幸离世，即使在她生命最后的时间里，仍然时常催我早点回单位，好好工作。寸草之心，何以报母爱春晖！

在此特别感谢我的三个姐姐，这些年来，她们毫无怨言、默默付出，照顾父亲母亲，总是告诉我不用牵挂家里，又时常提醒我工作的时候要劳逸结合、保重身体。有她们在，我有一种一直没有长大的错觉，不用操心家里的事，也没有在父母前尽到我的孝心。她们的爱如冬日暖阳，温柔和煦。我只想在此告诉她们，我一直幸运于做她们的弟弟！

衷心感谢我的爱人，她在兢兢业业完成自己工作的同时，无私地操持着全家的衣食起居，默默承担着单调、枯燥、琐碎的家务劳动。她一直包容我的缺点，还用实际行动理解并支持我的工作，会在我忙得晕头转向的时候提醒我给母亲打电话、陪母亲唠唠家常，也会在我苦恼烦躁时给予我耐心的倾听和安慰，还会在很多问题上与我交流看法，从新的视角给我中肯的建议、启发性的思路甚至完美的答案。她的鼓励和支持，是我完成此书最大的动力！

感谢我的女儿，她很小就独自踏上异国求学之路，用瘦小柔弱的肩膀扛下了一个人在外的生活和学习压力。尤其是2020年的新冠肺炎疫情期间，她自己谋划、克服重重阻力，辗转第三国回到澳大利亚，并且在澳大利亚疫情暴发后，一边坚持学业，一边"深挖洞、广积粮"，整个过程，让我见识并且感动于她的独立、努力和坚强。自强者，人恒强之，谨以此书与她共勉！

感谢西安电子科技大学出版社的李惠萍老师，她热情地支持我编写此书，且在写作过程中给予我不厌其烦的悉心指导。

由于作者水平有限，书中难免存在不足与纰漏之处，敬请广大读者不吝指正。

于洪涛

2020 年 8 月

作 者 简 介

于洪涛，1970 年出生，男，辽宁丹东人，博士，研究员，博士生导师。主要研究方向为网络大数据分析，网络内容安全；在相关领域获国家科技进步一、二等奖各 1 项，省部级科技进步二等奖 2 项。

吴翼腾，1992 年出生，男，吉林省吉林市人，硕士，在读博士生。主要研究方向为机器学习中的安全问题。

李邵梅，1982 年出生，女，湖北钟祥人，博士，副研究员，硕士生导师。主要研究方向为网络多媒体数据的分析、处理；在相关领域获省部级科技进步二等奖 1 项。

黄瑞阳，1986 年出生，男，福建漳州人，博士，副研究员，硕士生导师。主要研究方向为网络数据内容智能理解；在相关领域获省部级科技进步一、二等奖各 1 项。

曲强，1994 年出生，男，黑龙江齐齐哈尔人，硕士。主要研究方向为数据分析、异常行为检测。

吴铮，1992 年出生，男，江苏徐州人，硕士，在读博士生。主要研究方向为基于图深度学习的链路预测。

丁悦航，1995 年出生，女，山东济南人，硕士。主要研究方向为复杂网络、知识图谱。

李倩，1989 年出生，女，河南郑州人，硕士，在读博士生。主要研究方向为复杂网络的鲁棒性。

目　录

第1章　网络行为分析概述............................ 1

1.1　引言 1

1.2　网络行为分析的基本概念和实现过程 2

1.3　网络行为分析的八类热点应用 3

　1.3.1　用户行为数据聚合 3

　1.3.2　社交网络群体发现 5

　1.3.3　网络机器人行为分析与异常检测 7

　1.3.4　信息传播建模 8

　1.3.5　入侵检测 9

　1.3.6　用户画像 9

　1.3.7　推荐系统 11

　1.3.8　点击率预测 12

1.4　网络行为分析的共性方法 13

　1.4.1　基于结构化属性信息的方法 14

　1.4.2　基于文本信息的方法 14

　1.4.3　基于图像信息的方法 15

　1.4.4　基于网络结构信息的方法 16

　1.4.5　基于轨迹信息的方法 16

1.5　常用方法对比分析 17

　1.5.1　网络行为分析方法的实现过程 18

　1.5.2　特征建模的可解释性 18

　1.5.3　机器学习模型的安全性 19

　1.5.4　机器学习方法对计算资源的
　　　　 依赖性 20

1.6　网络行为分析与网络智慧治理.................. 20

本章小结 22

本章参考文献 23

第2章　网络空间行为分析数据采集技术........... 24

2.1　基于爬虫的网络数据采集 24

　2.1.1　静态页面的数据爬取 25

　2.1.2　动态页面的数据爬取 28

　2.1.3　滑块验证登录 33

　2.1.4　字体二次编码 41

　2.1.5　Scrapy 爬虫简介 47

　2.1.6　基于 Scrapy-Redis 的分布式爬虫 ... 52

2.2　网站分析数据采集 56

　2.2.1　基于 Web 日志的数据采集 56

　2.2.2　基于 JavaScript 标记的数据采集 57

　2.2.3　基于第三方平台的数据采集 59

2.3　全量流量采集 61

　2.3.1　基于 SNMP 的流量采集 61

　2.3.2　基于端口镜像的流量采集 62

　2.3.3　基于探针的流量采集 63

　2.3.4　基于分光器的流量采集 63

　2.3.5　基于 NetFlow 的流量采集 64

　2.3.6　基于 sFlow 的流量采集 65

本章小结 66

本章参考文献 66

第3章　网络空间行为数据聚合技术............67

3.1　用户行为数据聚合的基本概念 67

　3.1.1　问题描述 69

　3.1.2　技术框架 70

　3.1.3　相似度计算 71

　3.1.4　账号匹配 74

　3.1.5　评价指标 78

3.2　基于网络结构信息的行为
　　　数据聚合技术 79

　3.2.1　基于隐藏标签节点挖掘的方法.........80

　3.2.2　基于网络表示学习的方法.................84

3.3　基于属性文本信息的行为
　　　数据聚合技术 88

　3.3.1　基于属性信息熵权决策的方法.........89

　3.3.2　基于模糊积分的属性文本
　　　　 信息融合方法 92

3.4　基于用户轨迹信息的行为
　　　数据聚合技术 97

　3.4.1　基于轨迹位置访问顺序特征的
　　　　 方法 97

　3.4.2　基于时空轨迹顺序特征表示的
　　　　 方法 103

本章小结 108

本章参考文献 108

第4章　网络行为数据的提取、处理和管理..... 109
　4.1　网络协议解析................................. 109
　　4.1.1　pcap 文件格式.................. 109
　　4.1.2　基于 Wireshark 的网络协议解析.......111
　　4.1.3　基于 Scapy 的网络协议解析.........115
　4.2　数据清洗..................................... 116
　　4.2.1　去除/填充有缺失的数据......... 117
　　4.2.2　逻辑错误清洗...................... 119
　　4.2.3　关联性验证.......................... 119
　4.3　特征数据的处理........................... 120
　　4.3.1　定性特征的处理方法............. 120
　　4.3.2　时间型特征的处理方法......... 122
　　4.3.3　文本型特征的处理方法......... 122
　　4.3.4　组合特征分析...................... 123
　4.4　特征选取..................................... 124
　　4.4.1　过滤式(Filter)方法............. 124
　　4.4.2　包裹式(Wrapper)方法......... 125
　　4.4.3　嵌入式(Embedded)方法......... 125
　4.5　网络行为分析的特征提取案例 126
　　4.5.1　数据理解与分析.................. 126
　　4.5.2　特征预处理.......................... 128
　　4.5.3　特征联想.............................. 128
　　4.5.4　特征提取.............................. 130
　　4.5.5　特征选择.............................. 131
　4.6　用户行为特征管理....................... 131
　　4.6.1　存储机制.............................. 131
　　4.6.2　查询机制.............................. 133
　　4.6.3　定时更新机制...................... 134
　本章小结... 136
　本章参考文献...................................... 136
第5章　基于行为分析的网络用户资源测绘...137
　5.1　全局性网络用户资源测绘........... 137
　　5.1.1　用户通联网络的构建........... 138
　　5.1.2　用户通联网络拓扑结构分析...139
　　5.1.3　用户通联网络抗毁性分析......141
　　5.1.4　用户群组发现...................... 145
　5.2　用户个性化深度测绘................... 147
　　5.2.1　通信用户多维度特征建模......147
　　5.2.2　通信用户画像构建技术......... 151

　本章小结... 153
　本章参考文献...................................... 154
第6章　事件检测与事件状态评估 155
　6.1　网络舆情事件检测....................... 155
　　6.1.1　虚假内容检测...................... 156
　　6.1.2　水军账户检测...................... 160
　　6.1.3　新兴事件检测...................... 162
　6.2　事件状态评估.............................. 163
　　6.2.1　突发事件分析...................... 164
　　6.2.2　电信诈骗分析...................... 164
　　6.2.3　舆情事件分析...................... 166
　　6.2.4　事件状态评估的层次分析法...........168
　本章小结... 173
　本章参考文献...................................... 173
第7章　网络事件溯源 174
　7.1　图像视频理解.............................. 174
　　7.1.1　基于特征的图像理解方法......175
　　7.1.2　深度学习方法生成图像描述...178
　　7.1.3　行人身份识别...................... 181
　　7.1.4　视频理解.............................. 194
　7.2　单一自媒体事件信息溯源 195
　　7.2.1　微博类信息溯源的概念......... 195
　　7.2.2　影响力计算及意见领袖发现...196
　　7.2.3　微博类信息传播模型........... 197
　　7.2.4　微博类信息溯源的方法分类...197
　7.3　多源媒体事件信息溯源 201
　　7.3.1　多源媒体信息溯源的概念......201
　　7.3.2　多源媒体信息的统一表达......201
　　7.3.3　多源媒体信息的联合溯源方法.......202
　本章小结... 204
　本章参考文献...................................... 204
第8章　网络用户行为预测 205
　8.1　链路预测技术.............................. 205
　　8.1.1　链路预测方法概述............... 206
　　8.1.2　基于静态信息的链路预测技术.......211
　　8.1.3　基于时序信息的链路预测技术.......216
　8.2　消费行为预测和消息精准推送 221
　　8.2.1　消费预测和消息推送的
　　　　　 协同推荐技术概述.................222

8.2.2 以用户为中心的协同推荐技术 226

8.2.3 以项目为中心的协同推荐技术 231

本章小结 236

本章参考文献 236

第9章 网络空间智慧治理 237

9.1 柔性治理技术 238

9.1.1 诱导图片生成 239

9.1.2 诱导文本生成 243

9.1.3 诱导音视频生成 249

9.1.4 诱导网络生成 252

9.1.5 柔性治理技术小结 254

9.2 刚性治理技术 254

9.2.1 小范围隔离治理 255

9.2.2 大范围阻断治理 256

本章小结 257

本章参考文献 257

第 1 章　网络行为分析概述

　　网络空间一如物理世界，所有行为背后都可以看见人的影子。网络行为的背后是谁？网络行为有无规律、可否预测？是否有一种像水晶球一样的洞察术，能够让我们不畏浮云，指导我们穿透表象、直达本质？网络行为分析，正是这样一种技术和方法。本章概述了网络行为分析的最新研究成果，在给出网络行为分析定义的基础上，阐述了网络行为分析的八类热点应用及共性方法，并对网络行为分析传统方法与新型方法在实现过程、特征建模的可解释性、机器学习模型的安全性、计算资源的依赖性等方面进行了对比分析，最后对网络行为分析在网络空间智慧治理中的应用进行了概要说明。

1.1　引　　言

　　人们处于纷繁复杂的网络世界。2019 年，我国移动通信用户达到 16.32 亿，移动通信普及率为 114.4%，独立用户普及率为 83.8%，网络规模、用户规模均位居全球首位；截至 2018 年 12 月，我国网民规模达 8.29 亿人，互联网普及率达 59.6%。网络的大规模普及与网络终端程序(也称网络应用或网络 APP)的常态化使用相互促进、密不可分。网络及网络应用的大规模普及，一定程度上改变了人们的生活方式。

　　打开我们的手机，满屏的网络应用甚至多到必须靠分组才能放下：万能的电商平台，航班管理、高铁管理、汽车导航、共享单车等出行类网络应用，理财、炒股、手机银行等金融类网络应用，网络游戏、K 歌、听音乐、听小说、电影电视剧等娱乐类网络应用，还有无法准确分类的网络短视频、网络社交、网络自媒体等，从衣、食、住、行到精神需求，应有尽有。网络应用从早期的单纯线上演变为线上线下相结合，如今已经渗透到人们工作、生活的每个角落。2020 年新冠肺炎疫情期间的居家隔离式抗疫，更是加深、加速了网络对国人的改造，老师们在网络课堂中变成了主播，IT 精英通过短视频自学成了大厨。因为网络，我们的生活更加便捷，更加丰富多彩。

　　当然，网络也产生了很多负面影响。青少年游戏或网络成瘾是很多家长头疼的难题，动辄网络人肉侵犯了用户的隐私，发达便利的网络平台甚至成为很多违法犯罪滋生的温床：轻则虚假评论、黄色信息、网络谣言、电信骚扰、电信诈骗，重则反动宣传、网络渗透、网络群体性事件，威胁人民生命财产安全，破坏社会稳定，甚至威胁国家安全。

　　水能载舟，亦能覆舟。水是无辜的，网络本身也是无辜的，造成以上两种截然不同后果的是不同的网络打开方式。兴利除弊是人类面对问题的一贯选择，在网络应用上也是如此。一方面，为了改善用户的体验，提高用户的黏度和活跃度，提高盈利能力，网络应用开发者各显神通：搜索引擎对所有用户的搜索历史进行统计分析，根据用户的当前输入向其提示可能希望搜索的关键词；短视频平台根据用户之前的观看历史，实时推送用户可能感兴趣的视频内容；电商平台根据用户的消费习惯向其推送可能感兴趣的商品；出行类应用根据用户的旅行史向其推送定制的旅行套餐；等等，不一而足。另一方面，为了抑制网络上的各种负面行为，社会工作者、管理机构也做了大量的工作，付出了艰苦的努力：社会学者研究如何帮助青少年克服网瘾，理论工作者研究如何建立网络伦理体系，电商对虚假评论进行检测和打击，运营商配合监管部门对网络诈骗进行监测和溯源，等等。近年来，上述工作在现实需求的强烈驱动下，无论在理论研究还是实践应用中都取得了相当大的进展。

我们在项目实践和学术研究中发现，上述的很多应用及研究虽名目各异，但是其核心都与网络上的行为有关，且在本质和方法上殊途同归。然而截至目前，这方面尚缺乏全面、系统的专业论著。基于上述背景，本书拟以网络行为为核心，以当前热点的网络应用为起始研究对象，针对它们开展共性分析，建立统一的理论体系及共性的方法体系，并分别对体系中的各个环节进行详细论述，最后对网络行为分析在网络空间智慧治理中的应用进行探讨。

1.2　网络行为分析的基本概念和实现过程

1.1 节中列举了一系列的具体网络行为。本书中，网络行为指网络空间内行为主体为实现某种特定的目标，以网络应用和协议作为手段及方法进行的有意识的活动，也称网络用户行为。从定义中可以看出，这里的网络行为是用户的所有行为在网络域中的子集，可以简单地理解为与网络相关的用户行为。由于社会个体的网络行为高度依赖和受限于其社会环境，因而社会个体的网络行为具有如下三方面特点：

一是网络行为与现实行为高度相关，二者既源于共同的社会基础，又因不同的作用环境而有所差异；

二是个体网络行为具有风格相对稳定性和一致性的特点，即同一个体在同一网络平台上的行为风格在一定时间内相对稳定，在不同网络平台上的行为风格具有一定的共性；

三是网络群体行为具有趋同性特点，由于某种程度上摆脱了现实世界的羁绊，故广场效应在网络世界里更易被放大。

这种与网络相关的行为被记录或采集，就形成了网络行为数据，也称网络用户行为数据。网络行为分析就是指通过数据采集技术从网络空间中获取用户行为数据，进而对其进行分析与理解，乃至预测预警的整个过程。360 企业安全集团董事长齐向东指出，第三代"查行为"的网络安全体系，是当前网络安全领域较为理想的解决方案。网络行为分析通过理解网络行为、探索网络行为规律，为网络空间智慧治理提供有效的技术和理论支撑。

本书以热点应用为出发点，对网络行为分析进行总结论述，这些热点应用包括：用户行为数据聚合、社交网络群体发现、网络机器人行为分析与异常检测、信息传播建模、入侵检测、用户画像、推荐系统和点击率预测等。总体上看，网络行为分析的实现过程主要包括以下几个环节：

(1) 网络行为数据获取。

网络行为数据获取是网络行为分析的前提，网络行为数据的数量和质量很大程度上决定了网络行为分析应用的效果。针对不同网络场景,可采用不同数据采集方法:一是针对大多数网页,采用主流的网页数据采集软件,如火车采集器、八爪鱼、集搜客等;二是针对特殊网页,通过编程实现更灵活的数据采集;三是针对网络节点流量数据,采用端口镜像法、接入分光器法等在线数据采集方法。

(2) 网络用户行为特征建模。

特征建模是网络行为分析的基础,需要根据网络行为数据的类型和特点选择相应的建模方法。本书将网络行为分析涉及的数据类型分为结构化属性信息数据和非结构化内容数据两类,而非结构化内容数据又分为文本数据、图像数据、网络结构数据、轨迹数据等。这些原始数据大多不能被传统的模式识别方法(如分类、聚类、回归等方法)直接处理,需对这些数据进行特征提取或特征建模,将具体的网络行为分析问题转化为机器学习问题。近年来随着算力的提升,基于神经网络的方法重新得到重视,尤其是以 2016 年 AlphaGo 大败李世石、2017 年 AlphaGo 大败柯洁标志性事件,深度学习方法在网络行为分析各类应用场景中普遍使用。与传统的网络行为分析技术解决应用问题的思路不同,深度学习方法往往不需要专门对原始数据进行特征建模,它可直接将文本数据、图像数据、网络结构数据、轨迹数据等不同类型的数据输入深度学习模型进行训练,这类深度学习模型常被称为端到端的深度学习模型。在深度学习模型中,传统的特征建模环节一般对应为深度神经网络的第一层,例如针对文本数据的文本表示学习,针对图像数据的网络表示学习或图神经网络的输入层,针对轨迹数据的轨迹表示学习。

(3) 基于机器学习的网络行为分析。

机器学习方法的恰当运用是网络行为分析的关键。本章总结了网络行为分析的八类热点应用,从中提炼出网络行为分析的共性方法。从热点应用涵盖的共性方法来看,基于特征建模的传统方法与无须特征建模的新型方法各有利弊。传统方法直观地对特征建模,模型的可解释性强,但无法挖掘网络行为数据的深度特征[1];传统方法对计算资源的依赖相对较弱,深度学习方法往往需消耗较大的计算资源[2]。虽然基于深度学习的网络行为分析方法与传统方法在处理流程和处理平台等方面有所差别,但是二者在解决网络行为分析的具体问题时,采用的从建立模型到指定损失函数再到具体求解算法的基本框架完全一致[3,4]。

下面通过对网络行为分析的八类热点应用的论述,得到网络行为分析的共性方法。

1.3 网络行为分析的八类热点应用

1.3.1 用户行为数据聚合

在网络业务高度融合、跨网域复杂事件日益增多的背景下,跨网域综合治理是网络治理的大方向。然而,目前网域间信息割裂、跨网域信息共享不足,例如同一个社会个体可能同时拥有微信、QQ、淘宝、抖音等多个不同应用的账号,而其在不同的网络应用、不同的网络平台上往往呈现不同的身份,有不同的行为表现。为此,将两个或多个网络平台中同属一个现实用户主体的用户数据建立联系(即对网络用户在多网域中的行为数据进行聚合分析)已成为网络综合智慧治理的重要依据。用户行为数据聚合通常基于用户行为特征的相似性度量。

　　由于网络数据形式多样，其账号特征也包含多个类别，因此没有任何一种算法能够适用于所有的网络应用。但是当待匹配的网络同时拥有某种类型的用户信息时，便可进行数据聚合。用户在网络中的信息主要有三类：网络结构信息、属性文本信息和用户轨迹信息。可以针对不同的数据类型进行相似性度量以实现数据聚合。用户行为数据聚合的主要环节如图 1.1 所示。

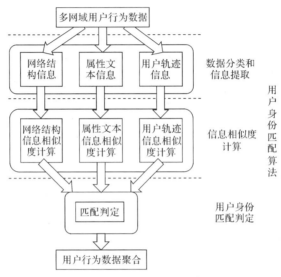

图 1.1　用户行为数据聚合的主要环节

　　以网络结构信息为主的用户行为数据聚合方面，传统方法的研究重点在于网络结构特征提取，包括节点的重要性、节点间关系等。Narayanan 等人于 2009 年提出的算法，是较早的完全基于网络结构信息的用户数据聚合算法。从已知匹配的种子用户节点出发，衡量种子节点附近的待匹配节点的相似度，并将判定匹配的节点加入种子节点集中进行迭代，最终得到完整的匹配用户身份集合。Korula 等人于 2014 年首次在数学上证明了跨网络匹配节点的一些性质，并利用结论在随机图和真实社交网络中取得了较好的效果。Zhou 等人于 2016 年提出了 FRUI 算法，首先为每个待匹配节点建立候选匹配集，计算匹配得分，设定阈值判定身份是否匹配。Zhang 等人提出了一种基于网络能量的用户数据聚合模型，解决了 3 个以上网络数据聚合的一致性问题。2014 年以来网络表示学习技术开始兴起，研究者将其应用于解决数据聚合问题。Man 等人通过网络嵌入技术，将网络结构信息嵌入节点向量中，从而计算节点向量相似度并进行数据聚合。Liu 等人将节点的出入度特征嵌入向量中，从而完成有向网络的用户数据聚合。

　　以属性文本信息为主的用户行为数据聚合方面，可以对用户基本的行为和属性特征进行相似度匹配判决，例如用户注册时使用的用户名、昵称、头像、性别、年龄、兴趣，以及关注数量、粉丝数量、位置等。Perito 等人以及刘东等人较早研究了用户名相似度度量方法。针对个人简介等描述性文本信息，可采用 LDA(Latent Dirichlet Allocation)主题模型或 TF-IDF(Term Frequency-Inverse Document Frequency)等方法。得到各属性信息相似度后，通常需要进行特征的权值分配和分类判决。Goga 等人提出的利用 n-gram 的语言模型提取用户的写作风格，是一种基于频率的用户风格分析算法。吴铮等人提出的基于信息熵的权值分配方法，不需对权值进行主观分配。

以用户轨迹信息为主的用户行为数据聚合方面，主要利用用户时空轨迹数据。目前越来越多的网络应用开始提供定位、签到等功能，其中的用户时空轨迹数据，为实现基于时空轨迹的行为数据聚合提供了可能。Rossi 等人利用位置信息，并结合用户轨迹特征和访问特定位置的频率，建立了混合判别模型来判断两条轨迹的相似度，该模型在轨迹数据相对稀疏的数据集中也能取得很好的效果。Han 等人将位置和时间数据结合，建立了时间、空间和用户之间的三部图，并以此计算时空轨迹的相似度，从而完成用户数据聚合。Seglem 等人进一步考虑了节点位置迁移速度特征，建立了时空轨迹相似性度量进行用户数据聚合。

1.3.2　社交网络群体发现

在线社交网络承载着海量的网络用户行为信息，是开展网络行为分析的重要依托。社交网络群体是在线社交网络重要的中观组织。网络群体是以某一事件、话题或个体用户的共同利益等为核心汇聚的网络个体集合，它并非网络个体的简单聚合。网络群体的形成促进了信息共享、扩散和传播，推动了网络空间与现实空间的虚实互动。作为网络行为分析的重要应用，社交网络群体发现一方面直接应用于挖掘特定目标群体，另一方面它也是网络用户多重身份匹配技术、网络中信息传播等技术的重要基础。社交网络群体发现主要基于两类方法。一类以网络拓扑结构的"内聚性"为基础，结合其他信息，发现网络中形成的紧密团体。图 1.2 所示是以拓扑结构的"内聚性"为基础的某单位学术合作网络社区结构图，其中学者的名字以字母代替，字母标签的大小表明与其他学者合作发表论文篇数的多少。另一类是以用户个体"相似性"为基础，发现网络中的同类用户[2]。例如电商平台以用户的消费能力为"相似性"依据，为用户划分会员等级。

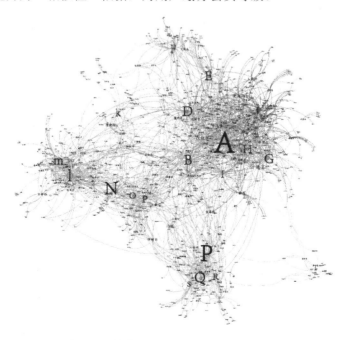

图 1.2　某单位学术合作网络社区结构图

社交网络群体发现研究主要面向以下几类需求：

一是通用的网络群体发现。早期的网络群体发现主要基于用户行为的网络结构数据，抽象出邻接矩阵，通过图分割、谱分解、层次聚类、非负矩阵分解、标签传播算法等方法实现非重叠的用户群体划分。最具代表性的是 Newman 等人根据网络群体结构中"群体内连边紧凑，群体外连边稀疏"的特点，建立模块度的概念，并以此为优化目标划分网络群体。

二是重叠社区发现。在线社交网络中具有重叠结构的网络群体十分普遍。以微信为例，一个用户可能从属于多个不同的微信群，这就是网络中的重叠群体结构。重叠网络群体发现是非重叠网络群体发现的拓展。Nepusz 等人以及沈华伟等人对无向网络中的模块度进行了扩展。吴翼腾等人提出重叠模块度对重叠社区优化的理论缺陷，证明了在扩展的重叠模块度的观点下不存在最优的重叠社区结构。Xie 等人将传统的重叠群体发现方法分为五类，分别为派系过滤方法、基于代理的动态方法、局部扩展优化方法、模糊检测法、边划分方法等。Palla 等人首先提出派系过滤方法，该方法首先寻找网络中 k 个节点组成的全连通子图(k 派系)，若某节点与 k 派系的任意 $k-1$ 个公共节点相连，则将其划分为一个群体。基于代理的动态方法是非重叠网络群体中标签传播算法的扩展，若一个节点可以拥有多个标签，则划分的结果为重叠结构。局部扩展优化方法首先依据某种策略选择种子节点，进而通过优化目标函数对种子节点扩展划分群体。模糊检测法采用模糊数学中集合隶属度的概念表示节点和社区的隶属关系，通过确定隶属度和阈值划分网络群体。边划分方法的基本思想与节点划分相呼应，通过对边的划分进而实现网络群体发现。

三是大规模网络群体发现和动态网络群体发现。随着网络规模的迅速增长和网络结构的不断演变，涌现出群体发现的新问题：大规模网络群体发现和动态网络群体发现。为解决大规模网络群体发现问题，李建华等人根据不同的局部优化策略，将现有的局部优化社区发现方法大致分为局部扩展优化、派系过滤、标签传播以及局部边聚类优化四类。Giulio Rossetti 等人将动态网络群体发现分为三类，分别是基于实例优化的群体发现、基于历史时间片段迭代的群体发现和跨时间的群体发现。

四是网络用户群体的分类。在线社交网络用户数量庞大，从不同角度可得出不同的用户类型划分。粗粒度地将用户划分为正常用户和异常用户，其中异常用户可能对网络空间安全造成威胁。例如，商家为了商业利益，歪曲商品价值导向；罪犯利用多个马甲(网络用语，一个现实人在同一社交媒体注册多于 2 个(含 2 个)ID 并同时使用时，常用的或知名度较高的那个 ID 一般称为主 ID，其他 ID 称为马甲 ID，简称马甲)欺骗网络用户，盗取信息，甚至进行网上欺凌。截至 2012 年 6 月，Facebook 存在约 8.7%(8.3×10^7 个)的虚假用户；Twitter 面临同样的问题，大约 5%的用户是虚假用户，有的专家则认为这一比例有可能高达 10%。相关学者对社交网络异常用户检测技术进行了研究。Kumar 等人总结了社交网络中异常用户检测的现状和相关技术；Jiang 等人重点剖析了基于特征、基于空间、基于密度等恶意用户检测算法及其应用；Beutel 等人针对虚假信息的检测问题，研究基于图的算法，将其分成子图分析与挖掘算法、标签传递算法、隐因子分解算法等；还可以采用文本分类方法，根据用户注册的平台类型对其分类，例如社会公益类、影音娱乐类、资讯阅读类、电商平台类、旅游出行类、健康医疗类、社交类、金融理财类、汽车类、学习教育类、企业办公类、休闲类、生活类等。划分用户类型通常使用文本分类技术，常用的方法有词袋模型、n-gram 模型、TF-IDF 模型、LDA 主题模型、Word2vec 等文本特征表示方法和 textCNN、textRNN、textRNN+ 注意力机制等深度学习文本分类算法。

1.3.3　网络机器人行为分析与异常检测

网络机器人又称为 Robots，或者 Spiders，它是一种专业的 Bot 程序。世界上第一个用于监测互联网发展规模的 "机器人" 程序是 Matthew Gray 开发的 World Wide Web Wanderer，起初，它仅被用于统计互联网上服务器的数量，后来发展出能够检索网站域名的功能。随着互联网的迅速发展，检索所有新出现的网页变得越来越困难，因此，在 Wanderer 的基础上，多位学者在最初两届国际万维网会议上发表了数篇关于网络机器人的论文。其核心思想是，每一个网站都可能链接到其他网站，以某一个网站作为起始点开始检索，就有可能链接到整个互联网。到 1993 年底，若干基于上述原理的搜索引擎开始出现，其中以 JumpStation、The World Wide Web Worm 和 Repository-Based Software Engineering 最负盛名。

随着信息的爆炸式增长，为了高效、精准地获取信息，网络机器人被日益广泛的应用，导致有限资源被占用，正常用户的网络需求难以满足，网络数据的真实性也难以得到保障。同时，网络机器人也被用于欺诈、造谣、恶意中伤等不良网络行为，误导公共舆论，影响人们的正常生活，扰乱社会秩序，损害网民的合法权益，给我国的经济、社会、政治安全带来了危害，对个人生活和企业组织造成了困扰。虽然网络机器人本身是自动运行的，但是其行为反映了其背后实实在在的人的动机——为实现某方面利益的最大化。例如，抢票软件在购票速度方面的优势使用户的手动购票操作完全处于劣势，因而成为部分商家的牟利工具。此外，在很多网络投票选举的过程中，有人利用网络机器人刷票，使得投票数据不再真实。数据统计表明，由网络机器人制造的流量占网络总流量的 8.51%～32.6%。通过用户行为数据分析网络机器人的行为、检测违规或违法网络机器人是网络行为分析在网络空间安全领域的重要应用。

Tan 等人首先开展了探测网络机器人的相关研究工作，他们提出了一种使用点击流数据中的导航模式识别网络机器人的方法。与此类似，基于用户的日志数据或流量数据，Zafarani 等人采用逻辑回归模型检测美国有线电视新闻网(Cable News Network，CNN)中的异常用户与异常行为；Jindal 等人采用同样模型对 Amazon 中的虚假评论进行识别。Ratkiewicz 等人利用 AdaBoost 方法识别 Twitter 中的水军，并使用假设检验对信息增益最大的十类特征进行详细分析。Benevenuto 等人以及 Solorio 等人利用支持向量机模型识别 Twitter、维基百科等网络中的虚假用户和垃圾信息。张文琦等人采取随机森林等方法对用户日志数据进行分析和对异常行为进行检测，并设计了交互式可视化系统。以上研究主要采用有监督的模式识别方法。针对网络用户行为数据不带有标记或标记稀疏等情况，常采用无监督的模式识别方法。杨加等人把信息论中熵的思想应用于电子邮件的暴力破解行为检测，用 K-Means、KNN 等无监督方法对攻击行为进行聚类分析。曲强等人针对有监督算法和无监督算法只能提取浅层特征的问题，以及图算法计算复杂度过高的问题，提出了基于图卷积神经网络(GCN)的异常用户检测技术。通过使用图神经网络，有效利用了网络的全局特征和局部特征，算法通用性强且准确、高效。

目前，还没有一种探测技术能完全无误地识别出所有网络机器人。因此，现阶段探测网络机器人的通常目标为，在保证探测结果真实性的前提下尽可能多地探测出更多的网络机器人。

1.3.4　信息传播建模

互联网、移动互联网是当今信息传播的重要媒介。网络信息传播较传统媒体来说具有内容广泛、时效性强的特点。在第三届世界互联网大会上李彦宏指出：在社交媒体上，那些被极其广泛传播的，很多是阴谋论、假新闻和各种各样极端感情的抒发。高速快捷的信息传播方式给舆情监管带来严峻挑战，信息传播规律研究已成为网络行为分析在网络空间安全领域的重要应用。信息传播研究主要应用于事件趋势预测和事件溯源。预测的目的在于把握信息传播趋势；溯源则是为了定位信息传播源头，厘清网络舆情事件的来龙去脉。根据网络信息传播规律，进行信息引导、精准治理，既为网络舆情和热点趋势预测提供了有力支撑，也可有效防止虚假消息扩散，从而实现网络空间智慧治理。

网络中信息传播的研究十分广泛。饶元等人全面论述了跨媒介舆情网络环境下信息传播机制研究与进展，阐述了信息内容特征、传播者动机与影响力特征、接受者偏好与群体作用等方面对信息传播的影响。胡长军等人从流行度预测、传播建模、信息溯源三个维度研究和总结论述了在线社交网络的信息传播。

信息传播研究的基础是复杂网络结构的特征建模和复杂网络的动力学分析，包括节点的重要性度量、节点间关系的相似性度量、网络中局部结构的紧密性度量、网络演化模型和网络同步等。在基于结构特征建模的信息传播研究方面，曹玖新等人以新浪微博为研究对象，分析新浪微博的信息转发与传播特征，其中影响用户转发行为的主要因素是复杂网络中节点的重要性和连边的相似性；王永刚等人基于节点重要性的思想，结合用户传播虚假信息时的指向关系来对用户进行评级，构建了一种社交网络虚假信息传播控制方法。在基于网络动力学机理的信息传播研究方面，其理论基础是：在信息传播网络中，传播节点的影响不仅可以通过节点本身的物理属性和网络拓扑结构特征来衡量，还可以通过相邻节点之间的互联互通产生影响。网络信息传播的动力学机理与人群中传染病传播机理类似，因此，经典的网络舆论传播模型主要是 SIR 的传染病模型及其改进模型。该模型将网络中的个体分为三类：不知道消息的人群、知道消息并有能力继续传播消息的人群、知道消息但失去传播能力或失去兴趣的人群，分别对应 SIR 模型的三种状态 S、I、R。王超等人结合传染病动力学的 SEIR 模型，建立了适用于社交网络的信息传播模型，分析了社交网络的传播机理和网络参数对信息传播过程的影响，刻画信息传播过程随时间的演化规律；周东浩等人结合用户属性和信息内容特征，基于 ASIC 模型提出社会网络信息传播模型，从微观角度对节点间信息传播概率和传播延迟建模，并量化分析了影响信息传播的因素。

与基于网络结构和网络动力学研究信息传播相呼应，相关学者也考察了信息传播对网络演化的影响。刘树新等人基于信息传播对节点局部信息传播的促进作用，提出了一种信息传播促进网络增长的网络演化模型，以局域信息的来源作为切入点，研究信息传播路径上连边对网络演化的影响，建立连接的同时考虑了路径节点的节点度(节点拥有子节点的数量)和距离，产生包括随机连接、度优先连接、扶贫连接、近邻连接、远交连接以及可相互组合的连接方式。刘衍珩等人考虑到信息传递具有有向性，通过结合信息传播规律构造加权有向拓扑模型模拟信息传递的动态性，构建了基于信息传播的社交网络拓扑模型。

将用户行为分析技术应用于信息传播，主要需解决以网络结构数据为中心、兼顾各个节点属性信息数据的综合分析和建模问题。典型的技术有节点重要性、连边相似性和局部结构稳定性的度量，图神经网络、网络表示学习、文本表示学习方法的运用，以及复杂网络的动力学建模等。

1.3.5　入侵检测

互联网的高速发展和广泛应用，使得网络攻击的影响日益严重。John Anderson 于 1980 年首先提出入侵检测的概念。入侵检测系统(Intrusion Detection System，IDS)是一种对网络传输进行即时监视，在发现可疑传输时发出警报或者采取主动反应措施的网络安全设备。2017 年腾讯安全部门发布的互联网信息安全报告显示，腾讯手机管家入侵检测系统 2017 年查杀安卓系统病毒 12.4 亿次。腾讯电脑管家监测数据表明，电脑端共截获的病毒次数近 30 亿次。360 安全入侵检测系统共拦截新增入侵数据 1.4 亿多个。2017 年金山毒霸入侵检测系统累计截获电脑端入侵数据 2319 万个。可见，入侵检测技术仍是当前维护网络空间安全的一种重要技术手段。

入侵检测问题实质是基于用户的网络行为数据，识别该行为是否为入侵行为以及进一步识别入侵类型，本质上是二分类或多分类问题。若只需判别是否发生入侵，则属二分类问题；若需进一步判断入侵类型，则属多分类问题。例如，Kolias 等人将网络中的攻击类型分为洪泛攻击(flooding)、伪装攻击(impersonation)、注入攻击(injection)等三大类。

针对用户的流量行为数据，传统的特征建模和模式识别方法已广泛应用于入侵检测系统。一个较为全面的工作是，2016 年 Kolias 等人构建大规模数据集 AWID，并对入侵检测系统中的模式识别方法进行了比较。AWID 数据集从真实网络环境中被构建，包含正常和异常流量数据近 200 万条，每条数据包含 156 个维度的特征，如源地址(WLAN SA)、目标地址(WLAN DA)、初始化向量(WLAN WEP IV)等。基于构建的数据集，作者采用 Weka 架构对八种常见的模式识别方法如 AdaBoost、J48、Random Forest、Naïve Bayes 等算法进行系统比较，结果显示 J48 算法达到了 96.2574%的最高准确率。其他学者在模式识别方法应用于入侵检测领域也有详细和深入的研究。采用模式识别方法需进行特征选择或降维。常用的降维方法有 PCA、ICA、FastICA 等。常用的模式识别方法有基于无监督学习的聚类方法(包括 K-Means、系统聚类等以及改进算法)和基于有监督学习的分类方法(包括 SVM、决策树、Naïve Bayes 等以及改进算法)。

近年来，深度神经网络在图像/语音识别、文本处理等领域取得了瞩目的成绩，研究者也将其引入入侵检测系统中。Tang 等人建立了用于入侵检测的深度神经网络(DNN)模型，并用 NSL-KDD 数据集对模型进行训练。Staudemeyer 等人采用 LSTM 网络进行入侵检测，实验表明此算法能够检测有独特时间序列特征的 DoS 攻击和 Probe 攻击。陈红松等人将循环神经网络(RNN)算法用于构建无线网络入侵检测分类模型，也取得了一定成果。

1.3.6　用户画像

交互设计之父 Alan Cooper 最早提出了用户画像的概念。用户画像技术通过分析用户的行为数据，为用户建立特征标签，如性格偏好、行为习惯、职业特征等。在现代数字广告投放系统中，如何把广告投放给需要的人，是网络行为分析在精准营销中的核心问题。如何精准地挖掘人群属性，也一直是网络行为分析的重要应用。对于企业来说，了解自身产品的受众有助于进行产品定位及设计合适的营销方案。Golnoosh Farnadi 等人提出了一种因子分析方法，通过 Facebook 提供的语言文字信息构建用户潜在的人格特性并进行用户画像。Junru Lu 等人在微博用户画像大赛 SMP CUP 中构建了 UIR-SIST 用户画像系统并在竞赛中取得了冠军。

画像数据面临着数据海量、高维、稀疏等一系列的困难，在应用中通常还需要满足准确性和实时性的要求。准确性即用户特征标签应与用户真实特点相符合；实时性即需要根据用户的行为数据对用户标签在容忍的时间限度内完成更新。

采用网络行为分析构建用户画像的主要环节分为数据收集、特征抽取、画像表示三个步骤。首先是数据收集，即通过社会调查、网络数据采集和平台数据库采集等方法获取用户数据。其次是特征抽取，即在收集用户数据的基础上，对其进行整理和分类，并通过一定的数据挖掘方法从中抽取用户特征，然后进一步提炼得到用户标签并构建用户画像，这一过程可分为人工抽取和技术抽取。最后是画像表示，即通过直观、明了的可视化图形将构建的用户画像呈现出来。画像表示方法多样，如标签云、统计图表等。用户画像构建流程如图 1.3 所示。

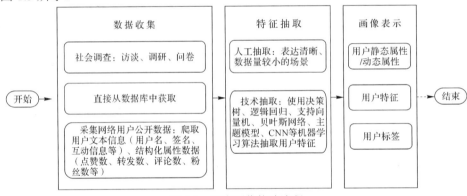

图 1.3　用户画像构建流程

基于用户日志数据等结构化属性信息，可直接采用经典的模式识别方法，利用用户的浏览数据、点击历史记录、支付邮寄信息等挖掘用户的行为偏好和行为模式。Li 等人使用关联规则挖掘用户兴趣的频繁项集，构建用户兴趣模型。Filipova 等人利用用户浏览行为的日志数据以及用户评分等行为信息，采用决策树、神经网络等模式识别方法分析用户的偏好周期以及消费模式等。

基于爬取的用户签名、互动信息，通过社会调查获取的问卷信息等文本信息数据，可采用自然语言处理模型。Tang 等人基于 LDA 模型提取学者网络概要信息，为用户建立特征标签。Chen 等人、林燕霞等人对微博网络用户进行文本主题挖掘，从而建立用户可能感兴趣的微博主题标签。

近年来，学者开始采用端到端的深度学习模型处理用户数据，构建用户画像。Golnoosh Farnadi 等人采用深度神经网络抽取多元用户数据，如结构化属性交互数据、文本、图像数据，实现更加精准的用户画像，并在年龄和性别预测中实现 90%以上的较高的准确率。Junru

Lu 等人构建的 UIR-SIST 用户画像系统，首先从用户博客中抽取关键词，然后使用卷积神经网络(CNN)建立用户兴趣标签，最后构建用户画像用于预测用户数量增量。深度学习技术的发展和普及，使得多模态信息之间相互转化成为可能。图像描述生成(image caption)技术是指通过计算机识别图片的内容并将其描述为人类可读的语句，它提供了将用户的图像数据(包括截取某些帧的视频数据)转化为用户标签的新思路。目前，图像描述生成技术尚未见应用于用户画像的构建，是用户画像技术新的研究方向。

由于用户行为数据类型十分广泛，包含语音、图像、文本、视频等多模态信息，因此用户画像技术也涉及用户行为的多模态数据分析技术。根据数据类型的不同，可采用不同的机器学习方法构建用户画像。

1.3.7　推荐系统

在大数据和互联网等网络技术飞速发展的时代，推荐系统已广泛应用于社交网站、电子商务、搜索引擎、新闻推送、热点资讯、餐饮服务、网络课堂、位置导航等与网络相关联的方方面面。推荐系统的概念是贝尔研究院 Resnick P. 于 1997 年提出的，近年来得到迅猛发展，已成为"信息过载"的重要解决方法。网络中用户对信息的浏览、选择、评价等行为在一定程度上体现着用户个体对信息的过滤，根据网络行为数据预测出用户的消费行为模式和关注的信息，从而实现个性化业务推送，是推荐类网络应用平台的主要功能之一。

电子商务是推荐系统发展的第一动力。在电商网络上，面对海量的商品，用户往往无所适从。推荐系统正是为解决这类问题而发展起来的，它能够通过用户的行为日志分析出用户潜在的兴趣爱好，预测用户所喜爱的商品，从而大大减少用户筛选商品所用的时间，显著提升用户的依赖度与满意度。社交网络是推荐系统发展的第二大动力，它的迅速兴起使用户逐渐成为网络的中心，用户在社交网络中展示着自己的真实信息，实时地分享着日常生活中的方方面面。没有电子商务和社交网络这二者潜移默化的推动作用，就没有推荐系统的蓬勃发展。

有学者将传统的推荐方法分为三种：一是协同过滤算法，二是基于内容的推荐算法，三是混合推荐算法。在思想上，基于内容的推荐算法与协同过滤算法差异不大。混合推荐算法是在使用不同推荐算法的基础上增加混合策略、形成综合意见，进而进行对应业务的推荐，其本质仍然是协同过滤算法。协同过滤的本质是依据用户在网络中的历史行为给用户兴趣建模，从而为用户提供感兴趣的内容。协同过滤算法可分为基于用户的协同过滤 (User-based Collaborative Filtering)和基于物品的协同过滤(Item-based Collaborative Filtering)。基于用户的协同过滤的基本思想是：通过用户的行为偏好，划分相似用户，在相似用户群体之间互相推送一方喜欢而另一方未有过的物品，其核心在于相似用户群体的划分。基于用户的协同过滤有复杂度、稀疏性等问题，而基于物品的协同过滤可以缓解这些问题。基于物品的协同过滤是指事先找到最相似的物品，并结合用户对物品的评级结果来生成推荐，前提是要对物品进行相似度匹配。以电子商务中的商品推荐为例，协同过滤算法把与目标用户相似性很高的用户所关注的商品推荐给目标用户，或把与目标用户近期关注的商品相似的同类商品推荐给用户，或直接把目标用户关注的商品本身通过其他渠道再次推荐给用户。其核心问题是根据行为数据如用户评分、用户的关系网络、商品的语义信息、文本信息等构建相似性度量。

推荐系统除了使用协同过滤算法，针对以网络结构信息为主的数据类型外，还可采用矩阵分解方法，如 NMF、SVD、概率矩阵分解等。王刚等人提出基于联合概率矩阵分解的群推荐方法。黄际洲等人基于语义信息或文本信息，利用 LDA 主题模型对用户建模，以挖掘用户的兴趣偏好。黄震华等人对语义推荐算法做了系统论述。网络表示学习技术的出现，使得通过用户行为分析技术处理以网络结构信息为主的行为数据有了新的解决方案。Xie 等人将网络表示学习算法应用于地理位置推荐。李宇琦等人提出了一种利用网络表示学习进行个性化商品推荐的方法 PGE(Product Graph Embedding)。与此同时，深度学习技术也被运用于推荐系统。冯浩等人将深度学习融入推荐系统，提出了一种基于深度学习的混合兴趣点推荐模型(MFM-HNN)。黄立威等人综述了基于深度学习的推荐系统。

推荐系统近年来成为工业界的研究热点，它以流量、评论等属性数据、文本数据为基础构建用户或项目间的相似性度量，从而实现项目推送。近年来基于深度学习的网络表示学习、轨迹表示学习等方法也逐渐应用于推荐系统，使得推荐效果进一步提升。

1.3.8　点击率预测

点击率预测是计算广告学领域的重要研究内容，大数据环境下如何对广告实施精准投放一直是广告学高度关注的问题。除此之外，点击率预测还广泛应用于其他领域，如搜索引擎的排序结果优化、搜索信息检索及推荐系统等。对用户来说，优质精准的广告可以带来更好的上网体验；对广告商而言，高点击率意味着广告得到了精准的推送；对广告平台而言，提升广告的点击率有益于提升平台声誉和收益。因此，点击率预测问题是用户、广告商、广告平台等多方关注的研究方向。

点击率预测采用的数据主要包括广告日志数据和用户数据。传统的点击率预测方法首先根据广告的目的需求对数据进行特征建模；其次利用经典的模式识别方法对特征数据进行训练；最后根据点击率的预测结果确定广告的投放排序，并以是否提高真实的点击率对预测算法进行优化。根据广告历史数据的丰富程度，可以将广告分为历史数据丰富的广告和历史数据稀少的广告(包括新广告)。在广告的历史数据和点击率数据丰富的情况下，常采用经典的模式识别方法建立点击率预测模型，例如基于逻辑回归、朴素贝叶斯、支持向量机、决策树等方法的预测模型。然而在广告历史数据和点击记录稀少的情况下，包括新投放广告，则需借鉴推荐系统的有关方法寻找相似项进行预测评估。

广告收益是各大广告平台的主要收入渠道之一，相关平台在广告点击率领域做出了丰富的新的研究成果。华为在 WWW 2019 中提出了基于卷积神经网络(CNN)的点击率预测特征生成方法 FGCNN，该方法包含特征生成和深度分类器两部分，可以和任意点击率预测模型进行组合。特征生成利用了 CNN 的强大功能来生成局部模式并重新组合它们来生成新特征。深度分类器采用 IPNN 的结构，从增强的特征空间中学习交互。在三个大型数据集上的实验结果表明，FGCNN 显著优于九个最先进的模型。此外，当使用一些最先进的模型作为深度分类器时，总是可以获得更好的性能，这表明 FGCNN 模型具有很强的兼容性。这项工作为点击率预测开辟了一个新的方向：通过自动识别重要特征来降低 DNN 的学习困难是非常有用的。

阿里在 KDD 2019 中提出 DSTN 模型用于点击率预测，考虑更多空域与时域的辅助信息，包括上下文展示过的广告以及历史点击、未点击广告，来更好地预测目标和项目的点击率，其效果大幅度超过 DeepFM 和 GRU，并开源了代码。阿里在 IJCAI 2019 中提出了一种新的点击率预测模型——深度会话兴趣网络(Deep Session Interest Network, DSIN)，该模型利用了用户在其行为序列中的多个历史会话。考虑到不同用户行为序列的 session 内行为同构与 session 之间行为异构的特性，提出了基于 session 的点击率预测模型 DSIN，使用 self-attention 机制抽取 session 内用户兴趣，使用 Bi-LSTM 针对用户跨 session 兴趣进行建模。最后，利用局部激活单元自适应学习不同会话兴趣对目标条目的影响。DSIN 在广告和产品推荐数据集上都进行了实验，其在这两个数据集上都优于其他先进的模型。阿里在 IJCAI 2019 中还提出了 DeepMCP 模型，通过匹配、关联、预测三个子模块更好地建立用户和广告、广告和广告之间以及特征和点击率预测的关系，效果优于 DeepFM 并开源了代码。

腾讯在 KDD 2019 中构建了 ConcepT 概念挖掘标记系统，利用 query 搜索点击日志从用户视角提取不同的概念，以提高对短文本(query)和长文章(document)的理解，从而推动推荐、搜索等业务的提升。实验证明，ConcepT 在 QQ 浏览器信息流业务中性能优异，曝光效率相对提升 6.01%。

微软在 ACL 2019 中提出了 LSTUR 模型，用于在新闻推荐任务中同时学习用户长期和短期的兴趣表示。该模型可细分为新闻编码器、用户长期兴趣和短期兴趣模型，以及候选新闻的个性化分数预测模型，效果好于 GRU4Rec。

从点击率预测的相关研究中可以发现，与网络行为分析的其他热点应用相似，点击率预测针对日志数据、流量数据等属性数据和文本数据，采用经典的模式识别方法和相似性度量进行预测。近年来各大广告平台纷纷建立了基于深度学习的新方法，并在广告投放实践中取得了出色的效果。

1.4　网络行为分析的共性方法

网络行为分析目前正成为业界的研究热点，且被广泛应用。从上述热点应用技术概述中可以看出，应用技术的数据类型可以分为结构化属性信息数据和非结构化内容数据，非结构化内容数据又分为文本数据、图像数据、网络结构数据、轨迹数据等，由此产生了针对五类数据的五种共性方法：基于属性信息的方法、基于文本信息的方法、基于图像信息的方法、基于网络信息的方法和基于轨迹信息的方法。

这五种类型数据涉及的研究方向较为广泛，例如：图像信息属于计算机视觉方向，文本信息属于自然语言处理方向，网络信息属于网络科学方向，不同研究方向的处理方法不尽相同。本节将详细分析各类网络行为分析应用场景中的数据处理特点，将所有方法分为两种：以特征建模为核心的传统模式识别方法(传统方法)和以自动化提取深度特征为核心的深度学习方法(新型方法)。

随着数据和知识的急剧增加，以特征建模为核心的传统模式识别方法由于存在无法挖掘深度特征、相关任务准确率一般等缺点，逐渐被深度学习方法取代。相比于传统方法，新型方法的优势在于能自动化，可有效挖掘深度特征，任务准确性更高，但是缺乏对深度特征具体含义的合理解释，以及对深度神经网络模型结构的合理解释，且往往对计算资源的消耗更大。实际应用中，应结合具体应用场景选取合适的方法。下面将针对上述五类数据所涉及的传统方法和新型方法分别展开介绍。在传统方法部分，主要介绍常见的特征建模方法；在新型方法部分，主要介绍以自动化提取深度特征为核心的深度学习方法。

1.4.1　基于结构化属性信息的方法

属性信息是指用户登录社交网络后，个人信息页面所呈现的信息内容，主要以结构化的定量数值型数据为主，如年龄、关注数等，也包括定性数据，如性别、地区等。一般的陈述性或描述性的文本语义信息不列入其中，将其单列为文本数据类型。

1. 传统方法

从特征建模的角度，基于结构化属性信息的方法主要挖掘两类特征：用户注册的属性特征与交互形成的属性特征。用户注册的属性特征是指用户在注册网络平台账号时，提供的个人信息中所提取的特征，如注册用户的年龄、性别、爱好、地区等。具体地，例如Subrahmanian等人利用注册用户的年龄、位置、性别等特征检测Twitter网络中的机器人水军。交互形成的属性特征是指用户在网络平台中与他人交流意见等过程中形成的交互信息中所提取的特征，如粉丝数目、关注数目、好友数目、发文数目、信誉度评价等。具体地，例如Perez等人利用用户信誉度、粉丝数目、关注数目等特征检测Twitter网络中的文化攻击者。基于结构化属性信息的传统方法在用户行为数据聚合、社交网络群体发现、网络机器人行为分析与异常检测、信息传播、入侵检测、用户画像、推荐系统、点击率预测等技术中均有应用。

2. 新型方法

由于不同社交网络中可以获取的属性特征的种类是不确定的，并且每种属性特征对于具体任务的贡献程度差异较大，因此需要一种方法处理不确定的属性特征，并自动挖掘贡献程度较大的属性特征。DS证据理论作为一种不确定推理方法，其主要特点是：满足比贝叶斯概率论更弱的条件；具有直接表达"不确定"和"不知道"的能力，可以满足处理不确定属性信息的需求。DS证据理论综合考虑了目标的多源、多维属性信息，利用组合规则在具体任务中发挥了重要作用。深度神经网络是近年来兴起的重要方法，可直接将属性信息编码为向量输入神经网络作为后续任务的输入。

1.4.2　基于文本信息的方法

文本信息指网络用户发布的内容信息、其他用户发布的评论信息以及用户个人信息中含有的描述性文本如签名、格言等。

1. 传统方法

从特征工程的角度来讲，基于文本信息的方法主要挖掘两类特征：关键词特征与语法特征。关键词特征是指从文本信息中提取出的特定关键词或者符号形成的特征，代表了文本的浅层语义特征，如微博中的敏感词汇、以URL形式为代表的链接、以"@、#"为代表的某些特定符号等。具体地，Ratkiewicz 等人利用推文中包含的标签、提及、URL 等关键字符检测 Twitter 中的恶意攻击文章，配合其他特征检测恶意用户。语法特征是指分析文本信息得出的逻辑结构形成的特征，如篇章或语句的句法结构、词性统计、题材风格、标点使用情况等。具体地，Kumar 等人利用文本长度、文本组成比例、文章风格、语法等特征对维基百科中的知识进行分类，为构建后续的知识图谱打下了良好的基础。

2. 新型方法

海量的字符或者单词组成了一条条文本信息，使用关键词特征或者语法特征方法的缺点是数据稀疏、表征效果差，而且只能表征文本的统计性特征(即浅层语义特征)，因此需要一种方法自动化地表示文本的"深层"语义特征。文本表示学习方法能够根据给定的语料库，通过优化后的训练模型快速有效地将一个词语表达成向量形式，为后续算法或者模型提供有力支撑，比如 Word2vec、Glove 等一系列文本表示学习方法。深度神经网络根据文本的特征向量形式的输入，模拟人类神经系统，设立多层神经单元，深入挖掘文本中的深层语义特征。除了擅长提取深度语义的卷积神经网络外，擅长提取时序语义特征的循环神经网络在自然语言处理领域的应用中也占据了重要的一席之地。注意力机制是近几年最为热门的文本处理方法，通过设计注意力层或者注意力单元模拟人类的视觉注意力，可以有效改善深度神经网络的提取能力。具体地，2018 年以来，研究人员提出 Transformer、BERT 等一系列注意力机制，打破了世界上自然语言处理领域的绝大部分记录，为网络机器人行为分析与异常检测、入侵检测、用户画像、推荐系统、点击率预测等任务打下了良好的基础。

1.4.3　基于图像信息的方法

图像信息是指网络用户发布信息中的图像部分以及注册网络平台使用的头像等。

1. 传统方法

从特征工程的角度来讲，基于图像信息的方法主要挖掘四类特征：颜色特征、纹理特征、形状特征以及空间关系特征。描述这些特征的经典图像算子有 LBP(Local Binary Patterns)算子、HOG(Histogram of Oriented Gradient)算子、SIFT(Scale-Invariant Feature Transform)算子等。其中，LBP 是一种用来描述图像局部纹理特征的算子，具有灰度不变性。HOG 表征图像的颜色、形状等特性的方向密度分布，具有几何和光学不变性。SIFT 通过求一幅图中的特征点及其有关尺寸和方向的描述子(Descriptor)得到图像特征并进行图像特征点匹配，具有尺度不变性和旋转不变性。在深度学习技术广泛应用以前，图像中的目标检测、识别、分类等任务都基于这些人工设计的特征和 KNN、SVM 等机器学习模型实现。

2. 新型方法

深度学习的发展最早在以图像处理为代表的计算机视觉领域取得了突破。2012 年，Hinton 的研究小组提出的 AlexNet 模型，赢得了 ImageNet 图像分类比赛的冠军。排名第 2 到第 4 位的小组采用的都是传统方法，他们之间准确率的差别不超过 1%，而 Hinton 研究小组的准确率超出第二名 10% 以上。这个结果在计算机视觉领域产生了极大的震动，随后基于深度学习的图像处理进入飞速发展时期。研究人员提出了 VGG-16、GoogleNet、ResNet、Inception、DenseNet 等一系列深度卷积神经网络模型，这些模型具有强大的学习能力和高效的特征表达能力，能够从图像的像素级原始数据中逐层抽取抽象的语义概念信息，进而自动获取图像的全局特征和上下文信息，极大地推动了图像分类、人脸识别、目标检测等图像处理领域的发展。

1.4.4 基于网络结构信息的方法

网络结构信息是指网络用户在发布信息、评论等行为期间，形成的微观到宏观的用户通联关系拓扑图。

1. 传统方法

从特征工程的角度来讲，基于网络结构信息的方法主要挖掘两类特征：通联关系特征和网络结构指标特征。通联关系特征是指从网络信息中提取的用户具体行为的特征，如用户发布信息的频次、时间差，邻居节点看到发布信息后的反馈频次、时间差等。具体地，Tsikerdekis 等人利用在主页、讨论区、文章等不同空间的回复消息数目分布构建 GR 指标，检测维基百科中的马甲账号或者水军，增强社交网络的安全性。网络结构指标特征是指从网络信息中形成的全局网络结构图中提取的复杂网络结构指标特征，如度、聚类系数、中心性、模度等。具体地，Qu 等人通过计算多种粒度的包含中心性、PageRank、模度、图平均路径等 15 种网络指标，并结合修正的泊松模型与示性函数检测水军的突发攻击，具有良好的性能。

2. 新型方法

虽然利用传统方法提取出的特征具有普适性，但是其过于稀疏，最多不超过十几维特征，在由成千上万的节点组成的网络中，这样的特征表示不足以有效区分如此庞大的节点。因此，需要一种方法有效提取节点(用户)的多维深度特征，以区分高数量级网络节点。

谱分解将网络通联关系构建成邻接矩阵的形式，并对邻接矩阵进行矩阵分解得到网络节点矩阵(即隐藏空间)，网络节点矩阵中每行的向量即网络节点的特征向量。具体地，FEMA 算法根据一定的正则化限制条件，利用张量分解对不同时间的三维张量分解，得到映射矩阵和核心张量；然后将核心张量作为用户的特征向量，应用于后续任务。网络表示学习是一种新的网络结构分析方法，它将网络中的节点类比于文本中的单词，利用随机游走策略充分学习节点所在网络中的位置特征，对节点进行向量化表示，如 DeepWalk、Node2vec、Struc2vec 等。具体地，Maity 等人根据网络信息重构网络结构，利用基于随机游走的表示学习识别 Twitter 网络中的水军用户。图神经网络是一种连接模型，首先利用节点间动态的信息传递，捕获网络节点间的依赖性，进一步利用深度神经网络在非欧氏空间的扩展，提取网络节点的特征向量，例如图卷积网络、图注意力网络、图门控网络、图跳跃网络等。具体地，Lu 等人提出的捕捉异质信息网络的多种关系类型的传播模式，在链路预测、节点分类与节点聚类等领域达到了领先水平。

1.4.5 基于轨迹信息的方法

轨迹信息是指网络用户登录社交网络平台时，应用 APP 读取的用户所在的地理位置与时间形成的时空轨迹。

1. 传统方法

从特征工程的角度来讲，基于轨迹信息的方法主要挖掘轨迹中时空位置的匹配特征。例如 Cao 等人基于两条用户轨迹中位置的共现频率(共同出现的频率)，提出了一种处理多源位置数据的身份识别方法。与位置共现频率的思想类似，何明等首先采用最小外包矩形的重合度衡量轨迹间的差异，相较直接使用共现频率，该方法平滑了细节并缓解了噪声的影响；然后基于高斯混合模型等经典模型提出密度聚类算法实现轨迹的识别与检测。朱敬华等人考虑到轨迹数据未必出现严格的位置共现，提出了基于轨迹的最近邻概率刻画轨迹之间的相似性，并采用聚类算法进行轨迹聚类。

2. 新型方法

虽然基于共现频率和轨迹相似性的传统方法考虑了轨迹数据每个位置的重要程度，但是忽略了位置之间的相关性。受文本表示学习方法的启发，轨迹表示学习方法将轨迹中的位置类比于文本中的单词，利用随机游走的策略充分学习轨迹中位置的时序特征(即相关性)，对地理位置进行特征向量化表示。陈鸿昶等人提出了一种基于 Paragraph2vec 的跨社交网络用户轨迹匹配算法(CDTraj2vec)，该算法利用 Paragraph2vec 算法中 PV-DM 模型抽取轨迹序列中的位置访问顺序特征，得到用户轨迹的向量表示，通过用户轨迹向量判定轨迹是否匹配。

根据以上分析可以看出，网络行为分析首先将具体应用任务转化为分类、回归、聚类等机器学习问题，再针对具体的数据类型采用传统方法或新型方法进行行为分析。针对不同数据类型的行为分析共性方法总结如图 1.4 所示。

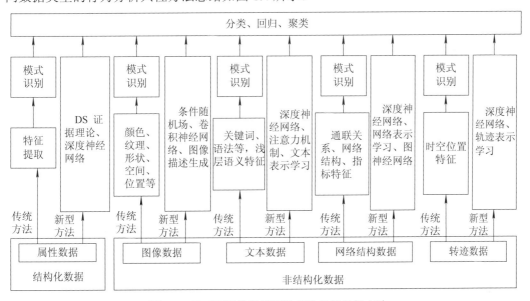

图 1.4　针对不同数据类型的行为分析共性方法

1.5　常用方法对比分析

在上述研究的基础上，下面对网络行为分析传统方法与新型方法在实现过程、特征建模的可解释性、机器学习模型的安全性、计算资源的依赖性等方面进行简要对比分析。

1.5.1　网络行为分析方法的实现过程

网络行为分析中广泛采用机器学习方法，本节以其作为研究对象。将网络行为分析应用问题转化为分类、回归、聚类等机器学习问题后，从数据输入机器学习方法环节开始，包括传统方法即将特征数据输入模式识别方法，以及新型方法即将行为数据直接输入端到端的神经网络，直到分类判决输出，两类方法内部采用的技术框架没有本质区别。无论是模式识别方法，还是深度学习方法，从数据输入到判决输出均可分为建立模型、指定优化目标函数或损失函数、优化目标函数的求解等三个步骤。建立模型通常解决如何根据输入数据的形式表达输出结果的问题。指定损失函数一般根据人们公认的公理或准则，如最大似然准则、最小二乘法准则、最大熵原理等，这是对准确率指标优化的可行实现形式，便于后续以梯度下降法为基础的求导运算。优化目标是使经验风险最小化或结构风险最小化。优化目标函数的求解是得到输出结果的关键。有效方法是梯度下降法、随机梯度下降法及遗传算法等。

下面分别举例说明传统方法与新型方法的实现过程。

传统方法：以逻辑回归的分类模型为例。首先建立用输入样本数据表达样本输出类别的数学表达式，此为建立模型；其次以预测标签与真实标签的差异最小为目标，根据最小二乘法准则或最大似然准则建立损失函数；最后求解模型参数，即使用优化算法求解当参数取何值时损失函数最小。

新型方法：以卷积神经网络为例。首先建立网络的连接模式和卷积规则以处理输入数据并表达输出结果，此为建立模型；其次以预测标签与真实标签的差异最小为目标，根据最大熵准则建立损失函数；最后使用优化算法求解各层连接参数和卷积核参数。

1.5.2　特征建模的可解释性

传统方法人为地对各维度特征建模，例如针对图像数据的颜色特征、纹理特征等，针对文本数据的词频特征、上下文特征等，基于网络结构数据的路径特征、局部结构特征等，基于轨迹数据的时空位置特征等。该类特征建模方法直接从直观的角度提取特征，有较强的可解释性，但无法挖掘数据的深度特征。基于深度学习的新型方法可有效挖掘数据的深层特征，但目前的研究侧重于分析输出结果与输入行为数据的相关关系，更关注于具体任务的准确性而很少关注输出与输入的因果关系，很少关注模型如何反映数据的产生过程，以至于人类难以理解采用深度学习方法得到的高维特征向量表示。

近年来关于深度特征可解释性研究受到了广泛关注。一方面，深度学习的高维特征中经 softmax 输出后的是标志其类别表示的强特征，具有明显的可理解性；另一方面，深度学习的高维综合特征中蕴含着可剥离、可解释的特征因子，可以通过因子分析等经典模型解析出具有明确语义含义的特征因子[5]。深度学习使用深度特征进行模式识别可以类比人对物体的综合识别过程。例如，一个儿童可以识别香蕉、苹果和梨三种水果，但他并不是首先依据形状把香蕉识别出来，再根据颜色把苹果识别出来的，而是一个不易表达的综合判别过程。而成年人可以对上述综合判别过程总结提炼，得出综合特征中的两个特征因子：

形状和颜色，从而对识别过程赋予可解释性。深度特征可解释性方面具有代表性的研究还有 2014 年发表在 ECCV 上的经典文献 *Visualizing and Understanding Convolutional Networks*，该文使用反卷积方法解析了 CNN 模型各层学习到的信息并将其可视化地还原出来，从而可直观地看出逐层学到的特征含义。

深度学习模型的可解释性问题不仅体现在深度特征的可解释性上，还体现在模型结构的可解释性上。结构的可解释性常常引发深度学习的安全性问题。

1.5.3　机器学习模型的安全性

机器学习可解释性问题带来的直接问题是机器学习模型的安全性问题。网络安全问题始终以网络技术广泛应用为前提，在网络技术高度依赖之处最为脆弱。邬江兴院士在访谈中指出，网络空间安全问题是信息技术进步过程中的缺陷问题。近年来随着深度学习方法的广泛应用，其安全问题也受到关注。与传统的网络攻防对抗、信息系统安全等网络空间安全问题不同，机器学习模型的安全性问题属于信息内容安全范畴。2013 年，Christian Szegedy 等人在研究图像数据的 CNN 模型安全性问题时首次提出"对抗样本"一词，至今已经从实验室水平发展至网络实战阶段。从实验室中的图像分类扩展至无人驾驶、智能安防、物品自动鉴定等领域，新的攻击算法和加固方法层出不穷。机器学习安全问题的出现再次表明模型可解释性的意义：对安全性问题产生的原因追踪定位和溯源。例如线性模型，虽易受到对抗数据实例的影响，但已有较成熟的理论对异常数据进行定量分析研究。又如决策树模型，每次决策都从区分度最大的特征出发，分类规则较为清晰，容易对异常溯源。而深度学习模型层数多、参数多，难以追溯安全性问题出现的环节，因此在机器学习模型的安全性方面，传统方法相较于新型方法存在一定的优势，然而当应用场景中几乎仅关心实际应用效果时，多采用新型方法。机器学习模型存在安全性问题的重要原因是采集到的数据难免存在冗余、错误和缺失，这使得数据中存在矛盾数据，或数据对"类内聚、类间散"的特性不能很好满足，带来分类困难，从而影响模型的决策边界。

机器学习模型的安全问题是近年来的研究热点。对抗攻击和对抗样本的最新科研成果在计算机顶级期刊和学术会议中十分活跃。对抗攻击指故意对数据中输入样例添加微小扰动使模型以高置信度给出一个错误的输出。

与对抗攻击直接相关的研究最早可追溯至 20 世纪 70 年代对统计诊断问题的研究。伴随着计算机在科研领域的逐渐普及，统计学与计算机开始了密切结合，由此发展了统计学的一个新分支——统计诊断。为了克服既定统计模型与实际数据之间存在的不一致性，统计诊断寻找一种统计方法，使数据的微小扰动不会对统计推断造成太大影响，为此，需要检测出数据中对统计推断影响较大的强影响点或异常点。这相当于对抗攻击的检测或对抗攻击方法的逆向应用。2000 年左右，随着随机森林、AdaBoost、支持向量机等机器学习方法的不断发展和完善，机器学习模型的安全性研究也开始出现，产生了对抗机器学习方法，其中代表性的研究有 Nilesh Dalvi 等人的攻击朴素贝叶斯分类器，Battista Biggio 等人的攻击 SVM 分类器，Shike Mei 和 Xiaojin Zhu 的攻击线性回归模型、逻辑回归分类器和 SVM 分类器等。2013 年，"对抗样本"一词首次出现于深度学习技术广为应用的图像处理领域，相关方法发展至今已汇集成为 AdvBox、ART、FoolBox、Cleverhans 等著名的对抗样本工具箱。2018 年，Daniel Zügner 等人首次将对抗攻击问题引入可以处理图数据的机器学习模型图神经网络之中，提出了带有属性信息的图神经网络的对抗攻击，该课题已逐渐活跃于 WWW2020 等顶级学术会议中。

"对抗攻击"本身也是一种网络行为。只要存在对抗攻击，就存在机器学习的安全性问题。对抗攻击极大地促进了机器学习的安全性和可解释性研究。对抗攻击方法也是网络行为分析应用于网络空间智慧治理的重要手段。

1.5.4　机器学习方法对计算资源的依赖性

传统方法对计算资源的依赖相对较弱，深度学习方法往往需消耗较大的计算资源。深度学习模型的成功得益于模型极强的表达能力、算力的大幅提升和已有的大规模标记数据。深度学习模型极强的表达能力主要归因于其参数量庞大，从而能够实现对高度非线性决策边界的拟合逼近。例如，VGG16 网络有超过 10^8 个参数，占用超过 500 MB 的内存空间；Inception 系列模型也有同样规模的参数量。超大规模参数量可进行梯度寻优主要归因于算力的大幅提升。据估算，使用单核 CPU 对 ImageNet 的 120 万基准数据重新训练需要几年时间，这是无法容忍的；而根据实际训练测算，使用 1 块 GPU 对该基准数据重新训练仅需要近半月的时间。使用预训练结果，训练微调一般只需要数小时。然而尽管算力大幅提升，却跟不上运算需求的增大。Sun 等人使用 50 块 NVIDIA K80 GPU 对 3 亿张图片进行相关任务的模型训练，虽然相较于基准数据 ImageNet 的 120 万训练数据，实验结果有 3%~5% 的提升，但其消耗计算资源巨大，实验条件不是一般科研机构和生产环境所能具备的。深度学习模型预测精度的提升还归因于具备大规模标记数据。数据标记需耗费大量人力成本，在专业领域如医学影像识别，需相关领域专家方可进行数据标记。

根据以上分析，资源受限的深度学习[2]逐渐受到学者关注。LightRNN 是循环神经网络的高效实现方案，参数规模可压缩 2 个数量级且预测精度还有所提升。LightGBM 高效实现了 Gradient Boosting Decision Tree(GBDT)模型。这些轻量级深度学习模型的研究，使在资源受限的情况下神经网络的应用成为可能。

1.6　网络行为分析与网络智慧治理

如今网络已成为信息传播的主要渠道。微博、微信、知乎等新型媒体给所有用户提供了一个公开表达意见的平台，民间舆论强势崛起，意见领袖作用凸显，但同时，舆论环境复杂度不断变大，舆论不可控性不断提高。相比传统媒介，互联网络具有开放性、包容性、匿名性、自主性、突发性、低可控性等主要特点。

(1) 网络的开放性和包容性，即网络中允许"不同声音"共存。

(2) 网络信息传播的相对匿名性，即网络即使后台是实名，前台大多也是匿名的，因而网络中存在不少谣言和不和谐、不负责任的言论。

(3) 公众选择的自主性在传统媒介上的传播活动严格遵循着自上而下的规律，受众只扮演着信息接收者的角色，但在网络环境里受众可以选择做一名信息接收者，也可以选择做一名信息传播者。

(4) 网络事件的突发性，即虽然开始只是一些细小、零散的观点，却可能随着讨论的升级、情绪的积聚、冲突不断激化而导致最终的爆发，而且这些爆发常常表现出短时间突发的特点。

(5) 网络舆论的低可控性。一方面，信息在网络中像传染病一样快速扩散，相比传统媒介，网络舆论治理难度更大；另一方面，以用户偏好为基础的个性化推荐系统，容易导致推荐内容同质化，造成"信息茧房"的形成，从而将不同看法，政府、权威机构等信息发布隔绝在外，形成片面的印象与观点，不利于网络舆论的治理。

基于以上几点，在网络事件中，由于各种非理性及不负责任的言论，舆论往往容易引爆和煽动，同时，各种言论繁杂，结构化与非结构化的数据信息使得风险监控、风险预测、舆情监控变得更加困难。如何在浩如烟海的信息中明辨是非、快速抓取正确的信息，如何做到舆论导向和决策管理协调统一，如何在公众需求和舆情处置中找到平衡点，给网络行为分析应用于网络空间智慧治理带来了新的挑战。

依据沉默的螺旋与反沉默的螺旋理论，网络事件的演变过程可以大致描述为以下几个过程(见图 1.5)：

(1) 网络事件孕育。事件发生后，网络上出现网民关于该事件的言说、判断等含有态度倾向的信息。

(2) 网络事件扩散。网络事件通过"网络搬运工"复制、转载以及告知、转发，导致其传递范围、获知群体或弥漫空间不断扩大，并出现不同的观点。

(3) 网络舆情演化。不同观点由中坚力量(观点的坚定支持者)与摇摆群体组成。由于事件的后续发展、相关信息的完善及中坚力量的影响，持某观点的摇摆群体可能会转而支持其他观点，最终各观点人群逐渐趋于稳定。

(4) 网络事件衰减。网络舆论趋于稳定或事件热度降低。

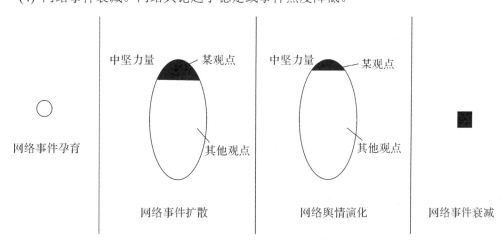

图 1.5　网络事件演变过程

从网络事件演变过程来看，对于网络事件的治理，可以得出以下推断：

(1) 在网络事件扩散阶段，及时发现舆论热点，正确进行舆论引导，可以达到成本最低、效果最优的治理效果。如近期美国商务部以国家安全为由将华为列入制裁清单，当晚华为立即公布其"备胎"计划，争夺舆论主动权，防止消极言论扩散。几天后，任正非接受记者采访，谈民族主义与合作共赢的看法，进一步占领舆论制高点，引导舆论向有利于华为的方向发展，有效地维护了华为的利益。

(2) 通过对中间摇摆人群的影响，可以很大程度地影响网络事件的走向。如 2016 年美国大选，剑桥分析(Cambridge Analytica)公司利用网络行为分析技术、心理学方法分析 Facebook 用户社交网络数据，并将美国的人口分为 32 类性格特征，据此向持摇摆态度的选民投放广告，指导竞选人线下活动，确保"正确的信息传达到正确的选民手中"，从而影响了美国大选，成为行为分析影响政治事件的典型案例。

运用网络行为分析技术并应用于网络空间智慧治理，营造风清气正的网络环境，对国家治理、社会稳定、人民幸福具有重要意义。基于网络行为分析技术的网络空间智慧治理流程如图 1.6 所示。

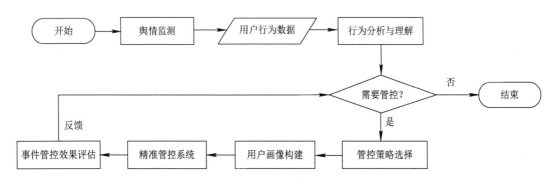

图 1.6　基于网络行为分析技术的网络空间智慧治理流程

图 1.6 中，舆情监测部分负责监测网络热点事件，实时预警以便及时进行关注与跟进；行为分析与理解模块获得网民的行为数据输入，对网络事件中群众情感态度进行分析，以便进一步判断是否需要治理；当需要对网络事件进行管控时，针对舆情类别及特点进行管控策略选择，并在管控效果不佳时及时进行策略调整；用户画像构建模块分析不同用户的性格特点，为下一步精准管控提供依据；精准管控系统对用户分别采用精准推送、精准引导、违规处理等操作；事件管控效果评估模块提供反馈结果，以便对管控策略及时进行调整，并在达到管控效果时提供决策支持以减少资源投入。

本 章 小 结

本章综述了网络行为分析的八类热点应用，并从五种数据类型出发凝练出网络行为分析的两类共性方法：需要特征建模的传统模式识别方法和不需特征建模的深度学习新型方法，随后在网络行为分析的实现过程、特征建模的可解释性、机器学习模型的安全性、计算资源的依赖性等方面对这两类方法进行了对比分析。值得注意的是，尽管新型方法与传统方法在数据处理流程、模型可解释性、计算设备、处理平台等方面有所差别，但是二者在解决具体的应用问题时，采用从建立模型到指定损失函数再到具体求解算法的基本框架完全一致。因此在解决具体的应用问题时需选用合适的网络行为分析方法，以达到精度、效率、安全与资源成本的有效平衡。

本章参考文献

[1]　RICCARDO G，ANNA M，SALVATORE R，et al. A Survey of Methods for Explaining Black Box Models[J]. ACM Computing Surveys，2018，51(5)：1-42.

[2]　吴建鑫，高斌斌，魏秀参，等. 资源受限的深度学习：挑战与实践[J]. 中国科学：信息科学，2018，48(5): 501-510.

[3]　焦李成，赵进，杨淑媛，等. 深度学习、优化与识别[M]. 北京：清华大学出版社，2017.

[4]　李航. 统计学习方法[M]. 北京：清华大学出版社，2019.

[5]　CHEN B，POLATKAN G，SAPIRO G，et al. Deep Learning with Hierarchical Convolutional Factor Analysis[J]. IEEE Transactions on Pattern Analysis and Machine Intelligence，2013，35(8): 1887-1901.

第2章　网络空间行为分析数据采集技术

网络上的用户数据每时每刻都在爆炸式增长，实时、高效地获取这些数据是挖掘用户行为特征的基础，为此本章重点介绍网络空间行为分析数据采集技术。针对不同应用场景、设备、技术基础条件下的数据采集需求，介绍三种采集方法：一是基于爬虫的网络数据采集；二是网站分析数据采集；三是全量流量采集。

2.1　基于爬虫的网络数据采集

爬虫是一个自动提取网页的程序，它是搜索引擎的重要组成部分。比如，百度搜索引擎的爬虫称为百度蜘蛛(Baiduspider)，它每天会在海量的互联网信息中进行爬取，浏览优质信息并收录；当用户在百度搜索引擎上检索对应关键词时，百度对关键词进行分析处理，然后从收录的网页中找出相关网页，按照指定的排名规则进行排序并将结果呈现出来。其他搜索引擎也都有自己的爬虫，比如 360 的爬虫为 360Spider，搜狗的爬虫为 Sogouspider，必应的爬虫为 Bingbot。

爬虫分为通用爬虫和聚焦爬虫两类，一般具有数据采集、处理、储存三种功能。通用爬虫从一个或若干初始网页的 URL 开始，获得初始网页上的 URL，在抓取网页的过程中，不断从当前页面上抽取新的 URL 放入队列，直到满足系统的一定停止条件。聚焦爬虫的工作流程较为复杂，需要根据一定的网页分析算法过滤与主题无关的链接，仅保留有用的链接并将其放入等待抓取的 URL 队列。然后，它将根据一定的搜索策略从队列中选择下一步要抓取的网页 URL，并重复上述过程，直到达到系统的某一条件时停止。所有被爬虫抓取的网页将会被系统存储，并进行一定的分析、过滤后建立索引，以便之后查询和检索。特别地，对于聚焦爬虫来说，这一过程所得到的分析结果还可能对以后的抓取过程给出反馈和指导。一般的爬虫算法流程图如图 2.1 所示。

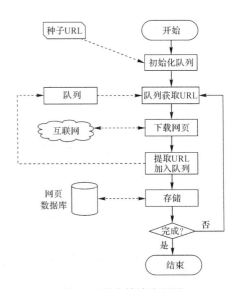

图 2.1　爬虫算法流程图

可以编写爬虫代码的语言有高效的 C/C++，这类语言编写的爬虫适用于全网搜索引擎，但是代码量大，开发较慢。现在开发爬虫代码用得较多的是 Java 和脚本语言 Python，这两种语言具有简单易学的优点，其中 Python 还提供了一个快速、高层次的屏幕抓取和 Web 抓取框架 Scrapy，为用户开发提供了方便。本章就以 Python 为例依次介绍如何从零基础开始实现高性能的网络爬虫，主要包括静态页面的数据爬取、动态页面的数据爬取、滑块验证登录、字体二次编码、Scrapy 框架以及基于 Scrapy-Redis 的分布式爬虫等。其中涉及的 Python 编程基本知识不在本书进行介绍，读者可自行查阅相关资料。

　　这里需要说明的是：虽然一些网站提供了 API 接口供用户爬取数据，比如新浪微博等，但是有很多限制，一是有些字段缺失，不满足需求，二是限制爬取的频次，无法满足大规模数据爬取的需求，所以自己编写微博爬虫代码还是有很广泛的应用场景的；本节示例代码均在 Python 3.6 下调试运行过。

2.1.1　静态页面的数据爬取

　　有些网址就是一个静态页面，有些需要登录后才能获取到关键信息，爬取过程中需要对不同的网站采用不同方法。其中对于不需要登录的静态网页，直接用 Get 方法请求 URL 即可从服务器获取到返回数据，比如访问一些博客文章，一个 Get 请求就可以获取博客文章里的内容。下面以某官方媒体报道的"学员风采"活动为例进行说明。

　　如图 2.2 所示，首先进入目标网页：http://www.womenxiangxue8.com/Content/Article/categoryAction/categoryCode/style。

图 2.2　查看网页源代码示意图

　　然后按 F12 键查看网页源代码，可以看到活动介绍的文字都存放在<p class="mbm">标签当中。定位文字的位置后，即可开始编写爬虫代码，如示例 2.1 所示。

示例 2.1：爬取当前页面的人物事迹。

```
import requests
from bs4 import BeautifulSoup
```

```
    num = 0   #定义条数的初始值
    #定义一个变量 url，为需要爬取数据的网页网址
    url = 'http://www.womenxiangxue8.com/Content/Article/categoryAction/categoryCode/style'
    #获取这个网页的源代码，存放在 req 中，{}中为不同浏览器的不同 User-Agent 属性，针对不同浏览器可以自行百度
    req = requests.get(url, {'User-Agent': 'Mozilla/5.0 (Windows NT 6.1; WOW64; rv:23.0) Gecko/20100101 Firefox/23.0'})
    #生成一个 BeautifulSoup 对象，用于后边的查找
    soup = BeautifulSoup(req.text, 'lxml')
    #找到所有 p 标签中的内容并存放在 xml 这样一个类似于数组队列的对象中
    xml = soup.find_all('p', class_='mbm')
    #利用循环将 xml[]中存放的每一条打印出来
    for i in range(len(xml)):  #表示从 0 到 xml 的 len()长度
        msg = xml[i].string
        if not msg is None:
            num += 1
            print('第', num, '条', msg)
```

运行结果如图 2.3 所示。

```
第 1 条  精彩人生女性终身学习计划在郑州市得到了广泛地推广和应用，惠及各行各业的女性朋友。下面我们展示部分学员的精彩分享。1. 李女士，
第 2 条  深圳市积极宣传和推广精彩人生女性终身学习计划和女性享学吧平台，倡导女性参与终身学习。众多学员展示了她们精彩的学习风采，选取部
第 3 条  抚顺市作为第二批试点城市工作成效显著，学员注册量名列前茅，线下活动丰富而精彩，涌现出一批优秀学员，热爱学习、善于学习、不断成
第 4 条  精彩人生女性终身学习计划在杭州市得到了广泛地推广和应用，惠及各行各业的女性朋友。下面我们展示部分学员的精彩分享。1. 何女士，
第 5 条  上海市积极宣传推广精彩人生女性终身学习计划，涌现出一批热爱学习、学以致用的优秀学员，选取部分学员代表展示其热爱学习的风采。1.
第 6 条  精彩人生女性终身学习计划在重庆市得到了广泛地推广和应用，惠及各行各业的女性朋友。下面我们展示部分学员的精彩分享。1. 陈女士，
第 7 条  精彩人生女性终身学习计划在广州市得到了广泛地推广和应用，惠及各行各业的女性朋友。下面我们展示部分学员的精彩分享。1. 陈女士，
第 8 条  截至2018年10月13日，武汉市精彩人生女性终身学习计划注册学员已经超过23万人，远远超过每年5000人的预期目标，同时也涌现出一批乐于
第 9 条  青岛市妇联和青岛电大紧密合作，精彩人生女性终身学习计划得到了广泛地推广和应用，惠及各行各业的女性朋友。下面我们展示部分学员的
第 10 条  在随手拍-学员风采展示活动的“学习助我人生精彩”类别中，绵阳市推荐4位优秀学员，从“老有所学、老有所乐、让退休生活更精彩”、
```

图 2.3　爬取首页的 10 条记录内容示例

运行上述代码，可以获取首页 10 个活动的内容，如果要实现翻页，就要找到上下页网址之间存在的联系。

首先点开“学员风采”的首页：http://www.womenxiangxue8.com/Content/Article/categoryAction/categoryCode/style。

然后点击“下一页”到第 2 页：http://www.womenxiangxue8.com/Content/Article/categoryAction/categoryCode/style?page=2。

再点击“下一页”到第 3 页：http://www.womenxiangxue8.com/Content/Article/categoryAction/categoryCode/style?page=3。

最后再重新点击首页(第 1 页)：http://www.womenxiangxue8.com/Content/Article/categoryAction/categoryCode/style?page=1。

对比发现，它们的区别在于“page =”后边的数字不同，都是当前的页数，所以只要改变“page =”后边的字符串，即可实现对不同页面的爬取，如示例 2.2 所示。

示例 2.2： 自动翻页爬取多页面的人物事迹。

```
import requests
from bs4 import BeautifulSoup
import time


num = 0   #定义条数的初始值
#通过循环实现对不同页码的网页的数据爬取
for page in range(3):   #以 3 页为例
    time.sleep(1)   #延时 1 秒
    value = str(page)
    #利用 Python 中字符串拼接的方法，自动更新爬取的网址
    url = 'http://www.womenxiangxue8.com/Content/Article/categoryAction/categoryCode/stylepage=' + value
    #获取这个网页的源代码，存放在 req 中，{}中为不同浏览器的不同 User-Agent 属性，针对不同浏览器可以自行百度
    req = requests.get(url, {'User-Agent': 'Mozilla/5.0 (Windows NT 6.1; WOW64; rv:23.0) Gecko/20100101 Firefox/23.0'})
    #生成一个 BeautifulSoup 对象，用于后边的查找
    soup = BeautifulSoup(req.text, 'lxml')
    #找到所有 p 标签中的内容并存放在 xml 这样一个类似于数组队列的对象中
    xml = soup.find_all('p', class_='mbm')
    #利用循环将 xml[]中存放的每一条打印出来
    for i in range(len(xml)):   #表示从 0 到 xml 的 len()长度
        msg = xml[i].string
        if not msg is None:
            num += 1
            print('第', num, '条', msg)
```

运行结果如图 2.4 所示，可以看到一共爬取了 3 页，共 30 条活动信息。

第 29 条　2019年6月13日由龙马潭区妇联承办，泸州广播电视大学协办的泸州市"精彩人生*女性终身学习计划"项目在泸州广播电视大学（泸州教育实践基地）举行启动仪式！终身享学 成就精彩 相信自己，让自己的生活精彩纷呈。丝网花制作丝网花，最早起源于日本，被当地人称之为东篱花。在最…
第 30 条　5月12日，抚顺妇联开展"女性享学吧"线下活动，走进台美家月子会所，带领40多名备孕妇女、准父母、准姥姥奶奶等优秀学员及家属，体验高端服务。活动中，专业老师对备孕、孕期及产后护理等专业知识进行讲解。中国汽车技术研究中心有限公司儿童交通安全项目总监庞进喜讲解安装、使用儿童安全座...

图 2.4　爬取 3 页内容结果示例

与示例 2.1 中的代码相比，示例 2.2 中的代码不只增加了自动翻页功能，还增加了 time.sleep()的等待功能，这是为了避免网站对爬取流量的限制(当短时间内同一个 IP 多次对服务器进行访问时，服务器会暂时中断对该 IP 的服务)。这里采用增加延时等方法来尽量模拟自然人的行为。

2.1.2　动态页面的数据爬取

前面介绍了静态页面的爬虫方式，相对比较简单。而实际在做网页爬虫工作时，页面情况多样、复杂，通常网页中包含 JavaScript(简称 JS)代码，需要经过渲染处理才能获取原始数据，并且有些网站 Cookie 需要客户端脚本执行 JS 后才会产生，所以在这种情况下一般采用"Python+ Selenium + 第三方浏览器"的爬取方法。

1. 声明浏览器对象

Selenium[1]可以模拟多种真实浏览器、自动化测试工具，主要用来解决 JavaScript 渲染问题。用 Python 编写爬虫代码时，主要用的是 Selenium 模块中的 Webdriver 框架，该框架支持多种浏览器，常用的是 Chrome 和 Firefox 浏览器，调用方法如示例 2.3 所示。

```
示例 2.3：基于 selenium 调用浏览器。
from selenium import webdriver
browser = webdriver.Chrome()
browser = webdriver.Firefox()
```

在运行示例 2.3 之前，需要下载电脑上安装的 Chrome 或 Firefox 浏览器对应版本的驱动。下面以 Chrome 浏览器为例进行说明：

(1) 打开 Chrome 浏览器，通过右上角的"设置"按钮找到"关于 Chrome"，点开就可以找到当前浏览器的版本 Chrome 浏览器的驱动。可以从网址 http://chromedriver.storage. googleapis.com/index.html 上选择与自己电脑浏览器版本最接近的版本进行下载。

(2) 浏览器驱动下载到本机后，把驱动的目录放到电脑的环境变量里，否则会出现如图 2.5 所示的错误。

```
os.path.basename(self.path), self.start_error_message)
selenium.common.exceptions.WebDriverException: Message: 'geckodriver' executable needs to be in PATH.
```

图 2.5　找不到浏览器驱动的告警

(3) 如果不在环境变量里添加驱动的目录，则另一种解决方案是在调用时直接指向驱动的存放目录，如示例 2.4 所示。

```
示例 2.4：基于绝对路径调用浏览器驱动。
from selenium import webdriver

chrome_driver = r"D:\Software\Anaconda3\Lib\site-packages\selenium\webdriver\chrome\chromedriver.exe"
browser = webdriver.Chrome(executable_path=chrome_driver)
```

(4) 正常访问页面。运行示例 2.5 会自动打开 Chrome 浏览器，并登录百度，打印百度首页的源代码，然后关闭浏览器。

```
示例 2.5：自动打开和关闭浏览器。
from selenium import webdriver
chrome_driver = r"D:\Software\Anaconda3\Lib\site-packages\selenium\webdriver\chrome\chromedriver.exe"
```

```
browser = webdriver.Chrome(executable_path=chrome_driver)
browser.get("http://www.baidu.com")
print(browser.page_source)
browser.close()
```

2. 查找元素

为了从页面上准确获取所需的内容，需要对页面元素进行定位。Selenium 提供了八种元素定位方式，如表 2.1 所示。

表 2.1　基于 Selenium 的八种元素定位方式

定位一个元素	定位多个元素	含　义
find_element_by_id()	find_elements_by_id()	通过元素 id 定位
find_element_by_name()	find_elements_by_name()	通过元素 name 定位
find_element_by_class_name()	find_elements_by_class_name()	通过类名定位
find_element_by_tag_name()	find_elements_by_tag_name()	通过标签定位
find_element_by_link_text()	find_elements_by_link_text()	通过完整链接定位
find_element_by_partial_link_text()	find_elements_by_partial_link_text()	通过部分链接定位
find_element_by_xpath()	find_elements_by_xpath()	通过 xpath 表达式定位
find_element_by_css_selector()	find_elements_by_css_selector()	通过 CSS 选择器定位

另外，还有一种比较通用的方式是利用 selenium.webdriver.common.by 的 By 模块属性，如示例 2.6 所示。

示例 2.6：基于 By 模块的单元素定位方式。

```
from selenium import webdriver
from selenium.webdriver.common.by import By

chrome_driver = r"D:\Software\Anaconda3\Lib\site-packages\selenium\webdriver\chrome\chromedriver.exe"
browser = webdriver.Chrome(executable_path=chrome_driver)
browser.get("http://www.taobao.com")
input_first = browser.find_element(By.ID,"q")
print(input_first)
browser.close()
```

多个元素和单个元素的区别在于用 find_elements 还是 find_element，示例 2.7 对其进行了说明。

示例 2.7：基于 CSS 的多元素定位方式。

```
from selenium import webdriver

chrome_driver = r"D:\Software\Anaconda3\Lib\site-packages\selenium\webdriver\chrome\chrome
```

```
driver.exe"
    browser = webdriver.Chrome(executable_path=chrome_driver)
    browser.get("http://www.taobao.com")
    lis = browser.find_elements_by_css_selector('.service-bd li')
    print(lis)
    browser.close()
```

示例 2.7 的运行结果是一个列表。当然上面的方式也是可以通过导入 from selenium. webdriver.common.by import By 这种方式来实现的，即：lis = browser.find_elements(By.CSS_ SELECTOR,'.service-bd li')。

3. 交互动作

示例 2.8 将演示各个要素的交互调用。运行示例 2.8 可以看到程序模拟人对浏览器进行操作。运行时，程序自动打开 Chrome 浏览器并进入淘宝网，输入搜索内容"ipad"而后清空搜索内容，改为输入"MacBook Pro"并点击"搜索"按钮开始商品查询。

```
示例 2.8：多元素交互动作。
from selenium import webdriver
import time

chrome_driver = r"D:\Software\Anaconda3\Lib\site-packages\selenium\webdriver\chrome\chrom
edriver.exe"
    browser = webdriver.Chrome(executable_path=chrome_driver)
    browser.get("http://www.taobao.com")
    input_str = browser.find_element_by_id('q')
    input_str.send_keys("ipad")
    time.sleep(1)
    input_str.clear()
    input_str.send_keys("MacBook Pro")
    button = browser.find_element_by_class_name('btn-search')
    button.click()
```

如示例 2.9 所示，多个动作还可以附加到动作链中串行执行。运行示例 2.9，会将一个方框拖曳到另一个方框上。

```
示例 2.9：基于动作链的多个动作串行执行。
from selenium import webdriver
from selenium.webdriver import ActionChains
chrome_driver = r"D:\Software\Anaconda3\Lib\site-packages\selenium\webdriver\chrome\chrom
edriver.exe"
    browser = webdriver.Chrome(executable_path=chrome_driver)
    url = "http://www.runoob.com/try/try.php?filename=jqueryui-api-droppable"
    browser.get(url)
```

```
browser.switch_to.frame('iframeResult')
source = browser.find_element_by_css_selector('#draggable')
target = browser.find_element_by_css_selector('#droppable')
actions = ActionChains(browser)
actions.drag_and_drop(source, target)
actions.perform()
```

4. 执行 JavaScript

这里介绍如何直接调用 JS 方法来实现一些操作。示例 2.10 所示代码的功能是登录知乎，然后通过 JS 翻到页面底部，并弹框提示。

> **示例 2.10**：基于 JS 登录知乎并翻到页面底部。
> ```
> from selenium import webdriver
>
> chrome_driver = r"D:\Software\Anaconda3\Lib\site-packages\selenium\webdriver\chrome\chrome
> driver.exe"
> browser = webdriver.Chrome(executable_path=chrome_driver)
> browser.get("http://www.zhihu.com/explore")
> browser.execute_script('window.scrollTo(0, document.body.scrollHeight)')
> browser.execute_script('alert("To Bottom")')
> ```

如示例 2.11 所示，可以通过 get_attribute('class')获取元素属性。

> **示例 2.11**：通过 get_attribute('class')获取元素属性。
> ```
> from selenium import webdriver
>
> chrome_driver = r"D:\Software\Anaconda3\Lib\site-packages\selenium\webdriver\chrome\chromed
> river.exe"
> browser = webdriver.Chrome(executable_path=chrome_driver)
> url = 'https://www.zhihu.com/explore'
> browser.get(url)
> logo = browser.find_element_by_id('zh-top-link-logo')
> print(logo)
> print(logo.get_attribute('class'))
> ```

如示例 2.12 所示，还可以通过 id、location、tag_name、size、text 获取 ID、位置、标签名和文本值。

> **示例 2.12**：获取 ID、位置、标签名、文本值等元素。
> ```
> from selenium import webdriver
>
> chrome_driver = r"D:\Software\Anaconda3\Lib\site-packages\selenium\webdriver\chrome\chromed
> ```

```
river.exe"
    browser = webdriver.Chrome(executable_path=chrome_driver)
    url = 'https://www.zhihu.com/explore'
    browser.get(url)
    input = browser.find_element_by_class_name('zu-top-add-question')
    print(input.id)
    print(input.location)
    print(input.tag_name)
    print(input.size)
    print(input.text)
```

5. Frame

很多网页中都有 Frame 标签，所以爬取数据时就涉及 Frame 中的切换问题，常用的是 switch_to.frame()和 switch_to.parent_frame()。示例 2.13 所示代码的功能是切换到 Frame 中。

示例 2.13：切换到 Frame 中。

```
import time
from selenium import webdriver
from selenium.common.exceptions import NoSuchElementException
chrome_driver = r"D:\Software\Anaconda3\Lib\site-packages\selenium\webdriver\chrome\chrom
edriver.exe"
    browser = webdriver.Chrome(executable_path=chrome_driver)
    url = 'http://www.runoob.com/try/try.php?filename=jqueryui-api-droppable'
    browser.get(url)
    browser.switch_to.frame('iframeResult')
    source = browser.find_element_by_css_selector('#draggable')
    print(source)
    try:
        logo = browser.find_element_by_class_name('logo')
    except NoSuchElementException:
        print('NO LOGO')
    browser.switch_to.parent_frame()
    logo = browser.find_element_by_class_name('logo')
    print(logo)
    print(logo.text)
```

6. 等待

现在大多数网页采用的是 Ajax 技术，使用该技术会导致网页打开过程中何时某个元素会被完全加载出来。如果实际页面等待时间过长导致某个 DOM 元素没有被加载出来，但是代码直接使用了这个 WebElement，那么就会出现 NullPointer 的错误。为了解决该问题，Selenium 提供了两种等待机制：隐式等待和显式等待。

- 隐式等待语法如下：

```
time.sleep(2)
```

- 显式等待语法如下：

```
WebDriverWait(self.brower,3).until(EC.presence_of_element_located((By.CLASS_NAME,"gt_hol
der.gt_popup.gt_show")))
```

执行该代码，程序默认会每 0.5 秒来调用一次，查看所要找的元素是否已经生成，如果存在，就立即返回。"(self.browser,3)" 表示最大等待时间是 3 秒，超过 3 秒系统直接报异常 "NoSuchElementException"。页面是否成功加载的判断条件见表 2.2。更多的应用可以参考 Selenium 的官网 https://selenium-python.readthedocs.io/api.html。

表 2.2　页面是否成功加载的判断条件

判 断 条 件	含 义
title_is	标题是某内容
title_contains	标题包含某内容
presence_of_element_located	元素加载出，传入定位元组，如(By.ID, 'p')
visibility_of_element_located	元素可见，传入定位元组
visibility_of	可见，传入元素对象
presence_of_all_elements_located	所有元素加载出
text_to_be_present_in_element	某个元素文本包含某文字
text_to_be_present_in_element_value	某个元素值包含某文字
frame_to_be_available_and_switch_to_it	Frame 加载并切换
invisibility_of_element_located	元素不可见
element_to_be_clickable	元素可点击
staleness_of	判断一个元素是否仍在 DOM，可判断页面是否已经刷新
element_to_be_selected	元素可选择，传入元素对象
element_located_to_be_selected	元素可选择，传入定位元组
element_selection_state_to_be	传入元素对象以及状态，相等返回 True，否则返回 False
element_located_selection_state_to_be	传入定位元组以及状态，相等返回 True，否则返回 False
alert_is_present	是否出现 Alert

2.1.3　滑块验证登录

有些网站会对持续爬取时间较长的同一账号的 Cookie 或者同一 IP 进行封杀，对于这种机制，用户可以采用 2.1.2 小节所述的等待策略，或采用账号池、IP 池等技术。除此之外，有些网站还会采用一些更复杂的技术，如滑块验证、字体加密等，本小节和下一小节会介绍针对这两种技术的破解方法。

　　一些网站会在正常的账号密码认证之外加一些验证码，以此来明确地区分人/机行为。对于简单的如图 2.6 所示的校验码，可以调用 Python 的 pytesseract[2]模块来解决。但一些网站加入了滑动验证码，如图 2.7 所示的天眼查的网站就使用了滑动验证。

图 2.6　基于校验码的网站登录验证　　　图 2.7　基于滑动验证码的网站登录验证

对于图 2.7 所示的滑块验证机制，其解决思路如下：

(1) 点击按钮，弹出没有缺口的图片；

(2) 获取步骤(1)的图片；

(3) 点击滑动按钮，弹出带缺口的图片；

(4) 获取带缺口的图片；

(5) 对比两张图片的所有 RBG 像素点，得到不一样像素点的 x 值，即要移动的距离；

(6) 模拟人的行为习惯(先匀加速拖动，后匀减速拖动)，把需要拖动的总距离分成一段一段小的轨迹；

(7) 按照轨迹拖动，完成验证；

(8) 成功登录。

　　示例 2.14 以登录天眼查网站(http://www.tianyancha.com)为例，介绍破解滑块验证的过程。(代码中的 self.url、EMAIL 和 PASSWORD 请分别自行替换成要爬取网站的网址、在该网站注册的邮箱和密码。)

```
示例 2.14：破解滑块验证。
# -*- coding: utf-8 -*-
import time
from io import BytesIO
from PIL import Image
from selenium import webdriver
from selenium.webdriver import ActionChains
from selenium.webdriver.common.by import By
from selenium.webdriver.support.ui import WebDriverWait
from selenium.webdriver.support import expected_conditions as EC
```

```
EMAIL = '请替换成注册该网站的邮箱'
PASSWORD = '请替换成注册该网站的密码'
BORDER = 6
INIT_LEFT = 60


class CrackGeetest():
    def __init__(self):
        self.url = '请替换成要爬取的网站的网址'
        #self.browser = webdriver.Firefox()
        chrome_driver = r"D:\Software\Anaconda3\Lib\site-packages\selenium\webdriver\chro
                        me\chromedriver.exe"
        self.browser = webdriver.Chrome(executable_path=chrome_driver)
        self.wait = WebDriverWait(self.browser, 10)
        self.email = EMAIL
        self.password = PASSWORD


    def __del__(self):
        self.browser.close()


    def get_geetest_button(self):
        """
        获取初始登录按钮
        :return:
        """
        button = self.wait.until(EC.element_to_be_clickable((By.XPATH,
                        '请替换成捕获点击登录的事件')))
        return button


    def get_screenshot(self):
        """
        获取网页截图
        :return: 截图对象
        """
        screenshot = self.browser.get_screenshot_as_png()
        screenshot = Image.open(BytesIO(screenshot))
        return screenshot


    def get_slider(self):
        """
```

```
        获取滑块
        :return: 滑块对象
        """
        slider = self.wait.until(EC.element_to_be_clickable((By.CLASS_NAME, 'gt_slider_knob')))
        return slider


def get_position(self):
        """
        获取验证码位置
        :return: 验证码位置元组
        """
        img = self.wait.until(EC.presence_of_element_located((By.CLASS_NAME,
                        'gt_cut_fullbg.gt_show')))
        time.sleep(2)
        location = img.location
        size = img.size
        top, bottom, left, right = location['y'], location['y'] + size['height'], location['x'],
                        location['x'] + size['width']
        return (top, bottom, left, right)


    def get_geetest_image(self, name='captcha.png'):
        """
        获取验证码图片
        :return: 图片对象
        """
        top, bottom, left, right = self.get_position()
        print('验证码位置', top, bottom, left, right)
        screenshot = self.get_screenshot()
        captcha = screenshot.crop((left, top, right, bottom))
        captcha.save(name)
        return captcha


    def openLoginurl(self):
        """
        打开网页输入用户名密码
        :return: None
        """
        self.browser.get(self.url)
        time.sleep(1)
```

```python
        self.browser.find_element_by_xpath('//div[@tyc-event-ch="Login.PasswordLogin"]').click()
        time.sleep(3)
        email = self.wait.until(EC.presence_of_element_located((By.XPATH,
                        '/html/body/div[2]/div/div[2]/div/div[2]/div/div[3]/div[2]/div[2]/input')))
        password = self.wait.until(EC.presence_of_element_located((By.XPATH,
                        '/html/body/div[2]/div/div[2]/div/div[2]/div/div[3]/div[2]/div[3]/input')))
        email.send_keys(self.email)
        password.send_keys(self.password)


    def get_gap(self, image1, image2):
        """
        获取缺口偏移量
        :param image1: 不带缺口图片
        :param image2: 带缺口图片
        :return:
        """
        gap = 60
        print(image1.size[0]) #垂直尺寸 260
        print(image1.size[1]) #水平尺寸 116
        print(image2.size[0])
        print(image2.size[1])

        for i in range(image1.size[0]):
            for j in range(image1.size[1]):
                if not self.is_pixel_equal(image1, image2, i, j):
                    gap = i
                    print("找到缺口!!!")
                    return gap
        return gap


    def is_pixel_equal(self, image1, image2, x, y):
        """
        判断两个像素是否相同
        :param image1: 图片 1
        :param image2: 图片 2
        :param x: 位置 x
        :param y: 位置 y
        :return: 像素是否相同
        """
```

```
        #取两个图片的像素点
        pixel1 = image1.load()[x, y]
        pixel2 = image2.load()[x, y]
        threshold = 60
        if abs(pixel1[0] - pixel2[0]) < threshold and abs(pixel1[1] - pixel2[1]) < threshold and
                                        abs(pixel1[2] - pixel2[2]) < threshold:
            return True
        else:
            return False


def get_track(self, distance):
    """
    根据偏移量获取移动轨迹
    :param distance: 偏移量
    :return: 移动轨迹
    """
    #移动轨迹
    track = []
    #当前位移
    current = 0
    #减速阈值
    mid = distance * 4 / 5
    #计算间隔
    t = 0.2
    #初速度
    v = 0

    while current < distance:
        if current < mid:
            #加速度为2
            a = 2
        else:
            #加速度为-3
            a = -3
        #初速度 v0
        v0 = v
        #当前速度 v = v0 + at
        v = v0 + a * t
        #移动距离 x = v0t + 1/2 * a * t^2
```

```python
                move = v0 * t + 1 / 2 * a * t * t
                #当前位移
                current += move
                #加入轨迹
                track.append(round(move))
            return track

    def move_to_gap(self, slider, track):
        """
        拖动滑块到缺口处
        :param slider: 滑块
        :param track: 轨迹
        :return:
        """
        ActionChains(self.browser).click_and_hold(slider).perform()
        for x in track:
            ActionChains(self.browser).move_by_offset(xoffset=x, yoffset=0).perform()
            time.sleep(0.5)
            ActionChains(self.browser).release().perform()

    def move_to_right(self, slider, gap):
        """
        拖动滑块到最右边
        :param slider: 滑块
        :param track: 轨迹
        :return:
        """
        ActionChains(self.browser).click_and_hold(slider).perform()
        ActionChains(self.browser).move_by_offset(xoffset=gap, yoffset=0).perform()
        time.sleep(0.5)
        #获取带缺口的验证码图片
        self.get_geetest_image('image2.png')
        ActionChains(self.browser).release().perform()

    def showHuakuaiWindow(self,button):
        """
        显示滑块验证窗口
        :return: None
        """
```

```
button.click()
WebDriverWait(self.browser, 3).until(EC.presence_of_element_located((By.ID,
                "geetest-submit-btn")))
ECelement=EC.presence_of_element_located((By.ID,
                "geetest-submit-btn")).__call__(self.browser)
#print(ECelement.tag_name)
i=0
while 1:
    try:
        button.click()

        ECelement = WebDriverWait(self.browser, 3).until(EC.presence_of_element_located
                ((By.CLASS_NAME, "gt_holder.gt_popup.gt_show")))
        Tname=ECelement.tag_name
        print(Tname)
        if Tname:
            print("*************")
            print("滑块验证窗口出现！")
            print("*************")
            break
    except Exception as e:
        i=i+1
        print(str(i)+"未出现滑块验证窗口")


def crack(self):
    #输入用户名密码
    self.openLoginurl()
    #点击登录按钮
    button = self.get_geetest_button()
    self.showHuakuaiWindow(button)
    self.get_geetest_image('image1.png')
    slider = self.get_slider()
    slider.click()
    time.sleep(3)
    self.move_to_right(slider, 230)
    time.sleep(3)
    #获取缺口位置
    Image1 = Image.open('image1.png')
    Image2 = Image.open('image2.png')
```

```
                gap = self.get_gap(Image1, Image2)
                print('缺口位置', gap)
                #减去缺口位移
                gap -= BORDER
                #获取移动轨迹
                track = self.get_track(gap)
                print('滑动轨迹', track)
                #拖动滑块
                self.move_to_gap(slider, track)

                success = False
                try:
                    success = self.wait.until(
                    EC.presence_of_element_located((By.CLASS_NAME, 'gt_ajax_tip.gt_success')))
                except Exception as e:
                    print('没有成功')

                #登录结果
                if success:
                    print('登录成功')
                else:
                    print('登录失败')
        if __name__ == '__main__':
            crack = CrackGeetest()
        crack.crack()
```

2.1.4　字体二次编码

为了防止信息泄露，有些网站采用基于字体二次编码的加密机制。所谓字体加密，就是网站将一些关键字替换为网站自己的字体，在网页上字体会正常显示，但是爬取下来的内容，经过字体加密的字符都是乱码，无法查看。如图 2.8 所示，查看某生活网站的源码，性别：女，年龄：34 岁，教育程度：中专/技校，工作经验：3~5 年。这些信息在网站页面上是可以正常显示的，但是用查看器查看的时候就会发现这些信息变成了无用的方框，然后查看网站的源码，可以发现这些汉字或数字变成了莫名其妙的编码，如：女→xe536，3→xe841，4→xf050，中→xf7e5，专→xe49a，技→xee80，校→xf6ad，3→xe841，5→xf68b，经→xf0a4，验→xec14。如前面所述，这是因为网站使用了字体加密机制，网站有自己的一套字体，只有在它的页面上才会正常显示，否则就是一串乱码。具体的编码规则可以从网页源码中找到，它是一串 base64 的字符串，又称为网站字体文件。

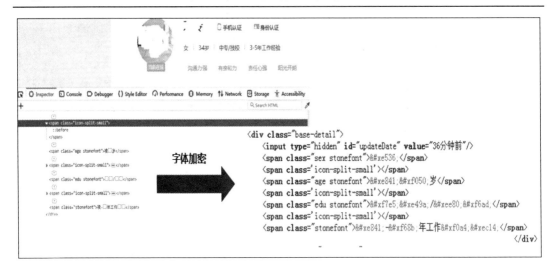

图 2.8　一些敏感信息在网站源码中以特殊字符的形式出现

下面我们将这串 base64 的网站字体文件复制下来，将它解码并保存成一个字体文件，如示例 2.15 所示。

示例 2.15： 网站字体文件的解码。

```
import base64

font_face = "d09GRgABAAAABsMAAsAAAAAJnQAAQAAAAAAAAAAAAAAAAAAAA
AAAAAAABHU1VCAAABCAAAADMAAABCsP6z7U9TLzIAAAE8AAAARAAAAFZtBmacY21hc
AAAAYAAAAHqAAAFTsy4w15nbHlmAAADbAAAFDwAABl0ai65rmhlYWQAAABeoAAAALwAAA
DYZocpvaGhlYQAAAF9gAAAcAAAAJ……"

#网站字体文件很长，上面只复制了部分，其余用……代替
b = base64.b64decode(font_face)
with open('字体.ttf','wb') as f:
    f.write(b)
```

上述代码将 base64 保存成一个 ttf 的字体文件，然后使用 fontCreator 将这个字体文件打开(fontCreator 可以直接在百度上下载)。

打开之后的效果如图 2.9 所示，从图中可以看出，网页源码上被替换掉的汉字和数字，使用 fontCreator 都能找到标准字体文件中与之对应的编码数值，将这些字在网页中出现的编码与标准字体文件的编码对应成一个字典，而后执行字典查找、替换等操作就可以得到未加密的文字了。但是在实际操作过程中发现，如图 2.10 所示，打开另一求职人员的页面，用同样的方法处理 base64 字符串，打开后的对应编码方式不同。并且，对同一求职人员的页面，不同时刻打开得到的编码对应关系也不一样。这是因为这个网站自定义了多种中文编码映射方式，每一页数据选用的映射方式都是随机的。这时候就需要另一个工具——Python 的第三方库 fontTools。

图 2.9　网站中一个用户信息的 ttf 字体文件

图 2.10　网站中另一个用户信息的 ttf 字体文件

在进行解密之前，先将原 ttf 格式的 woff 字体文件保存成一个 xml 文件。woffxml 中 GlyphOrder 节点存储编码字符的编号与 unicode 编码的映射关系如图 2.11 所示；woffxml 中 cmap 节点存储 unicode 与 Name 的映射关系如图 2.12 所示；woffxml 中 TTGlyph 节点存储 Name 的字形信息如图 2.13 所示。

```
<GlyphOrder>
  <!-- The 'id' attribute is only for humans; it is ignored when parsed. -->
  <GlyphID id="0" name="glyph00000"/>
  <GlyphID id="1" name="x"/>
  <GlyphID id="2" name="uniE0D3"/>
  <GlyphID id="3" name="uniE19A"/>
  <GlyphID id="4" name="uniE272"/>
  <GlyphID id="5" name="uniE4CD"/>
  <GlyphID id="6" name="uniE53A"/>
  <GlyphID id="7" name="uniE566"/>
  <GlyphID id="8" name="uniE59C"/>
  <GlyphID id="9" name="uniE5D4"/>
  <GlyphID id="10" name="uniE668"/>
  <GlyphID id="11" name="uniE690"/>
  <GlyphID id="12" name="uniE6F1"/>
```

图 2.11　woffxml 中 GlyphOrder 节点存储信息示例

```
<cmap>
  <tableVersion version="0"/>
  <cmap_format_4 platformID="0" platEncID="3" language="0">
  <map code="0x78" name="x"/><!-- LATIN SMALL LETTER X -->
  <map code="0xe0d3" name="uniE0D3"/><!-- ???? -->
  <map code="0xe19a" name="uniE19A"/><!-- ???? -->
  <map code="0xe272" name="uniE272"/><!-- ???? -->
  <map code="0xe4cd" name="uniE4CD"/><!-- ???? -->
  <map code="0xe53a" name="uniE53A"/><!-- ???? -->
  <map code="0xe566" name="uniE566"/><!-- ???? -->
  <map code="0xe59c" name="uniE59C"/><!-- ???? -->
  <map code="0xe5d4" name="uniE5D4"/><!-- ???? -->
  <map code="0xe668" name="uniE668"/><!-- ???? -->
  <map code="0xe690" name="uniE690"/><!-- ???? -->
  <map code="0xe6f1" name="uniE6F1"/><!-- ???? -->
  <map code="0xe707" name="uniE707"/><!-- ???? -->
  <map code="0xe733" name="uniE733"/><!-- ???? -->
  <map code="0xe7d7" name="uniE7D7"/><!-- ???? -->
  <map code="0xe7e0" name="uniE7E0"/><!-- ???? -->
  <map code="0xe82e" name="uniE82E"/><!-- ???? -->
  <map code="0xea00" name="uniEA00"/><!-- ???? -->
  <map code="0xeadb" name="uniEADB"/><!-- ???? -->
  <map code="0xeafc" name="uniEAFC"/><!-- ???? -->
  <map code="0xeb01" name="uniEB01"/><!-- ???? -->
  <map code="0xeb16" name="uniEB16"/><!-- ???? -->
```

图 2.12　woffxml 中 cmap 节点存储信息示例

```
<TTGlyph name="glyph00000"/><!-- contains no outline data -->

<TTGlyph name="uniE0D3" xMin="0" yMin="-277" xMax="1888" yMax="1707">
  <contour>
    <pt x="168" y="1271" on="1"/>
    <pt x="938" y="1271" on="1"/>
    <pt x="938" y="1707" on="1"/>
    <pt x="1110" y="1707" on="1"/>
    <pt x="1110" y="1271" on="1"/>
    <pt x="1888" y="1271" on="1"/>
    <pt x="1888" y="359" on="1"/>
    <pt x="1724" y="359" on="1"/>
    <pt x="1724" y="467" on="1"/>
    <pt x="1110" y="467" on="1"/>
    <pt x="1110" y="-277" on="1"/>
    <pt x="938" y="-277" on="1"/>
    <pt x="938" y="467" on="1"/>
    <pt x="332" y="467" on="1"/>
    <pt x="332" y="359" on="1"/>
    <pt x="168" y="359" on="1"/>
  </contour>
```

图 2.13　woffxml 中 TTGlyph 节点存储信息示例

根据上述分析，可以确定对这种网站加密字体的解决思路如下：

(1) 在爬取每一页数据之前，先获取到源码中 base64 的字符串，然后解码，将其保存成字体文件；

(2) 根据字体文件中生成编码字体和原始 unicode 编码间的对应关系生成字典；

(3) 抓取到页面的乱码文字并将其解码成十六进制的数字；

(4) 将十六进制的数字转换为十进制的数字，判断字典中是否有这个键，如果有，则解析为原本的数字，如果没有，则说明这个文字没有进行加密处理，保存原来的文字即可；

(5) 完成全部加密文字的替换，得到正确的内容。

对某网站进行加密字体处理后得到的编码字体和 unicode 编码间的对应关系字典如图 2.14 所示。此过程的处理代码可参考示例 2.16。

```
baseCharacterList = ['1','2','3','4','5','6','7','8','9','0',
'女','大','专','张','验','届','应','高','吴','李','周','陈','男',
'本','科','校','技','杨','以','A','无','生','经','硕','下','王',
'黄','E','中','B','刘','赵','博','M','士']
baseUniCode = ['f83c', 'e983', 'e0f7', 'f148', 'ecdf', 'e2b1', 'e98d',
'f11b', 'f39e', 'e3cf','e14b', 'e160', 'e197','e3b8','e3bb','e4d8','e683',
'e722','e964','eabe','eadc','eae9','eb24','eb30','eb9e','eba7','ed72','eda0',
'edd5','edee','ee72','ee83','efec','e0cd','f1da','f21a','f47e','f507','f508',
'f522','f637','f69f','f6d3','f853','f8f7']
```

图 2.14　某网站加密字体的编码字体和 unicode 编码间的对应关系字典

示例 2.16： 网站加密字体的解码。

```
# -*- coding: utf-8 -*-
import re
from fontTools.ttLib import TTFont
from lxml import etree
from io import BytesIO
import base64
import json
import operator

standard_xml_file_path = "standard_xml.xml"
xml_file_path = "xml.xml"
font_file_path = "woff.woff"
```

#通过观察发现，虽然每次加密的字符对应的编码会发生变化，但是该字符所在的 xml 字体文件中的笔画字典是不变的(因为字体没变(一直是宋体)，所以这个字怎么写也不会变。如果字体变了(例如宋体变成黑体)，则可以适当调节笔画字典中(x, y)坐标的近似范围)。

```
baseCharacterList = ['1', '2', '3', '4', '5', '6', '7', '8', '9', '0', '女', '大', '专', '张', '验', '届', '应', '高', '吴',
                     '李', '周', '陈', '男', '本', '科', '校', '技', '杨', '以', 'A', '无', '生', '经', '硕', '下', '王',
                     '黄', 'E', '中', 'B', '刘', '赵', '博', 'M', '士']
baseUniCode = ['f83c', 'e983', 'e0f7', 'f148', 'ecdf', 'e2b1', 'e98d','f11b', 'f39e', 'e3cf', 'e14b', 'e160',
               'e197', 'e3b8', 'e3bb', 'e4d8', 'e683', 'e722', 'e964', 'eabe', 'eadc', 'eae9', 'eb24', 'eb30',
               'eb9e', 'eba7', 'ed72', 'eda0', 'edd5', 'edee', 'ee72', 'ee83', 'efec', 'e0cd', 'f1da', 'f21a',
               'f47e', 'f507', 'f508', 'f522', 'f637', 'f69f', 'f6d3', 'f853', 'f8f7']
replace_dic = {}
k = len(baseCharacterList)
for i in range(k):
    replace_dic[baseUniCode[i]] = baseCharacterList[i]

def make_font_file(base64_string,font_file_path):
    bin_data = base64.decodebytes(base64_string.encode())
    with open(font_file_path, 'wb') as f:
```

```
            f.write(bin_data)
        return bin_data

    def convert_font_to_xml(bin_data,xml_file_path):
        font = TTFont(BytesIO(bin_data))
        font.saveXML(xml_file_path)

    def parse_xml(xml_file_path):
        xml = etree.parse(xml_file_path)
        root = xml.getroot()
        font_dict = {}
        all_data = root.xpath('//glyf/TTGlyph')
        for index, data in enumerate(all_data):
            #十六进制的后四位数字，例如 uniF83E 的 F83E
            font_key = data.attrib.get('name')[3:].lower()
            contour_list = []
            # data 表示一个个的字，contour 表示一个个的字体块，pt 表示一个个的坐标
            for contour in data:
                for pt in contour:
                    contour_list.append(dict(pt.attrib))
            font_dict[font_key] = json.dumps(contour_list, sort_keys=True)
        return font_dict

    def get_font_dict(base64_string,font_file_path,xml_file_path):
        try:
            bin_data = make_font_file(base64_string,font_file_path)
            convert_font_to_xml(bin_data,xml_file_path)
            font_dict = parse_xml(xml_file_path)
        except Exception as e:
            return ('cannot_get_font, err=[{}]'.format(str(e))), None
        return None, font_dict

    def decryption_font_dict(origin_code,font_dict,standard_font_dict):
        #通过将待解密字符('女')的笔画字典 origin_code_dic 与标准字典 standard_font_dict 中的一个
个笔画字典 standard_font_dict[key]作对比，找出相同的笔画字典，然后用标准字典中的匹配笔画字
典对应的编码(standard_code:e14b == origin_code:eabe)找出对应的字符，从而找到被编码的真实字符
(origin_code:eabe(uniEABE)-->character:女)
        for key in standard_font_dict:
            if operator.eq(font_dict[origin_code],standard_font_dict[key]):
                origin_charactor = replace_dic[key]
```

```
        return origin_charactor

def decrypt_font(text,font_dict,standard_font_dict):
    decryption_text = ""
    for alpha in text:
        # alpha 是每个字符
        if alpha == "-" or alpha == "/":
            item_text = alpha
        else:
            hex_alpha = alpha.encode('unicode_escape').decode()
            # hex_alpha 是将字符转码后的结果
            origin_code = hex_alpha[2:]
            if origin_code in font_dict:
                item_text = decryption_font_dict(origin_code,font_dict,standard_font_dict)
                if item_text is None:
                    print("op=[DecryptFont], err={}".format("decryption_font_dict_have_no_this_font"))
                else:
                    item_text = alpha
        decryption_text += item_text
    return decryption_text


def parse(pagesource,text,fp=font_file_path,xp=xml_file_path):
    #从网页源码中抽取出 stonefont 字段，形成 woff 字体文件，并将 woff 字体文件转换成 xml
    字体文件，然后解析出 xml 文件中各个字符对应的编码，形成 font_dict 字典
    base64_string=re.findall("base64,(.*?)\)", pagesource, re.S)[0]
    font_dict = {}
    err, font_dict = get_font_dict(base64_string,font_file_path, xml_file_path)
    if err is not None:
        return err, None

    #以一个 xml 字体文件作为标准模板，解析出字体字典
    standard_font_dict = parse_xml(standard_xml_file_path)
    decryption_text = decrypt_font(text, font_dict, standard_font_dict)
    return decryption_text
```

2.1.5　Scrapy 爬虫简介

2.1.2 小节介绍了如何基于 Selenium 编写爬虫代码，但是这种方法有速度慢、占用资源多、对网络要求高、爬取规模不能太大等缺点，所以在实际工程中，大型爬虫主要都通

过 Scrapy[3]框架来实现。Scrapy 是用 Python 编写的一个用于爬取网站数据、提取结构性数据的应用框架，基于这个框架，用户只需要定制开发几个模块就可以轻松地实现一个爬虫，用来抓取网页内容以及各种图片。

如图 2.15 所示，Scrapy 主要有以下组件。

(1) Scrapy Engine(引擎)：负责 Spider、ItemPipeline、Downloader、Scheduler 中间的通信，包括信号和数据的传递等，并进行事务处理的触发，控制整个处理流程。Scrapy Engine 是框架的核心。

(2) Scheduler(调度器)：负责接收引擎发送过来的 Request(请求)，并按照一定的方式进行整理排列、入队，当引擎再次请求的时候，交还给引擎。它可以理解成一个 URL(抓取网页的网址或者说是链接)的优先队列，由它来决定下一个要抓取的网址是什么，同时去除重复的网址。

(3) Downloader(下载器)：负责下载 Scrapy 引擎发送的所有请求，并将其获取到的响应(Response)交还给 Scrapy 引擎，由引擎交给 Spider 来处理(Scrapy 下载器是建立在 twisted 这个高效的异步模型上的)。

(4) Spider(爬虫)：负责处理所有的 Responses，从中分析提取自己需要的信息，即 Item 字段需要的数据；也可以从中提取出需要继续跟进的 URL 提交给引擎，然后再次进入 Scheduler(调度器)。

(5) ItemPipeline(管道)：负责处理从 Spider 中获取的 Item，并进行后期处理，如验证实体的有效性，滤除不需要的信息、存储等。

(6) Downloader Middlewares(下载中间件)：位于 Scrapy 引擎和下载器之间的组件，主要工作是处理 Scrapy 引擎与下载器之间的请求及响应。也可以将其看作是一个可以自定义可扩展下载功能的组件。

(7) Spider Middlewares(爬虫中间件)：位于 Scrapy 引擎和爬虫之间的组件，主要工作是处理 Spider 的响应输入和请求输出。也可以将其看作是一个可以自定义可扩展的功能组件。

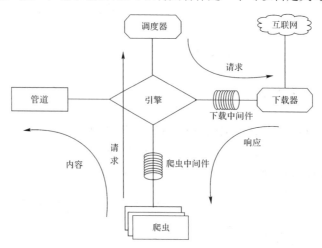

图 2.15　Scrapy 框架

制作 Scrapy 爬虫需要以下四步：

(1) 新建项目(scrapy startproject xxx)：新建一个爬虫项目。

(2) 明确目标(编写 items.py)：明确想要抓取的目标。

(3) 制作爬虫(spiders/xxspider.py)：制作爬虫开始爬取网页。

(4) 存储内容(pipelines.py)：设计管道存储爬取内容。

下面以爬取大河网的新书推荐为例进行说明。在开始爬取之前，必须创建一个新的 Scrapy 项目。Scrapy 项目 demo 的目录结构图如图 2.16 所示。进入自定义的项目目录后，运行下列命令：

```
scrapy startproject demo
```

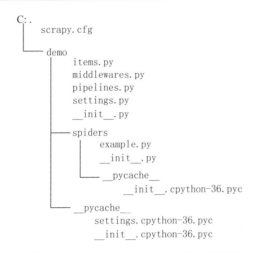

图 2.16　Scrapy 项目 demo 的目录结构图

下面简要介绍一下这个工程下各个文件的作用。

scrapy.cfg：项目的配置文件。

demo：项目的 Python 模块，将会从这里引用代码。

items.py：项目的字段定义文件。

pipelines.py：项目的管道文件。

settings.py：项目的设置文件。

spiders：存储爬虫代码目录。

(1) 在 items.py 里编写我们想爬取的字段，包括书的名字和推荐时间，如示例 2.17 所示。

示例 2.17：items.py 的内容。

```
import scrapy


class DemoItem(scrapy.Item):
    book = scrapy.Field()          #书名
    date = scrapy.Field()          #推荐时间
```

(2) 编写 spiders 下的爬虫文件 example.py，如示例 2.18 所示，其主要功能是创建 scrapy.Spider 类的一个子类，并指定三个强制的属性和一个方法。其中，三个属性包括：

① name = ''：爬虫的识别名称，必须是唯一的，不同的爬虫必须定义不同的名字。

② allowed_domains=[]：搜索的域名范围，也就是爬虫的约束区域，规定爬虫只爬取

这个域名下的网页，不存在的 URL 会被忽略。

③ start_urls=[]：表示爬取的 URL/列表。爬虫从这里开始抓取数据，所以，第一次下载的数据将会从这些 urls 开始。其他子 URL 将会从这些起始 URL 中继承性生成。

一个方法是 parse(self，response)解析的方法，主要作用是负责解析返回的网页数据 (response.body)，提取结构化数据，并生成需要下一页的 URL 请求。

```python
示例 2.18：example.py 的内容。
# -*- coding: utf-8 -*-
import scrapy
import re
from demo.items import DemoItem


class ExampleSpider(scrapy.Spider):
    name = 'example'    #爬虫的唯一标识名
    allowed_domains = ['https://www.dahe.cn/']    #爬虫搜索的域名范围，可以是多个
    start_urls = ['https://theory.dahe.cn/xstj19/']    #开始发起请求的网址


    def parse(self, response):
        #返回请求并解析
        print(1)
        html = response.text
        reg = r'<li class="result">.*?<li class="result"><.*?>.*?(.*?)</a>.*?<span>(.*?)</spa n></li>'

        infos = re.findall(reg, html, re.S)
        for book, date in infos:
            item = DemoItem()
            item['book'] = book
            item['date'] = date

            yield item
```

(3) 编写管道文件 pipelines.py，如示例 2.19 所示。采集到的数据通过 yield 信号传递到本程序进行处理，并执行后续操作，比如存入数据库、写文件等。

```python
示例 2.19：pipelines.py 的内容。
# -*- coding: utf-8 -*-
import json


class DemoPipeline(object):
    def __init__(self):
        self.f = open('out.json','w',encoding='utf-8')    #打开拟保存的文件
```

```
            #self.f = open('out.csv', 'w', encoding='utf-8')          #打开拟保存的文件

    def process_item(self, item, spider):
        content = json.dumps(dict(item),ensure_ascii=False)    #将数据以 json 格式进行编码
        #若不指定 ensure_ascii=False，则输出的是中文的 ASCII 字符码，而不是真正的中文
        self.f.write(content)                #逐条写入文件
        return item

    def close_spider(self,spider):
        self.f.close()                    #关闭文件
```

该示例保存为 json 格式的文件，实际应用中还可以根据需要将其保存为 csv、xml 格式的文件。

(4) 在 settings.py 文件中配置 ITEM_PIPELINES，添加 Item Pipeline 组件的类，启用上述管道文件。

如图 2.17 所示，配置时，pipelines 类后面有一个整型值(通常在 0~1000 范围内随意设置)，这是因为在一个项目(project)中可能有多个不同功能的爬虫，每个爬虫提取的内容要保存到不同的地方，这就需要将爬虫绑定多个不同的 pipelines 类。这样，就能确定这个数字的运行顺序了，数值越低，组件的优先级越高。

```
ITEM_PIPELINES={
    'demo.pipelines.DemoPipeline':300,
}
```

图 2.17　在文件中启用上述管道文件

举例而言,假设在一个 project 中有三个爬虫 Demo1Spider、Demo2Spider 和 Demo3Spider，它们各自的管道类 Demo1Pipeline、Demo2Pipeline、Demo3Pipeline 配置如下：

```
ITEM_PIPELINES={
    'demo.pipelines.Demo1Pipeline':300,
    'demo.pipelines.Demo2Pipeline':200,
    'demo.pipelines.Demo3Pipeline':100,
}

#当运行爬虫程序时，会按照优先级从低到高也就是 100、200、300 的顺序调用 pipeline，从打
印信息中可以看到：
2019-04-10 10:48:10 [scrapy.middleware] INFO: Enabled item pipelines:
[demo.pipelines.Demo3Pipeline,
demo.pipelines.Demo2Pipeline,
demo.pipelines.Demo1Pipeline]
#另外，settings.py 里也可以指定一些常用配置
#间隔时间(单位为秒)，用于指明 scrapy 每两个请求之间的间隔
```

```
DOWNLOAD_DELAY = 5
#当访问异常时是否进行重试
RETRY_ENABLED = True
#当遇到以下 http 状态码时进行重试
RETRY_HTTP_CODES = [500, 502, 503, 504, 400, 403, 404, 408]
#重试次数
RETRY_TIMES = 5
# pipeline 的并发数。同时最多可以有多少个 pipeline 来处理 item
CONCURRENT_ITEMS = 200
#并发请求的最大数
CONCURRENT_REQUESTS = 100
#对一个网站的最大并发数
CONCURRENT_REQUESTS_PER_DOMAIN = 50
#对一个 IP 的最大并发数
CONCURRENT_REQUESTS_PER_IP = 50
```

最后，命令行进入 example.py 所在的目录，运行 scrapy crawl demo (需要说明的是，crawl 后面的参数是 project 的名称，不是爬虫文件的名字，也不是爬虫子类的名字)，就可以在这个目录下生成 out.json 文件了，里面保存了爬取的所有信息。

2.1.6　基于 Scrapy-Redis 的分布式爬虫

为适应大规模分布式爬取数据的需求，有人对 Scrapy 进行了改进，提出了 Scrapy-Redis[4]架构，将起始的网址从 start_urls 里分离出来，改为从 Redis 读取，多个客户端可以同时读取同一个 Redis，从而实现了分布式爬虫。Scrapy-Redis 的架构如图 2.18 所示。

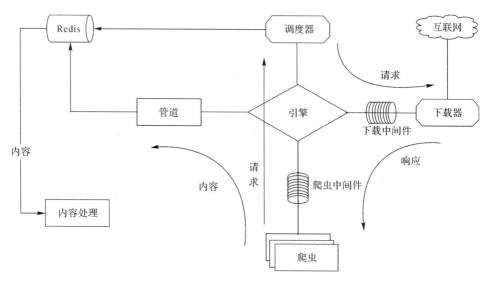

图 2.18　Scrapy-Redis 的架构

Scrapy-Redis 默认采用以下策略：

(1) Slaver(从节点)端从 Master(主节点)端接收数据抓取命令(Request、URL)，而后在抓取数据的同时，产生新任务的 Request 并提交给 Master 处理；

(2) Master 端只有一个 Redis 数据库，负责将未处理的 Request 去重和任务分配，将处理后的 Request 加入待爬队列，并且存储爬取到的数据。

其中，任务调度等工作 Scrapy-Redis 都已经帮我们做好了，我们只需要继承 RedisSpider、指定 redis_key 即可。Scrapy-Redis 的缺点是 Scrapy-Redis 调度的任务是 Request 对象，里面信息量比较大(不仅包含 url，还有 callback 函数、headers 等信息)，会占用 Redis 大量的存储空间，可能会降低爬虫速度，所以对硬件水平要求较高。

在 2.1.5 小节原来非分布式爬虫的基础上，只需要修改一下 Spider 的继承类和配置文件，即可使用 Scrapy-Redis 简单搭建一个分布式爬虫。

首先，在上面安装 Python 和 Scrapy 的基础上安装 Redis。之后，把 2.1.5 小节部署爬虫的 Windows 机器作为 Redis Slaver，在另一台 Centos7 的电脑上部署 Redis Master，搭建分布式 Scrapy-Redis。具体过程如下。

1. 在 Windows 下安装 Redis

在 Windows 环境下 Redis 的下载地址为 https://github.com/rgl/redis/downloads。如图 2.19 所示，选择合适的版本下载安装 Redis。

Download Packages

1. ⟳ 53,312 downloads

   redis-2.4.6-setup-64-bit.exe — Redis 2.4.6 Windows Setup (64-bit)

   796KB · Uploaded on 12 Feb 2012

2. ⟳ 12,073 downloads

   redis-2.4.6-setup-32-bit.exe — Redis 2.4.6 Windows Setup (32-bit)

   768KB · Uploaded on 12 Feb 2012

图 2.19　Redis 下载页面截图

安装完成后，运行 Redis 服务器的命令(即安装目录下的 redis-server.exe)和 Redis 客户端的命令(即安装目录下的 redis-cli.exe)。

2. 在 Centos7 下安装 Redis

1) 安装 Redis

第一步，下载 Redis 安装包，命令如下：

```
wget http://download.redis.io/releases/redis-5.0.4.tar.gz
```

第二步，解压压缩包，命令如下：

```
tar -zxvf redis-5.0.4.tar.gz
```

第三步，使用依赖管理工具 yum，在 Linux 服务器上安装最常用的 C/C++ 编译器 GCC，命令如下：

```
yum install gcc
```

第四步，跳转到 Redis 解压目录下，命令如下：

```
cd redis-5.0.4
```

第五步，编译安装，命令如下：

```
make MALLOC = libc
```

第六步，将/usr/local/redis-5.0.4/src 目录下的文件添加到 /usr/local/bin 目录中，命令如下：

```
cd src && make install
```

2) 配置 Redis

安装完成后，Redis 默认处于保护模式，只能进行本地连接，而不能被远程连接，此时需要修改配置文件 /home/ redis-5.0.4/redis.conf 注释掉 bind 参数，使得 Redis 侦听服务器上所有可用的网络接口连接，命令如下：

```
#注释 bind
#bind 127.0.0.1
```

修改后，重启 Redis 服务器，命令如下：

```
systemctl restart redis
```

在 Centos7 环境下启动 Redis 服务器的命令为 systemctl start redis，启动客户端的命令如下：

```
redis-cli
```

如果要增加 Redis 的访问密码，则需修改配置文件/etc/redis.conf，命令如下：

```
#取消注释 requirepass
requirepass 123456   #密码改成 123456
```

增加了密码后，启动客户端的命令变为如下命令：

```
redis-cli -a 123456
```

3. 测试是否能远程登录

使用 Windows 的命令窗口进入 Redis 安装目录，用如下命令进行远程连接 Centos7 (IP:192.168.190.13)的 Redis：

```
redis-cli -h 192.168.190.13 -p 6379
```

在本机上测试远程是否能读取 Master 的 Redis 的操作截图如图 2.20 所示。

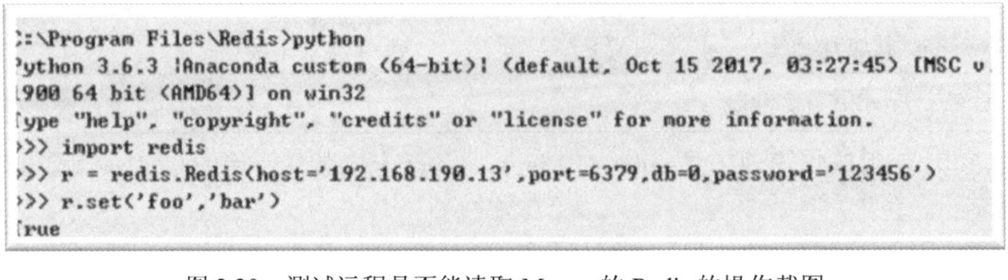

```
:\Program Files\Redis>python
'ython 3.6.3 |Anaconda custom (64-bit)| (default, Oct 15 2017, 03:27:45) [MSC v
.900 64 bit (AMD64)] on win32
'ype "help", "copyright", "credits" or "license" for more information.
>>> import redis
>>> r = redis.Redis(host='192.168.190.13',port=6379,db=0,password='123456')
>>> r.set('foo','bar')
'rue
```

图 2.20　测试远程是否能读取 Master 的 Redis 的操作截图

在远程 Centos7 环境上启动客户端的命令如下：

```
redis-cli -h 127.0.0.1 -p 6379
```

查看客户端创建的信息的命令为 get foo，提示必须验证，输入用户名(auth)和密码
(123456)，重新查看。如图 2.21 所示，此时可以读取到客户端创建的信息，表明 Redis 安
装完成。

```
[root@ndsc01 ~]# redis-cli -h 127.0.0.1 -p 6379
127.0.0.1:6379> get foo
(error) NOAUTH Authentication required.
127.0.0.1:6379> auth 123456
OK
127.0.0.1:6379> get foo
"bar"
```

图 2.21　测试服务器是否能读取客户端消息的操作截图

4. 安装部署 Scrapy-Redis

(1) 安装 Scrapy-Redis(https://github.com/rolando/scrapy-redis)，执行命令：

```
pip install scrapy-redis
```

(2) 部署 Scrapy-Redis。

Slave 端：在 Windows 上的 settings.py 文件的最后增加如下一行：

```
REDIS_URL = 'redis://192.168.190.13:6379'
```

Master 端：在 Centos7 上的 settings.py 文件的最后增加如下两行：

```
REDIS_HOST = 'localhost'
REDIS_PORT = 6379
```

在远程 Centos7 上的 Redis 数据库中设置一个 redis_key 的值，作为初始的 URL，客户
端的 Scrapy 就会自动在 Redis 中取出 redis_key 的值，作为初始 URL，实现自动爬取，如
图 2.22 所示。

```
[lishaomei@ndsc01 spiders]$ redis-cli -h 127.0.0.1 -p 6379
127.0.0.1:6379> lpush itcast:start_urls http://www.itcast.cn/channel/teacher.shtml
(error) NOAUTH Authentication required.
127.0.0.1:6379> auth 123456
OK
127.0.0.1:6379> lpush itcast:start_urls http://www.itcast.cn/channel/teacher.shtml
(integer) 1
127.0.0.1:6379>
```

图 2.22　设置初始 URL 的操作截图

如图 2.23 所示，这时从客户端可以看到 Master 上的初始爬虫地址。

```
C:\Program Files\Redis>redis-cli -h 192.168.190.13 -p 6379
redis 192.168.190.13:6379> keys *
(error) NOAUTH Authentication required.
redis 192.168.190.13:6379> auth 123456
OK
redis 192.168.190.13:6379> keys *
1) "itcast:start_urls"
2) "foo"
```

图 2.23　从客户端查看 Master 上初始爬虫地址的操作截图

在 Windows 中配置好远程 Redis 地址后可启动两个爬虫(启动爬虫没有顺序限制)，此时在 Windows 上查看 Redis，可以看到 Windows 上运行的爬虫的 Request 是从远程的 Reids 里获取的，由此确认 Scrapy-Redis 已安装配置完成。

2.2　网站分析数据采集

基于爬虫的网络数据采集方法所采集到的都是静态信息，如果想获取网络用户行为的一些动态信息，如浏览动作，则需要采集特定网站的分析数据或者对网络流量进行全量采集分析。本节重点介绍网站分析数据采集。网站分析数据采集方法主要有三种：基于 Web 日志的数据采集、基于 JavaScript 标记的数据采集和基于第三方平台的数据采集。

2.2.1　基于 Web 日志的数据采集

网站日志作为服务器重要的组成部分，详细记录了服务器运行期间客户端对 Web 应用的访问请求和服务器的运行状态，可为网络用户行为分析提供有价值的信息。下面介绍与网络用户行为关联较大的 HTTP 日志和用户日志。

1. HTTP 日志

HTTP 日志通常包含日志产生时间、HTTP method、url path、HTTP 协议版本、响应状态码、响应字节大小、访问者 IP、代理服务器 IP、请求处理耗时、Referrer、User Agent 等字段。基于这些信息，可以对网络用户行为进行如下分析：

1) 根据访问者 IP 和代理服务器 IP 分析用户身份

访问 Web 服务的过程中，用户发起的请求可能经过层层转发之后才会抵达最终的 Web 内容提供者的服务器。每次请求转发，实际上是代理服务器发起一个新的请求，对接的服务器识别到的访问者 IP 就会变成代理服务器的 IP，为了解决这个问题，代理服务器会将原始请求客户端的 IP 也保存起来，一并添加到转发的请求中。这样一来，最终内容提供者的服务器就会识别到两个 IP，一个是访问者 IP，另一个是代理服务器 IP。

互联网上，部分访问者不愿意提供自身的真实信息(这类人包含隐私保护用户、黑客等)，他们就会使用代理服务器掩盖自身的真实 IP，或者是伪造虚假的 IP，这些行为可以从访问日志中初窥端倪。若日志中只有访问者 IP，没有代理服务器 IP，则可以判断：该访问者的访问不经过代理服务器，或者该访问者是一个高匿名的代理服务器；若日志中的访问者 IP 和代理服务器 IP 相同，则可以判断：该访问者使用了匿名代理服务器；若日志中的访问者 IP 和代理服务器 IP 不同，则可以判断：该访问者使用了透明代理服务器，或者该访问者使用了欺骗性代理服务器。

2) 根据访问者 IP 短时间的出现次数判断是否进行攻击

每个网站，根据其流行程度，可以制定出一份不同时间间隔、正常访问量阈值的报表。对比这份报表，统计监控的每个 IP 在单位时间范围内的访问量，可以分析出该 IP 是否正在进行违规访问操作。例如，某个 IP 在一分钟之内访问网站 1000 次，而其他 IP 在一分钟之内访问网站只有几十次，正常阈值是 100，那么这个 IP 可以被划入重点监控范围，继续分析其访问的 url path、访问的方法类型等，进而判断它是否正在进行违规访问操作。

3) 根据 User Agent 分析客户端类型

在 Web 请求中，一般会包含一个字段用来描述发起请求的客户端的版本类型信息，例如 Mozilla/5.0(X11; Linux x86_64) AppleWebKit/537.36 (KHTML, like Gecko) Chrome/63.0.3239.108 Safari/537.36，根据这个可以得知客户端的类型。

2. 用户日志

HTTP 是无状态的协议，如果想要更加精细的用户行为统计分析，比如区分相同客户端 IP 和相同电脑下的不同用户等，就需要借助用户日志。基于用户日志，可进行以下用户行为分析：

1) 行为审计

用户日志可以记录用户在网站的所有行为，不限于浏览页面、修改资料、发送消息、付款等行为，甚至可以细化到点击了哪些按钮。通过分析这些行为，在购物网站上可以分析出用户大致喜欢什么类型的商品，在内部网站上可以审计用户的操作是否符合规范，等等。

2) 热点分析

根据用户日志将用户进行分类，可以分析出网站的重点受众；根据用户喜爱商品的排名统计，可以分析出网站最受欢迎的商品；根据商品销量排名，可以分析出网站的畅销商品。

2.2.2　基于 JavaScript 标记的数据采集

基于 JavaScript 标记的数据采集方法又称"埋码技术"，常用于采集 PV(Page View，访问量)、UV(Unique Visitor，独立访客)等信息，其流程示意图如图 2.24 所示。

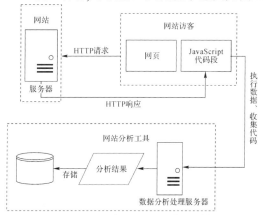

图 2.24　基于 JavaScript 标记的网络数据采集流程示意图

图 2.24 所示的 JavaScript 标记同 Web 日志采集数据一样，从网站访客发出 HTTP 请求开始。不同的是，JavaScript 标记返回给访问者的网页代码中会包含一段特殊的 JavaScript 代码，当页面展示的同时，这段代码也得以执行。这段代码会从访问者的 Cookie 中取得详细信息(访问时间、浏览器信息、工具商赋予当前访问者的 userID 等)，并发送到工具商的数据分析处理服务器，数据分析处理服务器对收集到的数据进行处理后将其存入数据库中。

图 2.25 所示是一个包含埋点片段的代码，文件名为 test.html 代码。

```html
1  <!DOCTYPE html>
2  <html lang="en">
3  <head>
4    <title>Document</title>
5  </head>
6  <body>
7
8      <p>学习埋码</p> <!---下面的js就是埋点--->
9
10 <script type="text/javascript">
11     var _maq = _maq || [];
12     _maq.push(['_setAccount', 'testname']);
13 (function() {
14     var ma = document.createElement('script'); ma.type = 'text/javascript'; ma.async = true;
15     ma.src = ('https:' == document.location.protocol ? 'https://localhost:8080' : 'http://localhost:8080') + '/ma.js';
16     var s = document.getElementsByTagName('script')[0]; s.parentNode.insertBefore(ma, s);
17
18 })();
19 </script>
20 </body>
21 </html>
```

图 2.25　包含埋点片段的代码示意图

当这个 HTML 文件被浏览器加载运行时，浏览器就会触发执行页面中的埋点代码 Java Script 片段，去异步加载访问 http://localhost:8080/ma.js。其中 ma.js 是用于统计的脚本，这个脚本运行在 tomcat 中，代码如图 2.26 所示。

```javascript
1  (function () {
2      var params = {};
3      //Document对象数据
4      if(document) {
5          params.domain = document.domain || '';
6          params.url = document.URL || '';
7          params.title = document.title || '';
8          params.referrer = document.referrer || '';
9      }
10     //Window对象数据
11     if(window && window.screen) {
12         params.sh = window.screen.height || 0;
13         params.sw = window.screen.width || 0;
14         params.cd = window.screen.colorDepth || 0;
15     }
16     //navigator对象数据
17     if(navigator) {
18         params.lang = navigator.language || '';
19 params.apn = navigator.appName || '';
20         params.apv = navigator.appVersion || '';
21         params.apc = navigator.appCodeName || '';
22         params.ua = navigator.userAgent || '';
23     }
24     //解析_maq配置
25     if(_maq) {
26         for(var i in _maq) {
27             switch(_maq[i][0]) {
28                 case '_setAccount':
29                     params.account = _maq[i][1];
30                     break;
31                 default:
32                     break;
33             }
34         }
35     }
36     //拼接参数串
37     var args = '';
38     for(var i in params) {
39         if(args != '') {
40             args += '&';
41         }
42         args += i + '=' + encodeURIComponent(params[i]);
43     }
44     var img = new Image(1, 1); //通过Image对象请求后端脚本
45     img.src = 'http://localhost:8080/1.gif?' + args;
46 })();
```

图 2.26　ma.js 的内容

图 2.26 所示代码的主要功能是通过 JS 获得大堆数据，包括自定义的参数，然后将其拼接成参数串，加到一个 gif 图片后面作为参数。gif 文件其实就是使用了一个 1×1 的空白图片。因为 tomcat 开启了访问日志记录，所以访客访问图片的过程服务器会记录下来，从而实现了信息的采集。

默认情况下，tomcat 是不开启访问日志的。首先，我们需要配置 conf/server.xml 文件，如图 2.27 所示，取消注释图中所示的这段内容。

```
<Valve className="org.apache.catalina.valves.AccessLogValve" directory="logs"
            prefix="localhost_access_log." suffix=".txt"
            pattern="%h %l %u %t &quot;%r&quot; %s %b" />
```

图 2.27　取消注释的内容

然后重启 tomcat 服务器，访问日志就被保存在日志记录文件中了。

2.2.3　基于第三方平台的数据采集

作为网络营销的一种重要手段，为了帮助企业和个人收集和统计网站访问数据，一些大的互联网公司都推出了免费的网站流量分析平台，像百度统计、Google Analytics 等。下面就以百度统计为例来介绍如何向网站添加流量跟踪。

(1) 打开百度统计网站，点击"登录"按钮，如图 2.28 所示。如果没有注册，则需要先注册。

图 2.28　百度统计网站登录界面

(2) 这里有百度账号、百度商业账号两种登录方式，分为百度、百度统计站长、百度客户三种账号。其中百度账号(与百度搜索等个人应用账号共享)、百度统计站长账号(需额外注册)适用于个人，以及无须使用推广相关功能的企业用户；而百度客户账号适用于有意向使用百度推广的企业用户，以及需要监控推广营销数据的公司、企业级用户。这里的演示使用百度统计站长账号登录。

(3) 在进入的网页中，选择导航栏中的"管理"。没有用过百度统计的用户，"自有页面"下是没有数据的，此时需点击右边的"新增网站"，如图 2.29 所示。

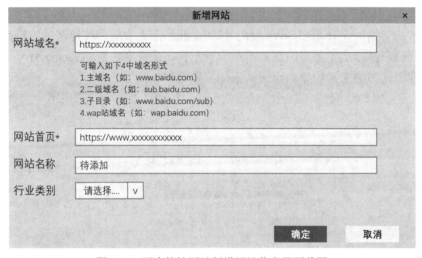

图 2.29　百度统计网站新增网站界面截图

(4) 在弹出来的如图 2.30 所示的对话框中，将想检测统计的网站地址填入"网站域名"和"网站首页"，将其他选项选定后，点击"确定"按钮。

图 2.30　百度统计网站新增网站信息界面截图

(5) 在接下来的页面中会看到有一段统计代码，点击复制，按照下面的安装说明，将其添加到网站的代码中。添加完成(大概 20 分钟)后即可检测是否添加成功。

(6) 在添加的网页中，单击鼠标右键查看源代码，按住 Ctrl + F 键查找关键字"baidu"。

(7) 若能查找到图 2.31 中的代码，即证明代码已添加成功，网页已经能被统计。

```
<script>
var _hmt = _hmt || [];
(function() {
  var hm = document.createElement("script");
  hm.src = "https://hm.baidu.com/hm.js?249599881f24a7590e4dc39b9270462f";
  var s = document.getElementsByTagName("script")[0];
  s.parentNode.insertBefore(hm, s);
})();
</script>
```

图 2.31　百度统计网站代码添加成功的截图

(8) 点击导航栏的"主页"，即可看到刚刚添加进去的网页的流量情况；点击"查看报告"，即可查看对流量的分析。

上述三种采集用户网页浏览信息的方法都需要网站的配合。选择数据采集方法前，需要了解自己的需求。如果不想网站流量数据被第三方获取，那么 Web 日志无疑是最佳选择。但想得到更贴近网站访客行为的精确数据，还是需要采用 JavaScript 标记采集数据，这种方法不仅可以正确记录缓存访问、代理访问的访客行为数据，而且可以通过 Cookie 对独立访问者进行更为精确的定位。而基于第三方平台的数据采集和分析则具有方便、快捷的优点。

2.3　全量流量采集

前面介绍的基于爬虫的网络数据采集和网站分析数据采集都用于定向抓取相关网页资源，适用于数据分析对象和需求很明确的场景，但是网络流量中除了这些网页信息外，还有一些系统软件信息、应用软件信息等，这些对于网络行为分析也有重要的价值。因此，为了对网络流量进行全面的分析挖掘，在有条件的情况下可以对流量进行全量采集。本节就介绍一些可对网络流量进行实时全量采集的方法，包括基于 SNMP 的流量采集[5]、基于端口镜像的流量采集、基于探针的流量采集、基于分光器的流量采集、基于 NetFlow 的流量采集[6]、基于 sFlow 的流量采集等。

2.3.1　基于 SNMP 的流量采集

简单网络管理协议(Simple Network Management Protocol，SNMP)是 TCP/IP 协议族的一部分，运行在 UDP 之上。在局域网系统中，几乎所有的高端路由器都嵌入了 SNMP，它规定了管理者(Manager)和管理代理(Agent)之间进行通信时的语法规则。运行 SNMP 的设备将被管理的信息以管理信息库(Management Information Base，MIB)的形式组织起来，所以 MIB 中存放着各种管理对象和管理参数，网络流量数据的采集就是通过 SNMP 操作 MIB 中的管理对象来实施的。

基于 SNMP 的流量采集模式是向路由器发送 Get/GetNext 请求，路由器通过 GetResponse 返回流量信息。主流路由器，如 Cisco 路由器中均有数据流量的记录功能，它的记录格式由四个字段组成，包括源 IP 地址、目的 IP 地址、包和字节数，把这些数据实时地从路由器中读取出来，就可以完成流量的采集。

以 Cisco 路由器为例，具有计费功能的路由器维护两个与 IP 计费相关的数据库：活动数据库(Active Database)和检查点数据库(Checkpoint Database)。也就是说，在路由器的内存中保存了与计费数据有关的两组信息。一组信息保存在活动数据库的 local IP Accounting Table/lipAccounting Table 中，实时存储当前用户使用网络的情况，根据用户的使用情况实时调整。另一组信息保存在检查点数据库的 local IP Checking Accounting Table/lipck Accounting Table 中，存储的是系统中过去某段时间内用户使用网络的情况。

活动数据库实时地记录所有经过路由器转发的 IP 流量数据，是一个动态数据库，几乎每时每刻都在改变，如果我们直接采集活动数据库中的数据，可能会出现两种情况：一是采集过程中很可能有新信息到来,这样在两次采集过程中就会有数据被遗漏;二是数据量瞬间增大时,会造成记录信息的溢出。

为了避免上述两种情况,要借助静态数据库和检查点数据库。这样采集过程是先将活动数据库的数据导入检查点数据库中,再从检查点数据库中采集数据。其工作流程如图2.32所示。

图 2.32　数据采集的处理流程

为配合在 SNMP 中使用这两个数据库,在 OLD-CISCO-IP-MIB 的文件中定义两个相关的变量 actcheckpoint(其 OID 为 1.3.6.1.4.1.9.2.4.11) 和 lipckAccountingTable(其 OID 为 1.3.6.1.4.1.9.2.4.9)。其中,当接收到一个 actcheckpoint 命令时,就可以激活检查点数据库,即读取 actcheckpoint 变量的值后再写回原值,可以实现清空检查点数据库数据,并将活动数据库数据拷贝到检查点数据库中,然后清空活动数据库数据。而通过访问 lipAccountingTable 变量可以读取检查点数据库中的数据,然后转存到采集数据库中。可以通过编写一个轮询程序,周期性地读取检查点数据库的 IP 流量信息,从而实现数据的采集。

综上,SNMP 是一种主动的采集方法,实际上是从 MIB 中采集一些具体设备及流量信息,包括输入字节数、输入非广播包数、输入广播包数、输入包丢弃数、输入包错误数、输入未知协议包数、输出字节数、输出非广播包数、输出广播包数、输出包丢弃数、输出包错误数、输出队长等。基于 SNMP 的流量采集方法使用方便,但是信息不够丰富,主要是集中在网络的 2~3 层的信息和设备的信息,并且采集程序需要定时取出路由器内存中的 IP Accounting 记录,同时清空相应的内存记录,才能继续采集后续的数据。这对路由器的性能将造成较大的影响。

2.3.2　基于端口镜像的流量采集

基于端口镜像(Port Mirroring)的流量采集指通过配置交换机或路由器,将一个或多个源端口的数据流量转发到某一个指定端口来实现对网络流量的采集。其中,指定端口称为"镜像端口"或"目的端口"。

根据镜像作用端口模式的不同,端口镜像分为三种类型:一是入口镜像,它只对从该端口进入的流量进行镜像;二是出口镜像,它只对从该端口发出的流量进行镜像;三是双向镜像,它支持对从该端口收到和发出的双向流量进行镜像。根据镜像工作的范围划分,端口镜像分为两种类型:一是本地镜像,源端口和目的端口在同一个路由器上;二是远端镜像,源端口和目的端口分布在不同的路由器上,镜像流量经过某种封装,实现跨路由器传输。

绝大部分中高端交换机均支持端口镜像功能,如 Cisco Catalyst 序列、3Com CoreBuilder 序列、华为的 S8000 序列、Foundry 的 BigIron 4000/8000 序列、Extreme 的 BD6800/AP3800 序列等。不同的交换机有不同的配置方法,相关内容可参考用户手册。

基于端口镜像的流量采集有如下优点:

(1) 端口镜像的方式成本低廉,不需要增加任何网络设备;

(2) 启动端口镜像会话(Session)时，对交换机的性能基本无影响；

(3) 可从交换机上采集到所有用户的访问请求数据；

(4) 具备自动故障保护功能，当采集系统或前置机出现故障时，对现有的网络和业务没有任何影响。

其缺点如下：

(1) 在应用过程中需要和交换机直连，会占用交换机一定数量的 GE 和 FE 端口；

(2) 需要修改交换机的配置，将合适的流量复制到镜像端口，但在修改配置时不会对交换机性能和业务有任何影响。

2.3.3　基于探针的流量采集

基于 SNMP 和端口镜像的流量采集方法都无须增加新的器件或设备，完全是在软件层面实现网络流量的采集的，但是需要现有网络设备的支持。除此以外，对于一些不支持端口镜像的宽带接入服务器及核心路由器来说，可以采用一些不依赖于已有网络设备的流量采集方法，探针就是其中一种。

硬件探针是一种用于获取网络流量的硬件设备，使用时将它串接在需要捕捉流量的链路中，通过分流链路上的数字信号获取流量。一个硬件探针监视一个子网(通常是一条链路)的流量信息。对于全网流量的采集，需要采用分布式方案，在每条链路部署一个探针，再通过后台服务器和数据库收集所有探针的数据，做全网的流量分析。硬件探针支持逐个数据包抓取，能够提供丰富的从物理层到应用层的详细信息，但是受限于成本，主要用于核心链路的流量采集。

2.3.4　基于分光器的流量采集

分光器是一种无源光器件，它通过在物理层上进行光复制来进行用户访问请求数据的采集，适用于在出口处采集网络流量。使用过程中，通常使用 1∶4 无源分光器(20%∶80%)进行分光。分光器 100%的光纤与 TX 端相连，分光器 80%的光纤接入对端的 RX，分光器 20%的光纤接到网卡的 RX 上。

需要注意的是，如果使用分光方式采集一对光纤，则需要两个分光光口，分光示意图如图 2.33 所示。

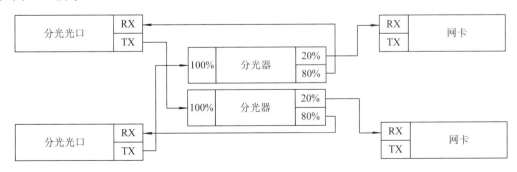

图 2.33　基于分光器的分光示意图

当单多模混接时，需要使用单多模转换器，把多模转换成单模，或者把单模转换成多模,如图 2.34 所示。并且光纤的接入规则是单模光模块(网卡)必须接单模光纤,多模光模块(网卡)必须接多模光纤,否则会造成很大的衰减。

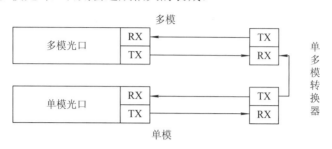

图 2.34 基于单多模混接的分光示意图

基于分光器的流量采集具有如下优点:

(1) 可靠性高,可支持 GE,甚至在 2.5 Gb/s POS 链路上通过分光器进行流量采集;

(2) 当采集系统出现故障时,对现有网络及业务无任何影响;

(3) 无须修改现有网络设备的任何配置,不改变网络结构,可采集到所有的网络流量,和网络无缝集成;

(4) 不占用网络设备端口,投入成本低。

部署分光器时需要将设备的上联光纤改为分光器,这涉及一次简单的网络割接,将导致网络瞬时中断(不超过 5 秒钟),对业务有细微的影响,所以割接都选在网络流量小的时段进行。

2.3.5 基于 NetFlow 的流量采集

在百兆 b/s 和千兆 b/s 出口带宽时代,使用端口镜像技术就可以对 IDC(互联网数据中心)的所有出入流量进行完整的采集,然而进入 2.5 Gb/s / 10 Gb/s / 40 Gb/s / 100 Gb/s 接口时代后,端口镜像、探针等流量采集方法部署起来越来越麻烦,部署的层级需要不断地往下移,需要部署的点越来越多,部署成本高昂,无法满足目前 IDC 的实用需求。为了应对巨大流量背景下流量采集及深度分析的需求,设备厂家们提出了 Flow 的概念,如 Cisco(思科)公司的 NetFlow,Juniper 公司的 CFlowd,HP、NEC、Alcatel 等公司的 sFlow,华为公司的 Nets Tream,等等,其中最具代表性的是 Cisco 公司的 NetFlow。

NetFlow 是 Cisco 公司的专有技术,从发明之初 Cisco 公司的 NetFlow 技术就已完全融入了 iOS 操作系统中。一个 NetFlow 系统包括三个主要部分:探测器、采集器、报告系统。其中:探测器用来监听网络数据;采集器用来收集探测器传来的数据;报告系统用来将采集器收集到的数据生成易读的报告。由于 NetFlow 技术支持所有类型的网络端口,因此每台内置有 NetFlow 功能的思科网络设备都可以作为网络中一台能够测量、采集和输出网络流量和流向管理信息的数据采集器。而且因为 NetFlow 实现的管理功能是由网络设备本身完成的,所以运营商无须购买额外的硬件设备,也无须为安装这些硬件设备占用宝贵的网络端口或改变网络链路的连接关系。这能大幅度降低网络运营成本,对运营商级的大型网络尤其明显。

早期的 NetFlow 版本需要统计所有的网络数据报文,因此对网络设备性能影响较大,

v8 以后的版本提供了采样功能，但是 NetFlow 是一个轻量级的分析工具，它只取了报文中的一些重要字段而没有包含原始数据，如果要对数据进行深度分析，还需要进行抓包。

在采样方式下，路由器按照一定的采样率采集 NetFlow 数据，流量分析系统接收 NetFlow 数据对网络的流量进行计算和分析，因此路由器的采样率在很大程度上决定了分析结果的准确性。如果路由器设定的采样率过高(如 1000 : 1 或更高)，流量分析的误差将加大，尤其对小 Flow 或混杂在大流量中的部分关键的小 Flow 的分析，更容易产生比较大的误差。

在路由器上开启 NetFlow 会消耗一些设备资源，特别是需要占用一些 CPU 和 Memory 等重要资源，而且采样率越低，对资源的占用越大。设置过低的 NetFlow 采样率会对路由器的性能带来较大的影响。因此，应根据路由器上需要打开的 NetFlow 功能板卡的主要类型，并结合设备上开通的电路的流量情况灵活地设置路由器的 NetFlow 采样率(如 100 : 1、500 : 1、1000 : 1、3000 : 1 等)。

为了实现对所监测网内的所有流量进行分析，首先需要合理设置流量采集点。采集点的设置非常关键，它会直接影响系统能否准确地对流量进行全面分析。下面以针对运营商网络优化应用为例说明如何设置采集点。

通常情况下，运营商网络结构包括核心层和边缘层两个层次，网络流量通过边缘层的路由器汇接进入核心层，由核心层的路由器进行转接。而 NetFlow 技术只能对端口的流入流量进行分析，因此，流量采集点的设置主要有两种方案可供选择。

• 方案一：采集点设置在网络的核心层，核心层路由器之间的互联端口不需要开启 NetFlow，核心节点路由器对外的互联端口开启 NetFlow 流入流量采集。

该方案的优点是被采集的路由器数量少，因此管理比较简单，配置工作量比较小；缺点是采集端口集中在核心层路由器上，增加了核心层路由器的负担，对业务网络的影响较大。

• 方案二：采集点设置在网络的边缘层，边缘层路由器对外的互联端口开启 NetFlow 流入流量采集，对从其他 AS 进入网内的流量进行分析。

该方案的优点是采集端口分散在边缘层的多台路由器上，相应地减少了单台路由器上的采集数据量和因流量采集而增加的负担，降低了开启 NetFlow 对业务网络的影响；缺点是被采集的路由器数量较多，管理的复杂程度和配置工作量都相应加大，而且这种方案需要将采集的 NetFlow 数据从边缘层的路由器传送到集中设置的采集机，这样就会在网内增加一定的流量而占用网络带宽。

在实际应用中，流量采集点的设置应根据网络的具体情况和管理要求来选择合适的方案。

2.3.6　基于 sFlow 的流量采集

sFlow 技术是一种以设备端口为基本单元的数据流随机采样的流量监控技术，不仅可以提供完整的第二层到第四层甚至全网范围内的实时流量信息，而且可以适应超大网络流量(如大于 10 Gb/s)环境下的流量分析，让用户详细、实时地分析网络传输流的性能、趋势和存在的问题。sFlow 监控工具由 sFlow Agent 和 sFlow Collector 两部分组成。Agent 作为客户端，一般内嵌于网络转发设备(如交换机、路由器)，通过获取本设备上的接口统计信息和数据信息，将信息封装成 sFlow 报文，当 sFlow 报文缓冲区满或是在 sFlow 报文缓存时间(缓存时间为 1 秒)超时后，sFlow Agent 会将 sFlow 报文发送到指定的 Collector。Collector 作为远端服务器，负责对 sFlow 报文的分析、汇总并生成流量报告。

sFlow 是一种纯数据包采样技术，即每一个被采样的包的长度被记录下来，而大部分的包则被丢弃，只留下样本被传送给采集器。在使用这项技术时，交换机每隔 100 个数据包(可配置)对每个接口采样一次，然后将它传送给采集器。sFlow 的规格也支持 1∶1 的采样率，即对每一个数据包都进行"采样"。对数据包最大采样频率的限制取决于具体的芯片厂商和 sFlow 实现情况。比如 Foundry Networks 提供了一款每隔一个数据包采样一次的交换机。

与 NetFlow 限制在采样数据包的前 1200 个字节不同，sFlow 可以输出采样数据包的任何数量的字节，这个数量取决于具体实现的硬件限制。但由于 sFlow 采用 UDP 协议，其数据包可能超过两层的最大传输单元(MTU)，需要在 IP 层处理数据包的分段和进行重新组装。

NetFlow 更多的是在路由器上得到支持，而 sFlow 则在交换机上更加流行。两者都是开放标准，但在非常大的流量传输环境中，sFlow 采样架构可能要优于 NetFlows 汇集方式。

上面介绍了六种全量流量采集方法，在具体应用时，可根据网络结构、网络流量、设备特点、应用场景等情况进行选择。另外，除了上述几种流量采集方法，还可以根据接口速率、流量筛选规则等需求研发或者购置专用的网间流量采集分析设备，现在市面上可采购成熟的支持 10 Gb/s / 25 Gb/s / 40 Gb/s / 100 Gb/s 网络流量采集的板卡。

本 章 小 结

本章从基于爬虫的网络数据采集、网站分析数据采集、全量流量采集三个角度，系统地阐述了常见的网络空间行为分析数据采集技术，分析了处理过程中可能遇到的问题并提供了相关解决方案。值得注意的是，随着网络技术的快速发展，数据采集技术不断更迭，本章中所提供的方法仅覆盖了数据获取过程中的一部分问题，具有一定的局限性，如何获取所需数据仍需针对具体情况选择合适的策略进行处理。

本 章 参 考 文 献

[1]　Selenium 中文官网. http://www.selenium.org.cn/.

[2]　Pytesseract 官网. https://pypi.org/project/pytesseract/.

[3]　Scrapy 官网. https://scrapy.net/.

[4]　Redis 中文官网. http://www.redis.cn/.

[5]　SNMP 官网. http://www.net-snmp.org/.

[6]　Cisco Netflow 官网. https://www.cisco.com/c/en/us/products/ios-nx-os-software/ios-netflow/index.html.

第 3 章　网络空间行为数据聚合技术

在网络业务高度融合、跨网域复杂事件日益增多的背景下，面临着网域间信息割裂、跨网域信息共享不足，单网域治理手段丰富、跨网域综合治理缺乏等问题，需要将用户多网域、碎片化行为数据聚合，以建立更加完善的用户行为信息数据库，从而进行网络行为分析与网络智慧治理。以用户为中心的用户行为数据聚合的目的是将两个或多个网络平台中同属一个现实用户主体的注册账号建立联系，通过对各种类型的网络数据进行分析，识别出网络账号背后实实在在的人，从而实现多个网络的用户信息整合。

图 3.1 展示了现实社会中的同一用户在不同网络中的网络行为信息，将这些信息整合，即可得到更为全面的用户行为数据。

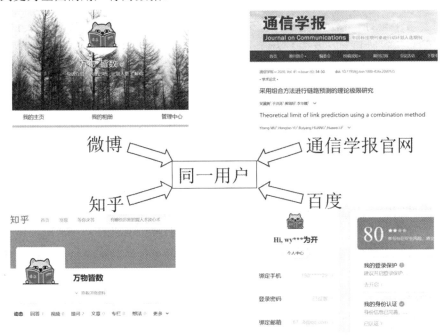

图 3.1　网络空间行为数据聚合示例

3.1　用户行为数据聚合的基本概念

用户行为数据聚合以第 2 章采用各类技术手段获取的用户行为数据为基础，主要依靠用户身份匹配算法实现，其基本依据是两个或多个用户行为特征的相似度，针对不同类型的行为数据解决多网域网络用户身份匹配问题(后文不仔细区分用户数据聚合和用户身份匹配的概念，强调建立数据工程这一目标任务时，多使用用户数据聚合，强调具体算法时，多使用用户身份匹配)。国内外学者对这一技术展开了充分研究并取得了一定的成果。由于网络数据形式多样，其账号特征也包含多个类别，因此没有任何算法能适用于所有网络而成为解决用户行为数据聚合的最佳方案。但是当待匹配的网络同时拥有某种类型的用户信息时，便可加以利用来进行用户身份识别。依据第 1 章的数据类型划分，行为分析涉及的数据类型分为结构化属性信息数据和非结构化内容数据，非结构化内容数据又分为文本数据、图像数据、网络结构数据、轨迹数据等。本章的行为数据聚合技术主要基于网络结构数据、结构化属性信息数据、文本数据和轨迹数据。

　　基于网络结构信息(即网络结构数据)的行为数据聚合，本质上是在不同的好友关系图上利用网络拓扑结构进行节点匹配[1,2]。一些网络平台开放了获取用户好友列表的程序编程接口(Application Programming Interface，API)，这使得好友关系信息较易被获取，所以在网络拓扑结构信息能够获取的情况下，如何利用拓扑结构进行身份识别，引起了很多研究者的关注。Narayanan 等人于 2009 年提出了一种行为数据聚合算法，它是目前已知比较早的完全基于网络结构信息的算法。该算法从已知匹配的种子用户节点出发，衡量种子节点附近的待匹配节点的相似度，并将判定匹配的节点加入种子节点集中进行迭代，最终得到完整的匹配用户身份集合。随后，Zhou 等人提出了 FRUI 算法，该算法考虑到用户在不同的网络中会与相同的一部分人建立好友关系的情况，所以，该算法先为每个待匹配节点建立候选匹配集，然后基于好友关系为候选集中的节点计算匹配得分，进而通过与相似度阈值的比较结果，判定用户身份是否匹配。2014 年，基于语言模型发展而来的网络表示学习技术开始兴起，Perozzi 等人提出的 Deepwalk 算法可以将复杂网络中的节点进行向量化表示，近年来许多研究者利用相关技术进行了行为数据聚合。Man 等人通过网络嵌入技术，将网络结构信息嵌入节点向量中，利用节点向量计算账号之间的网络结构相似度，从而进行数据聚合。Liu 等人在基于有向图的网络(如微博、Twitter 等)中成功地将关注/被关注关系嵌入节点向量中，完成了有向图网络的用户数据聚合。

　　基于结构化属性信息数据和文本数据(简称属性文本信息)的行为数据聚合，主要利用用户注册时填写的基本信息(如用户名、兴趣、公司、所在地等)进行用户匹配[3,4]。部分网络平台用户注册时曾上传头像，这类数据本属于图像数据，但本章在讨论用户行为数据聚合时，图像数据主要体现为头像，而未考虑用户发布的其他图片信息，因此将用户头像归为属性文本信息来处理。基于属性文本信息，Perito 使用 eBay 和 Google 两个平台中的数据来训练马尔科夫模型，利用训练好的模型计算出用户名的独特性，最终结合编辑距离计算出用户名相似度。刘东等人通过分析用户名中的直观特征和对比特征，分别挖掘用户名的字符规律和对比规律，最后融合多个特征的相似度作为最终用户名相似度。Wang 等人提取了用户名中所有连续两个字符的 bigram 组合、日期字符串等一千余种特征建立用户名特征向量，通过余弦相似度计算用户名向量的相似度。以上方法多以用户名为中心，使用单一属性进行行为数据聚合。融合多属性的数据聚合考虑了包括用户名在内的多种属性信息。针对用户属性的不同特点，研究者通常采用不同的相似度计算方法。例如：对用户名、兴趣爱好、职业、网页链接等信息，通常采用计算字符串相似度的方法；对性别、年龄等比较精确的信息，往往采用 0-1 匹配的方法；对个人简介等描述性文字，则使用话题模型或词频-逆文本频率(Term Frequency-Inverse Document Frequency，TF-IDF)等方法。得到各个属性信息的相似度后，在数据聚合阶段大多采用以下两种策略：权值分配和分类判决。

权值分配策略在融合多个属性时，为每个属性分配一个权重，权重越高意味着该属性在用户数据聚合时的重要程度越高。分类判决策略则将用户信息向量化，然后用训练好的分类器对每一对待匹配的用户向量匹配概率，从而进行判决，概率大于阈值的用户向量判定为匹配。

基于用户轨迹信息(即轨迹数据)的行为数据聚合，主要利用用户时空轨迹数据进行身份匹配[4,5]。目前越来越多的网络应用开始提供定位、签到等功能，获取了大量的用户时空轨迹数据，为实现基于时空轨迹的行为数据聚合提供了可能。现有的基于用户时空轨迹数据的算法往往基于频率特征，即通过两条轨迹访问某地点的频率或者在某个地点重合的频率来计算两条轨迹的相似度。Rossi 等人利用位置信息，结合用户轨迹特征和访问特定位置的频率，建立混合判别模型来判断两条轨迹的相似度，在轨迹数据相对稀疏的数据集中也能取得很好的效果。Han 等人将位置和时间数据结合，建立时间、空间和用户之间的三部图，并以此计算时空轨迹的相似度，从而完成用户行为数据聚合。Seglem 等人考虑了轨迹点之间的转移特征，为每一条轨迹建立轨迹点转移特征向量，利用向量间余弦相似度计算轨迹间的相似度。Cao 等人将被访问频率较高的位置看作信号源，用信号衰减的方式为轨迹建模，将每个位置的特征视作多个信号相叠加的结果。Riederer 等人则提出了基于泊松分布的访问频率假设，给出了两条轨迹属于同一个用户概率的数学表达。随着表示学习方法的不断普及，近年来学者们提出了多种基于轨迹表示学习的行为数据聚合技术。

用户行为数据聚合的主要方法如图 3.2 所示。

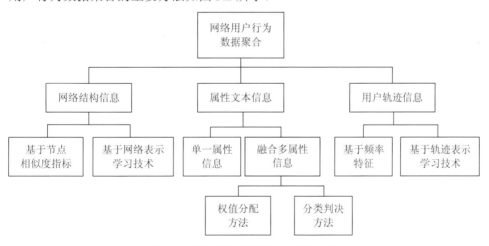

图 3.2　用户行为数据聚合的主要方法

3.1.1　问题描述

本章主要研究网络用户行为数据聚合问题，即识别出多个网络中属于现实生活中同一用户的多个账号。可将网络抽象为由带属性的节点和连边组成的拓扑结构 $\mathcal{G} = (\mathcal{U}, \mathcal{E}, \mathcal{P}, \mathcal{T})$ ，其中： $\mathcal{U} = \{u_1, u_2, \cdots, u_{|\mathcal{U}|}\}$ 是网络 $\mathcal{G}$ 中全部账号的集合； $\mathcal{E} = \{e_{ij}\} \subseteq \mathcal{U} \times \mathcal{U} (1 \leqslant i, j \leqslant |\mathcal{U}|,\ |\mathcal{U}|$ 表示集合的势，即集合中元素的个数)是网络中账号之间的连边，表示账号之间的关系； $\mathcal{P} = \{p_1, p_2, \cdots, p_{|\mathcal{U}|}\}$ 是网络账号的用户属性信息集合， $p_n = (a_n^i)_{i=1}^m$ 是账号 n 的用户属性信息， a_n^i

是账号 n 的第 i 个属性值；$\mathcal{T} = \{T_1, T_2, \cdots, T_{|u|}\}$ 是网络中账号的时空轨迹数据集合，$T_n = \{l_{n1}, l_{n2}, \cdots, l_{nm}\}$ 是账号 n 的用户时空轨迹数据，$l_{ni} = (x_{ni}, y_{ni}, t_{ni})$ 是轨迹中记录的第 i 个位置，x 和 y 分别是位置 l 的经纬度坐标，t 是位置被记录的时间，通常情况下轨迹中的位置都按时间先后顺序排列。

定义1(真实用户)：网络账号在现实生活中的所有者称为真实用户。本书中限定一个账号只对应一个真实用户。

定义 2(身份映射 ϕ)：从账号到真实用户的映射称为身份映射，即 $\phi(u_i)$ 表示账号 u_i 的真实用户。

定义 3(账号匹配)：若跨网络的两个账号都对应同一个真实用户，则称为账号匹配，即 $\phi(u_i^X) = \phi(u_j^Y)$，其中 u_i^X 和 u_j^Y 分别属于不同的网络账号。

定义 4(种子账号集 $\mathcal{S}$)：算法运行前，数据集中已知匹配的账号和在算法运行过程中识别出的匹配账号的集合，称为种子账号集，即 $\mathcal{S} = \{(u_i^X, u_j^Y), \cdots\}$，其中 u_i^X 和 u_j^Y 是匹配账号。

定义 5(网络用户身份匹配)：已知输入网络 $\mathcal{G}^X$、$\mathcal{G}^Y$ 以及初始种子账号集 $\mathcal{S}$，则输出包含了通过用户身份匹配算法得到的所有匹配账号的更新种子账号集 $\mathcal{S}'$。

如图 3.3 所示，输入两个网络 $\mathcal{G}^X$、$\mathcal{G}^Y$，初始种子账号集 $\mathcal{S} = \{(u_3^X, u_3^Y)\}$，通过用户身份匹配算法得到账号 u_4^X 和 u_4^Y 匹配，则输出更新种子账号 $\mathcal{S}' = \{(u_3^X, u_3^Y), (u_4^X, u_4^Y)\}$。用户身份匹配算法除利用网络结构信息外，还会利用节点的结构化属性信息、文本信息和时空轨迹信息，如图中账号 u_6^Y 所示。使用用户身份匹配算法可建立不同网域用户之间的匹配关系；行为数据关联聚合是完成以用户为中心的行为数据聚合的最后阶段，主要以数据库操作为主。

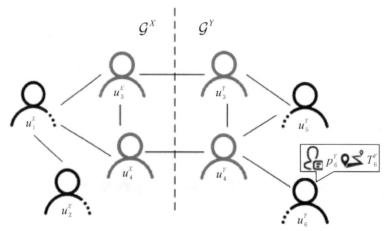

图 3.3　网络用户身份匹配示意图

3.1.2　技术框架

以用户为中心的行为数据聚合技术框架如图 3.4 所示。该框架以获取的多网域用户行为数据为输入，使用用户身份匹配算法，进行行为数据的关联聚合。其中，行为数据聚合的核心技术——用户身份匹配算法又分为三个步骤：数据分类和信息提取、信息相似度计算、用户身份匹配判定。数据分类和信息提取将输入的用户行为数据分为网络结构信息、属性文本信息和用户轨迹信息；信息相似度计算根据不同维度信息的特点确定相应维度信息相似度计算方法；用户身份匹配判定是将账号相似度与匹配阈值进行比较，从而得到匹配判决结果。

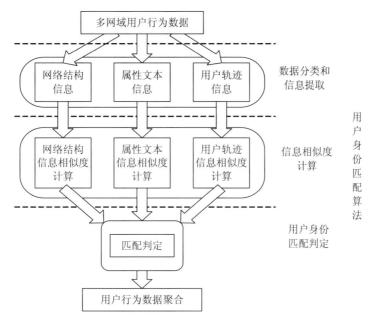

图 3.4　以用户为中心的行为数据聚合技术框架

3.1.3　相似度计算

本书以用户为中心的行为数据聚合主要考虑网络结构信息、属性文本信息、用户轨迹信息等三方面信息，与之对应的相似度分别用 $\mathrm{Sim_n}()$、$\mathrm{Sim_p}()$、$\mathrm{Sim_t}()$ 来表示。下面进行具体介绍。

1. 网络结构信息相似度计算

基于网络结构信息的用户身份匹配算法认为，两个待匹配节点所处的网络拓扑结构越相似，则它们对应线下同一真实用户的概率就越大。节点的相似度实际上是节点所处拓扑结构的相似度。

计算节点相似度之前需要对表示节点所处的拓扑结构进行表示，最常用的方法是用节点的邻居节点集合表示节点所处拓扑结构。已知节点 v_i^X、v_j^Y 分别来自网络 X 和 Y，$\varGamma(v_i^X)$ 和 $\varGamma(v_j^Y)$ 分别表示节点 v_i^X 和 v_j^Y 的邻居节点集合。

节点所处拓扑结构的相似度可以用许多方法来计算，最常用的是节点间的共同邻居相似度指标(Common Neighbor，CN)，其表达式如下：

$$\mathrm{Sim_n}(v_i^X, v_j^Y) = \left| \varGamma(v_i^X) \bigcap \varGamma(v_j^Y) \right| \tag{3.1}$$

公式(3.1)表示 v_i^X 和 v_j^Y 的共同邻居的个数。由于 v_i^X 和 v_j^Y 来自不同的网络，因此它们的共同邻居为身份已知的节点。

除此之外，其他的相似度指标有 Adamic-Adar 指标、Jaccard 指标、Sørenson 指标等，其表达式如表 3.1 所示。

表 3.1　节点相似度指标

名　称	定　义
共同邻居	$\mathrm{Sim}_{\mathrm{n}}(v_i^X, v_j^Y) = \left\| \Gamma(v_i^X) \bigcap \Gamma(v_j^Y) \right\|$
Adamic-Adar 指标	$\mathrm{Sim}_{\mathrm{n}}(v_i^X, v_j^Y) = \sum\limits_{z \in \Gamma(v_i^X) \bigcap \Gamma(v_j^Y)} \dfrac{1}{\log(\| \Gamma(z) \|)}$
Jaccard 指标	$\mathrm{Sim}_{\mathrm{n}}(v_i^X, v_j^Y) = \dfrac{\| \Gamma(v_i^X) \bigcap \Gamma(v_j^Y) \|}{\| \Gamma(v_i^X) \bigcup \Gamma(v_j^Y) \|}$
Sørenson 指标	$\mathrm{Sim}_{\mathrm{n}}(v_i^X, v_j^Y) = \dfrac{2 \| \Gamma(v_i^X) \bigcap \Gamma(v_j^Y) \|}{\| \Gamma(v_i^X) \| + \| \Gamma(v_j^Y) \|}$
Dice 系数	$\mathrm{Sim}_{\mathrm{n}}(v_i^X, v_j^Y) = \dfrac{\| \Gamma(v_i^X) \bigcap \Gamma(v_j^Y) \|}{\| \Gamma(v_i^X) \| \cdot \| \Gamma(v_j^Y) \|}$

2. 属性文本信息相似度计算

基于属性文本信息的用户身份匹配算法首先根据不同属性信息的特点，利用不同的方法计算各属性的相似度，然后综合考虑各属性的相似度对两个账号是否匹配进行判定。

属性文本信息包括用户名、年龄、性别、个人主页链接(Uniform Resource Locator，URL)、个人介绍、个性签名、个人履历、用户头像等。

对于用户名、年龄、性别、个人主页链接等较短的字符串型数据，可采用编辑距离(Edit Distance，也称 Levenshtein Distance)、Jaccard 相似度等。编辑距离表示将一个字符串转化为另一个字符串所需要的最小编辑次数，编辑操作可以包括替换、删除和插入。基于编辑距离，提出如下指标：

$$\mathrm{Sim}_{\mathrm{p}}(\text{username1, username2}) = 1 - \frac{d_{\mathrm{lev}}(\text{username1, username2})}{\max(l(\text{username1}), l(\text{username2}))} \tag{3.2}$$

其中，d_{lev}(username1,username2) 是两个用户名的编辑距离。Jaccard 相似度与网络结构相似度计算方法类似：

$$\mathrm{Sim}_{\mathrm{p}}(A, B) = \frac{|A \bigcap B|}{|A \bigcup B|} \tag{3.3}$$

其中，A 和 B 分别表示两个字符串中包含的单词集合。如对于字符串 $a = $ Barack Hussein Obama，对应的 $A = \{$Barack, Hussein, Obama$\}$。Bennacer 等人分别利用编辑距离相似度和 Jaccard 相似度计算用户名和真实姓名的相似程度，并取得了很好的实验效果。除此之外，Jaro-Winkler 距离、Dice 系数等也被用来计算其他字符串相似度。

对于个人介绍、个性签名、个人履历等较长文本数据，可以用 TF-IDF 模型或主题模型进行处理。TF-IDF 模型是一种向量化模型，将文档 i 用向量 $\boldsymbol{d}_i = (w_{1,i}, w_{2,i}, \cdots, w_{N,i})$ 表示，向量中的维度 $w_{j,i}$ 表示文档 i 中词 j 的权重，N 是用于向量化词的数量。在 TF-IDF 模型中，$w_{j,i}$ 由以下公式计算：

$$w_{j,i} = \text{tf}_{j,i} \times \text{idf}_j \tag{3.4}$$

其中：$\text{tf}_{j,i}$ 是词 j 在文档 i 中出现的频率；idf_j 是词在所有文档中的逆文本频率，即

$$\text{idf}_j = \log \frac{|D|}{|\{i : j \in d_i\}|}, \quad D = \{d_1, d_2, \cdots, d_{|D|}\} \tag{3.5}$$

通过 TF-IDF 模型得到的文本向量中，一个在全部文本 D 里出现频率较低，但在当前文本中出现频率较高的词，将在当前文本向量中具有很高的权重；而对于自然语言处理中所提到的停用词，如"的"等会被赋予极低的权重。不同于 TF-IDF 模型对文本中的词建模，主题模型可以分析文本的具体内容，通过主题分布对文本进行描绘。LDA 模型是目前比较常用的主题模型，可以将全部文本 D 中的每篇文档的主题以概率分布的形式给出。通过对比两段文本的主题分布，也可以判断文本内容的相似度。

对于用户头像数据，Malhotra 等人首先将图片转化为灰度向量，然后分别利用均方差、最大信噪比、Levenshtein Distance 等不同策略计算相似度。

3. 用户轨迹信息相似度计算

基于用户轨迹信息的用户身份匹配算法，就是通过比较用户在网络中产生的轨迹信息的相似度，判断不同网络中的账号是否对应同一真实用户。用户轨迹信息相似度的计算是基于用户轨迹信息的用户身份匹配算法的关键。传统的轨迹信息相似度计算方法包括弗雷歇距离(Fréchet Distance)、豪斯多夫(Hausdorff)距离、动态时间规整(DTW)、最长公共子序列(LCSS)等，每种算法都有其各自适合的应用领域。

Hao 等人提出了基于网格的轨迹相似度计算方法，该方法将用户轨迹中的坐标点转化成为小网格，然后通过计算小网格序列的 TF-IDF 相似度得到轨迹相似度，有效降低了计算的复杂度，并且可以通过控制小网格的大小来控制算法精度，是基于用户轨迹信息的用户身份匹配算法中常用的一种相似度计算方法。下面具体介绍该方法。

原始的用户轨迹中存储的是二维地理空间上的 GPS 坐标点，直接处理这些坐标点会遇到样本稀疏的问题，一种简单的解决方法是将原始 GPS 坐标点转化为网格表示。首先根据用户轨迹中的 GPS 坐标点在地图上定义一个矩形的经纬度边界，这个矩形包含了所有用户轨迹中的 GPS 坐标点。矩形边界对应的纬度范围是(lat_1, lat_2)，经度范围是(lon_1, lon_2)。然后根据需要的精度定义小网格的行数 r 和列数 c（行数和列数越大，对应的精度越高）。任意一个 GPS 坐标点(lat, lon)都可以按照公式(3.6)～公式(3.8)转化为小网格编号 cell_id 来表示。

$$\text{cellX} = \text{floor}\left(\frac{(\text{lat} - \text{lat}_1) \times r}{\text{lat}_2 - \text{lat}_1} \right) \tag{3.6}$$

$$\text{cellY} = \text{floor}\left(\frac{(\text{lon} - \text{lon}_1) \times c}{\text{lon}_2 - \text{lon}_1} \right) \tag{3.7}$$

$$\text{cell\_id} = ((c \times (\text{cellX} - 1)) + \text{cellY}) \tag{3.8}$$

其中：floor()是向下取整函数；cell$X$ 是小网格所在的行号；cell$Y$ 是小网格所在的列号。用于将 GPS 坐标点转化为网格表示的网格模型如图 3.5 所示。

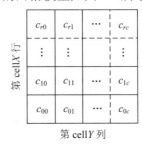

图 3.5　用于将 GPS 坐标点转化为网格表示的网格模型

最后根据网格模型将用户原始轨迹转化为网格序列。图 3.6 给出了一个示例，图中用户轨迹转化之后得到的网格序列为 $T = \{c^{10},\ c^{01},\ c^{01},\ c^{02},\ c^{12},\ c^{13}\}$。为了方便描述，下文提到的用户轨迹指的是原始轨迹转化之后的网格序列。

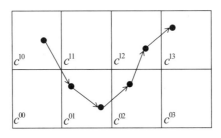

图 3.6　用户轨迹网格表示示例

以用户轨迹 $T_i = \{c_1, c_2, \cdots, c_n\}$ 为例，定义频率(Term Frequency)和逆文本频率(Inverse Document Frequency)如下：

$$\mathrm{tf}(c_j, T_i) = \log(1 + f_{i,j}) \tag{3.9}$$

$$\mathrm{idf}(c_j) = \frac{1}{\log(1 + |\{i \mid f_{i,j} > 0\}|)} \tag{3.10}$$

其中：$f_{i,j}$ 是小网格 c_j 在轨迹 T_i 中出现的次数；$|\{i \mid f_{i,j} > 0\}|$ 为所有用户轨迹中，包含小网格 c_j 的轨迹个数。轨迹 T_i 中的小网格 c_j 的 TF-IDF 值为

$$\mathrm{tf\text{-}idf}(c_j, T_i) = \mathrm{tf}(c_j, T_i) \square \mathrm{idf}(c_j) \tag{3.11}$$

用户轨迹 T_i 表示成向量为

$$\boldsymbol{v}(T_i) = (\mathrm{tf\text{-}idf}(c_1, T_i),\ \mathrm{tf\text{-}idf}(c_2, T_i),\ \cdots, \mathrm{tf\text{-}idf}(c_{r \times c}, T_i)) \tag{3.12}$$

用户轨迹 T_i 和 T_j 的轨迹相似度可以用轨迹向量的余弦相似度计算：

$$\mathrm{Sim}_\mathrm{t}(T_i, T_j) = \cos(\boldsymbol{v}(T_i), \boldsymbol{v}(T_j)) \tag{3.13}$$

3.1.4　账号匹配

计算得到两两账号对之间的相似度后，接下来面对的问题就是如何利用用户身份匹配

算法进行账号匹配。

1. 双网络匹配算法

在两个网络上进行账号匹配时，可选择的匹配算法有二部图最大权匹配算法、稳定婚姻匹配算法等。n 为待匹配账户的个数，二部图最大权匹配算法的时间复杂度最小可达到 $O(n^3)$，在数据规模较大时，时间复杂度较高；稳定婚姻匹配算法的时间复杂度为 $O(n^2)$，复杂度相对较低，但匹配的精度相对不足。为了保证匹配算法的性能，孟波提出了改进的稳定婚姻匹配算法——交叉匹配算法。该算法逐步迭代地求取种子节点。每次迭代过程又可分解为账号选择、账号匹配、双向认证三个阶段。每次迭代都会验证一个账号对是否匹配，如果验证成功，则认为账号对互相匹配；如果验证失败，则将账号放入待匹配队列，等待下一步的匹配。经多次迭代最终得到匹配结果集合。

1) 账号选择

每次迭代过程的第一个步骤就是按照条件 C_{select} 从两个网络中选择一个最有可能在另一个网络中存在匹配的账号。例如，在基于网络拓扑结构的算法中，由于用户使用网络的习惯很大程度上受好友的影响，一个用户的好友中使用另一个网络的人数越多，他在另一个网络中存在匹配账号的概率就越大，因此可以优先选择好友中种子节点数量较多的账号优先进行匹配，条件 C_{select} 可以设置为好友列表中种子节点数量最多。

账号选择算法流程描述如表 3.2 所示，其中 unmapped queue 表示未匹配队列(未匹配队列中的账号是在之前迭代过程中被选中了但并未成功匹配的节点)。

表 3.2　账号选择算法流程描述

算法：账号选择算法
输入：网络 X 中尚未匹配的账号集合 V_{unmapped}^{X}； 　　　网络 Y 中尚未匹配的账号集合 V_{unmapped}^{Y}； 　　　账号选择条件 C_{select}。 输出：待匹配的账号 v_{select}。
1.　UserSelect(V_{unmapped}^{X}, V_{unmapped}^{Y}) 2.　　if unmapped queue 非空　then 3.　　　　return　队列中第一个元素 4.　　end if 5.　　在 V_{unmapped}^{X} 和 V_{unmapped}^{Y} 中选出符合条件 C_{select} 的一个账号 v_{select} 6. return v_{select}

2) 账号匹配

在得到账号选择过程中返回的待匹配账号 v_{select} 后，接下来就需要基于账号间的相似度进行匹配。账号匹配算法首先需要确定该账号是来自网络 X 还是来自网络 Y。然后选择与 v_{select} 相似性最高的账号 v_{match} 作为最有可能的匹配返回。

账号匹配算法流程描述如表 3.3 所示。

表 3.3　账号匹配算法流程描述

算法：账号匹配算法
输入：待匹配的账号 v_{select}； 　　　网络 X 中尚未匹配的账号集合 $V_{unmapped}^{X}$； 　　　网络 Y 中尚未匹配的账号集合 $V_{unmapped}^{Y}$； 　　　两个网络账号间的相似度矩阵 SimilarityMatrix。 输出：候选匹配节点 v_{match}。
1. UserMatch$(v_{select}, V_{unmapped}^{X}, V_{unmapped}^{Y})$ 2. if v_{select} 来自网络 X　then 3.　　　$v_{match} = \underset{v \in V_{unmapped}^{Y}}{\arg\max} \mathrm{Sim}(v_{select}, v)$　//账号间的相似度可从 SimilarityMatrix 中获得 4.　　　return v_{match} 5. else 6.　　对 $V_{unmapped}^{Y}$ 执行同样的步骤 7. end if

3) 双向认证

为了进一步保证匹配算法的精度，可使用双向认证的方法来保证每次产生的种子节点的准确性，即验证与 v_{match} 相似度最大的账号是否为 v_{select}。如果是 v_{select}，且 v_{select} 和 v_{match} 的相似度大于等于阈值 T_{mutual}，则认为 v_{select} 和 v_{match} 互相匹配，将(v_{match}, v_{select})加入匹配结果集中。如果不是 v_{select}，或者 v_{select} 和 v_{match} 的相似度小于阈值 T_{mutual}，则将 v_{select} 加入未匹配队列中等待机会再匹配，并将 v_{select} 重置为 v_{match}，进入新一轮迭代。

双向认证算法流程描述如表 3.4 所示，其中 v_{new} 表示新生成的种子节点。第 3～7 行是算法在双向认证成功后，将匹配成功的账号对从尚未匹配的账号集合中删除，并将它们加入匹配结果集中。第 9～12 行是算法在双向认证失败后，将 v_{select} 加入 unmapped queue 中等待合适的节点与之匹配，且将 v_{select} 和 v_{match} 互换并返回，返回之后将会在 v_{select} 和 v_{match} 基础上继续执行双向认证过程。

表 3.4　双向认证算法流程描述

算法：双向认证算法
输入：待匹配的账号 v_{select}； 　　　候选匹配节点 v_{match}； 　　　匹配结果集 S； 　　　账号匹配阈值 T_{mutual}； 　　　网络 X 中尚未匹配的账号集合 $V_{unmapped}^{X}$； 　　　网络 Y 中尚未匹配的账号集合 $V_{unmapped}^{Y}$； 　　　两个网络账号间的相似度矩阵 SimilarityMatrix。 输出：一对新的匹配账号对。

1. Mutual-Identification(v_{select}, v_{match}, S)

2. v'_{match} = UserMatch(v_{match}, $V^X_{unmapped}$, $V^Y_{unmapped}$)

3. if v'_{match} is v_{select} and Sim(v_{select}, v_{match}) $\geqslant T_{mutual}$ then

4. 　　$S = S \bigcup v_{new}$

5. 　　$V^X_{unmapped} = V^X_{unmapped} - v_{new}$

6. 　　$V^Y_{unmapped} = V^Y_{unmapped} - v_{new}$

7. 　　v_{select} = NULL

8. 　　return NULL

9. else

10. 　　将 v_{select} 加入 unmapped queue 中

11. 　　　$v_{select} = v_{match}$

12. 　　　$v_{match} = v'_{match}$

13. 　　return (v_{select}, v_{match})

14. end if

表 3.5 展示了完整的交叉匹配算法流程。输入为两个网络账号间的相似度矩阵 SimilarityMatrix、账号匹配阈值 T_{mutual} 以及账号选择条件 C_{select}。账号间的相似度可以从相似度矩阵中直接获得。输出为存放匹配结果的匹配结果集。算法通过持续地选择、匹配、双向认证，得到完整的匹配结果。

表 3.5　交叉匹配算法流程描述

算法：交叉匹配算法
输入：两个网络账号间的相似度矩阵 SimilarityMatrix； 　　　账号匹配阈值 T_{mutual}； 　　　账号选择条件 C_{select}。 输出：匹配结果集 S。
1. CrossMatching(SimilarityMatrix, T_{mutual}) 2. $S = \varnothing$ 3.　初始化空队列 unmapped queue 4. while $V^X_{unmapped} \neq \varnothing$ and $V^Y_{unmapped} \neq \varnothing$ do 5.　if v_{select} = NULL then 6.　　v_{select} = UserSelect($V^X_{unmapped}$, $V^Y_{unmapped}$) 7.　　v_{match} = UserSelect(v_{select}, $V^X_{unmapped}$, $V^Y_{unmapped}$) 8.　end if 9.　(v_{select}, v_{match}) = Mutual-Identification(v_{select}, v_{match}, S) 10. end while 11. return S

2. 多网络匹配算法

在多个网络(多于 2 个)进行账号匹配时，通常采用聚类的方法得到匹配初步的结果，然后通过设定阈值，排除那些与簇内其他账号相似度较低的账号。由于 DBSCAN (Density-Based Spatial Clustering of Applications with Noise)不需要事先设定所要聚成簇的个数，同时能够识别出噪声点，因此将 DBSCAN 作为聚类算法是一个较好的选择。

多网络匹配算法流程描述如表 3.6 所示。

表 3.6 多网络匹配算法流程描述

算法：多网络匹配算法
输入：待匹配的 n 个网络中，账号间的相似度矩阵 SimilarityMatrix 用于过滤结果的阈值 T_M。 输出：匹配结果 result。
1. C = DBSCAN(SimilarityMatrix)　　　//C 是聚类结果，即若干个簇组成的集合 2. for c in C: 3. 　　for each account in c: 4. 　　　if account 与簇内其他账号的相似度的平均值小于 T_M: 5. 　　　　$c \leftarrow c \setminus \{account\}$　　　//去除簇 c 内的账号 account 6. 　　　end if 7. 　　end for 8. end for 9. result $\leftarrow C$ 10. return result

3.1.5 评价指标

针对不同的应用场景，研究者已提出了许多用户身份匹配算法，这些算法性能的高低需要用统一的评价指标来度量。按照算法所匹配网络个数的不同，评价指标主要分为双网络评价指标和多网络评价指标。

1. 双网络评价指标

当待匹配的网络为两个网络时，采用双网络评价指标。其将双网络中的准确率(precision)、召回率(recall)以及综合评价指标 F_1 作为评价标准。

具体定义如下：

$$precision = \frac{tp}{tp+fp} \tag{3.14}$$

$$recall = \frac{tp}{tp+fn} \tag{3.15}$$

$$F_1 = \frac{2 \times precision \times recall}{precision + recall} \tag{3.16}$$

其中：tp 是指被算法判定为匹配且判断正确的账号对数；fp 是指被算法判定为匹配但判断错误的账号对数；fn 是指被算法判定为不匹配但实际上匹配的账号对数；F_1 是准确率和召回率的调和平均数，是算法性能的综合评价指标，认为拥有较高 F_1 值的算法是精度较高的算法。

2. 多网络评价指标

当待匹配的网络多于两个网络时，采用多网络评价指标。其将多网络中的准确率、召回率以及综合评价指标 F_1 作为评价标准。$C = \{C_1, C_2, \cdots, C_N\}$ 为用户身份匹配算法给出的匹配结果，C_i 是由不同网络中的若干账号组成的，用户身份匹配算法认为同属 C_i 的用户账号互相匹配。$R = \{R_1, R_2, \cdots, R_M\}$ 是事先已知的匹配结果，R_i 也是由不同网络中的若干账号组成的，R_i 中的账号互相匹配。多网络中的准确率、召回率以及综合评价指标 F_1 定义如下：

$$\text{precision} = \frac{\sum_{i=1}^{N} \text{TP}_i}{\sum_{i=1}^{N} \text{TP}_i + \sum_{i=1}^{N} \text{FP}_i} \tag{3.17}$$

$$\text{recall} = \frac{\sum_{i=1}^{N} \text{TP}_i}{\sum_{i=1}^{N} \text{TP}_i + \sum_{i=1}^{N} \text{FN}_i} \tag{3.18}$$

$$F_1 = 2 \times \frac{\text{precision} \times \text{recall}}{\text{precision} + \text{recall}} \tag{3.19}$$

其中：TP_i 是 C_i 和 R_i 中共有账号的个数；FP_i 是被错误地划分到 C_i 中的账号个数；FN_i 是本应被划分到 C_i 却没有被划分到 C_i 的账号个数。算法性能可以通过计算 C 与 R 的匹配程度得到，对于 $C_i (i \in \mathbf{N})$，选取 R 中与 C_i 共有账号最多的元素 R_i 进行对比。

3.2　基于网络结构信息的行为数据聚合技术

通常情况下，用户网络拓扑结构信息如好友连接关系较易被获取，算法复杂度低。虽然识别精度偏低，但是召回率较高，并且局部拓扑信息耦合对网络演化的重要性也已得到验证。网络智慧治理的应用场景更加关注召回率，例如希望尽可能多地识别出恶意用户的网络账号。

本节首先介绍基于隐藏标签节点挖掘的方法，即在待匹配节点的自中心网络拓扑环境的基础上增加社团聚类环境，充分挖掘隐藏的标签节点所代表的潜在好友关系，并引入概率的思想，消除相似度计算时产生的争议性匹配问题，提升待匹配节点的辨识度，从而有效提升算法的召回率。

本节随后介绍基于网络表示学习的方法，即以网络结构信息为基础，将用户名属性信息与网络结构信息融合，利用网络表示学习技术为账号节点分配并训练融合信息向量，使节点特征向量既能从更深层次表示网络结构特征，又能反映用户名特征，进一步提升算法性能。

3.2.1　基于隐藏标签节点挖掘的方法

现有的基于网络拓扑结构信息的用户身份匹配算法大多将待匹配节点的拓扑环境局限于自中心网络，而基于自中心网络的跨网络用户身份匹配算法(Ego network based User Identification algorithm，Ego-UI)是在待匹配的两个节点的自中心网络中找寻标签节点之间形成的跨网连边，以此作为两个节点的相似度值，如公式(3.20)所示。

$$\mathrm{Sim}(v_i^i, v_k^j) = |\mathrm{CN}_{v_i^i} \bigcap \mathrm{CN}_{v_k^j}| \tag{3.20}$$

其中，$\mathrm{CN}_{v_i^i}$ 和 $\mathrm{CN}_{v_k^j}$ 分别是节点 v_i^i 和 v_k^j 的自中心网络中的标签节点，$\mathrm{CN}_{v_i^i} \bigcap \mathrm{CN}_{v_k^j}$ 表示两个自中心网络中的相同标签节点，这些节点间存在跨网络的连边。如果相似度值大于一定阈值，则判定为两节点匹配，识别成功，否则失败。反复迭代 K 次，每次匹配出的节点都作为下一次识别时的标签节点，当网络中不再增加新的标签节点时，算法停止。基于自中心网络的跨网络用户身份匹配算法流程描述如表 3.7 所示。

表 3.7　基于自中心网络的跨网络用户身份匹配算法流程描述

算法：基于自中心网络的跨网络用户身份匹配算法 Ego-UI
输入：待匹配的两个网络拓扑图 G_1 和 G_2； 　　　　先验标签节点集合，先验跨网连边； 　　　　迭代次数 K。
输出：全网标签节点集 CV_1、CV_2，全网跨网连边 $C_{1,2}$。
1.　　计算 G_1 和 G_2 中节点最大度数的较小值 D 2.　　初始化赋值 $k = 0$, max $= 0$, Simmax $= 0$, CandidateNode1 $= \varnothing$, CandidateNode2 $= \varnothing$, 3.　　while $k < K$ 4.　　　　选取 G_1 和 G_2 中度数大于 D 的非标签节点，将其纳入匹配候选节点集 CandidateNode1 与 CandidateNode2 中 5.　　　　for each v_i^1 in CandidateNode1 6.　　　　　for each v_j^2 in CandidateNode2 7.　　　　　　利用公式(3.1)计算相似度 $\mathrm{Sim}(v_i^1, v_j^2)$，其中共同邻居是指自中心网络与环境中的相同标签节点 8.　　　　　　if $\mathrm{Sim}(v_i^1, v_j^2) > \mathrm{Simmax}$ 9.　　　　　　　Simmax $= \mathrm{Sim}(v_i^1, v_j^2)$, max $= j$ 10.　　　　　end 11.　　　　end 12.　　　　将 $(v_i^1, \mathrm{cross}, v_{\max}^2)$ 加入全网跨网连边 $C_{1,2}$，将连边两端的节点加入标签节点集 CV_1 与 CV_2 中 13.　　　end 14.　　　对 D 值进行更新，$D = D/2$ 15.　　end 16.　输出全网标签节点集 CV_1、CV_2，全网跨网连边 $C_{1,2}$

1. 存在问题分析与解决方案

现有的利用网络拓扑结构信息进行跨网络用户身份匹配的算法存在网络环境单一和相似节点出现匹配争议的问题,下面具体分析这两个问题并给出算法设计的解决方案。

1) 网络环境

基于单一的自中心网络环境,在节点匹配时容易遗漏部分标签节点。线上为好友关系的两个节点对应的线下个人可能在现实生活中并不认识,而在线下现实生活中认识的两个人在某些特定的网络中可能并没有相互添加为好友,这两种情况导致线上的好友关系网络与线下的好友关系网络并不完全等同。现有的基于自中心网络方法忽略了这个问题,仅仅依靠线上网络直接体现出的好友关系进行身份匹配,没有充分挖掘潜在的好友关系,缺乏对隐藏标签节点的利用。

如图 3.7 所示,网络 G_1 与 G_2 中存在两个自中心网络。其中圆形节点 v_1^1 与 v_1^2 是待匹配的中心节点,三角形节点与五边形节点是带有标签的已经匹配的节点,跨网络连接已经建立,正方形节点是不带标签没有被匹配的节点。在 G_1 中 v_1^1 与 v_5^1 之间有连边,在 G_2 中 v_1^2 与 v_5^2 之间没有连边,Ego-UI 算法在衡量 v_1^1 与 v_1^2 之间的相似度时,会只计算直接体现出的三角形标签节点,而忽略隐藏的五边形标签节点,从而造成标签节点的利用不足。

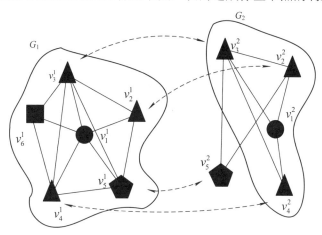

图 3.7　隐藏标签节点示意图

为了充分挖掘隐藏的标签节点,在现有算法仅考虑自中心网络环境的基础上,添加社团聚类这一新的环境。G_1 中五边形节点与自中心网络中的 3 个三角形节点都有连边,所以圆形待匹配节点与五边形标签节点在线下很有可能是好友关系,只是在特定的网络 G_2 中没有建立好友关系而已,如果对网络中的节点进行聚类,圆形节点与五边形节点会被聚为一类,从而使隐藏的五边形标签节点得到利用,使圆形待匹配节点的辨识度得到提升。

2) 节点相似度计算

和经典的 Ego-UI 算法一样,多数算法都是利用公式(3.20)计算节点相似度的。如果其中一个网络中出现多个节点与另一个网络中的同一个节点有相同的相似度,则会出现匹配争议问题,即无法确定哪个节点与之匹配。

针对 Ego-UI 等算法计算节点相似度时,容易产生匹配争议的问题,可采用引入待匹配节点的度数来消除此争议,具体待匹配节点的相似度计算如下:

$$\text{Sim}(v_i^1, v_j^2) = \frac{|\text{CN}_{v_i^1} \cap \text{CN}_{v_j^2}|}{\min(|N_{v_i^1}|, |N_{v_j^2}|)} \tag{3.21}$$

其中：$\text{CN}_{v_i^1}$ 和 $\text{CN}_{v_j^2}$ 分别是节点 v_i^1 和 v_j^2 的自中心网络中的标签节点；$N_{v_i^1}$ 和 $N_{v_j^2}$ 分别是节点 v_i^1 和 v_j^2 的邻居节点；$\text{CN}_{v_i^1} \cap \text{CN}_{v_j^2}$ 表示两个自中心网络中的相同标签节点。相较于公式 (3.20)，公式(3.21)相当于在原有的基础上增加了对节点度数的考量，待匹配节点的度数越小，说明其"朋友圈"越小，出现相同标签节点的概率也越小，因此在拥有相同标签节点数的情况下相似度更大的更有可能是匹配节点。

2. 算法描述

基于以上分析，提出一种基于隐藏标签节点挖掘的跨网络身份匹配算法(Hidden Labeled Nodes Mining based User Identification algorithm, HLNM-UI)。HLNM-UI 算法流程如图 3.8 所示，算法流程描述如表 3.8 所示。

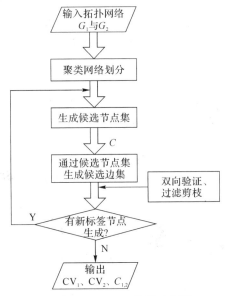

图 3.8　HLNM-UI 算法流程图

首先选取网络中度数较大的节点作为待匹配目标，在现有算法的基础上，增加待匹配节点的聚类社团信息，挖掘隐藏的标签节点，将属于同一聚类社团的标签节点加入待匹配节点的自中心网络中，利用潜在的好友关系增加节点的辨识度；然后利用标签节点计算待匹配节点的相似度，选取相似度最高的作为最佳匹配账号对，将匹配成功的节点加入标签节点集中；然后加入双向验证过程进行剪枝，以提升正确率，为下一轮非标签节点的匹配运算服务；最后采用迭代运算的思想不断更新标签节点集，直到没有新的标签节点生成，算法结束。

与传统的 Ego-UI 算法相比，HLNM-UI 算法增加节点的聚类网络环境，挖掘隐藏的标签节点，充分利用待匹配节点自中心网络中没有而在同一社团中出现的标签节点，从而增加了节点的辨识度；改进节点相似度计算方法解决了匹配争议的问题，改善了原有算法的性能。

表 3.8　基于隐藏标签节点挖掘的跨网络用户身份匹配算法流程描述

算法：基于隐藏标签节点挖掘的跨网络用户身份匹配算法 HLNM-UI
输入：待匹配的两个网络拓扑图 G_1 和 G_2； 　　　先验标签节点集合，先验跨网连边；迭代次数 K。
输出：全网标签节点集 CV_1、CV_2，全网跨网连边 $C_{1,2}$。

1.　利用社团聚类算法对 G_1 和 G_2 进行聚类社团划分

2.　计算 G_1 和 G_2 中节点最大度数的较小值 D

3.　初始化赋值 $k = 0$，$max = 0$，$Simmax = 0$，$CandidateNode1 = \varnothing$，$CandidateNode2 = \varnothing$，
　　$CandidateCrossEdge1 = \varnothing$，$CandidateCrossEdge2 = \varnothing$

4.　while $k < K$

5.　选取 G_1 和 G_2 中度数大于 D 的非标签节点，将其纳入匹配候选节点集 CandidateNode1 与
　　CandidateNode2 中

6.　　for each v_i^1 in CandidateNode1

7.　　　for each v_j^2 in CandidateNode2

8.　　　利用公式(3.21)计算相似度 $Sim(v_i^1, v_j^2)$，其中共同邻居是指自中心网络与聚类社团两个
　　　　环境中的相同标签节点

9.　　　　if $Sim(v_i^1, v_j^2) > Simmax$

10.　　　　Simmax $= Sim(v_i^1, v_j^2)$，$max = j$

11.　　　　end

12.　　　end

13.　　　将(v_i^1, candidatecross, v_{max}^2)加入候选跨网络连边集 CandidateCrossEdge1

14.　　end

15.　　$max = 0$，$Simmax = 0$

16.　　for each v_j^2 in CandidateNode1

17.　　　for each v_i^1 in CandidateNode2

18.　　　利用公式(3.21)计算 v_i^1 和 v_j^2 的相似度 $Sim(v_j^2, v_i^1)$，其中共同邻居是指自中心网络与聚类
　　　　社团两个环境中的相同标签节点

19.　　　　if $Sim(v_j^2, v_i^1) > Simmax$

20.　　　　Simmax $= Sim(v_j^2, v_i^1)$，$max = i$

21.　　　　end

22.　　　end

23.　　　将(v_j^2, candidatecross, v_{max}^1)加入候选跨网络连边集 CandidateCrossEdge2

24.　　end

25.　　过滤剪枝阶段，删除 CandidateCrossEdge1 与 CandidateCrossEdge2 中特有的连边，保留
　　　共有的连边并将其加入全网跨网连边集 $C_{1,2}$ 中，将连边两端的节点加入标签节点集 CV_1
　　　与 CV_2 中

26.　　对 D 值进行更新，$D = D/2$

27.　end

28.　输出全网标签节点集 CV_1、CV_2，全网跨网连边 $C_{1,2}$

3.2.2　基于网络表示学习的方法

1. 数据预处理

1）网络组合

现有的基于网络表示学习技术的用户身份匹配算法通常是先在两个网络中分别建立一个向量空间，再设计一种网络对齐算法将一个向量空间投影到另一个中去，这种方法往往会导致一定程度上的信息丢失，从而影响算法性能。为了解决这一问题，介绍一种组合网络的方法，在算法开始阶段利用种子账号集 $\mathcal{S}$ 将待匹配的两个网络 $\mathcal{G}^X$、$\mathcal{G}^Y$ 进行组合。在网络中通常存在这样的现象：用户 A 和 B 在两个网络 $\mathcal{G}^X$、$\mathcal{G}^Y$ 中都有账号，即存在 u_A^X、u_A^Y、u_B^X 和 u_B^Y，使得 $\phi(u_A^X) = \phi(u_A^Y)$，$\phi(u_B^X) = \phi(u_B^Y)$，且 A 和 B 在网络 $\mathcal{G}^X$ 中存在好友关系，那么他们通常在网络 $\mathcal{G}^Y$ 中也存在好友关系，反之亦然。网络常常利用这种现象进行好友推荐，在识别出新入网用户身份后为其推荐可能认识的人。基于这种现象，提出了网络组合算法，将网络中可能丢失的边补全。图 3.9 所示是网络组合算法示意图。该算法相当于在网络对齐之前先对网络结构进行合理拓展，进一步丰富了网络结构信息，提升了算法的综合性能。

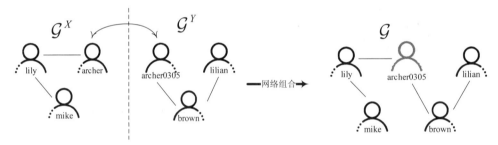

图 3.9　网络组合算法示意图

网络组合算法流程描述如表 3.9 所示，其中该算法选取原有两个账号节点中较长的用户名作为组合节点的用户名。出于方便记忆的考虑，通常情况下用户在两个网络中的用户名会比较相似，选择较长的用户名可以最大程度地保留账号的用户名属性信息。

表 3.9　网络组合算法流程描述

算法： 网络组合算法
输入： 网络用户名集合 $\mathcal{G}^X = (\mathcal{U}^X, \mathcal{E}^X, \mathcal{P}^X)$ 和 $\mathcal{G}^Y = (\mathcal{U}^Y, \mathcal{E}^Y, \mathcal{P}^Y)$； 　　　　$\mathcal{P} = \{p_1, p_2, \cdots, p_n\}$； 　　　　种子账号集 $\mathcal{S}$。 **输出：** 聚合的网络 $\mathcal{G}$。
1. for each (u_i^X, u_j^Y) in $\mathcal{S}$: 2.　　　删除节点 u_i^X 和 u_j^Y 3.　　　增加节点 $u_{i,j}$ 4.　　　$\text{len}(p_{i,j}) = \max(\text{len}(p_i^X), \text{len}(p_j^Y))$ 5.　　　for each u_k^X in $\Gamma(u_i^X)$:

6.	删除边 $e_{i,k}^X$
7.	增加边 $e_{ij,k}$
8.	end for
9.	for each u_k^Y in $\Gamma(u_j^Y)$:
10.	删除边 $e_{j,k}^Y$
11.	增加边 $e_{ij,k}$
12.	end for
13.	end for
14.	return 网络 $\mathcal{G}$

2) 用户名信息向量化

由于网络表示学习技术是通过将节点表示成低维向量的方式来深度提取网络结构特征的，因此为了让用户名信息与网络结构信息以向量的形式进行融合，需要对用户名属性进行向量化，使向量中每个维度都体现用户名字符串的一个特征。在进行用户名属性向量化之前，先统一用户名的字母大小写，然后去掉里面的特殊符号，只保留字母和数字，将其作为用户名属性向量化的目标字符串。

在特征提取阶段，统计用户名字符串中所包含的"连续 n 个字符"(n-gram)及其频数作为特征来表示当前用户名。这里 n 的取值不宜过大或者过小(n 过小时特征偏少，从而导致有些不相似的用户名也被判定为相似；n 过大时特征过多，从而导致计算复杂度升高，算法开销增加)。特征提取阶段令 $n = 2$，提取用户名字符串中的 bigram 特征来对用户名进行向量化，此时理论上特征维度最大值为 $(26 + 10)^2 = 1296$，即将用户名转化成维度为 1296 维的向量；最后利用 TF-IDF 策略，计算每个特征的权值，最终实现用户名属性的向量化。如表 3.10 所示，是给定三个用户名时对用户名字符串进行特征提取的例子。

表 3.10　用户名字符串特征提取示例

用户名	字符串特征						
	li	il	ia	an	ly	di	na
lilian	2	1	1	1	0	0	0
lily	1	1	0	0	1	0	0
diana	0	0	1	1	0	1	1

提取出所有 bigram 特征及其出现的频数后，首先计算每个特征的 idf 值。例如，对特征"li"，有两个用户名拥有这一特征，则

$$\mathrm{idf}_{\mathrm{li}} = \log \frac{3}{2} = 0.585 \tag{3.22}$$

同理得到其他属性的 idf 值。然后特征频数 tf 与对应的 idf 相乘，即可得到用户名向量中对应维度的值。例如，对用户名"lilian"，其用户名特征向量为

$$\begin{aligned}
\boldsymbol{p}_{\mathrm{lilian}} &= (2 \times 0.585, 1 \times 0.585, 1 \times 0.585, 1 \times 0.585, 0 \times 0.585, 0 \times 0.585, 0 \times 0.585) \\
&= (1.170, 0.585, 0.585, 0.585, 0, 0, 0)
\end{aligned} \tag{3.23}$$

类似地，有 p_{lily} = (0.585, 0.585, 0, 0, 0.585, 0, 0)和 p_{diana} = (0, 0, 0.585, 0.585, 0, 0.585, 0.585)。计算这三个用户名向量间的余弦相似度如表 3.11 所示，从表中可看出，lilian 和 lily 的相似度要大于 lilian 和 diana，这也符合人们的直观感受，说明了用户名信息向量化的合理性。

表 3.11　用户名向量间的余弦相似度

	lilian	lily	diana
lilian	1	0.371	0.185
lily	0.371	1	0
diana	0.185	0	1

2. 融合信息表示学习技术

1) 网络表示学习算法

网络表示学习算法首先随机选择经过组合后的网络 $\mathcal{G}$ 中的一个根节点，然后从该节点出发，产生一个节点序列，并以此根节点的向量来预测其"上下文"中的节点(即以根节点为中心，序列两侧的节点)。从网络 $\mathcal{G}=(\mathcal{U},\mathcal{E},\mathcal{P})$ 的节点 u_i 出发，利用随机游走策略得到窗口大小为 t 的一个随机游走节点序列 $S_i = \{u_{i-t},u_{i-t+1},\cdots,u_{i+t-1},u_{i+t}\}\backslash u_i$。将使节点序列 S_i 的条件概率最大化的向量 $\boldsymbol{u}_i$ 作为其对"上下文"节点的预测，即

$$\max_{\boldsymbol{u}_i} \log \Pr(\{u_{i-t},u_{i-t+1},\cdots,u_{i+t-1},u_{i+t}\}\backslash u_i \mid \boldsymbol{u}_i) \tag{3.24}$$

其中，$\boldsymbol{u}_i$ 是已知的节点 u_i 的网络结构向量。假设节点之间相互独立，则有

$$\Pr(\{u_{i-t},u_{i-t+1},\cdots,u_{i+t-1},u_{i+t}\}\backslash u_i \mid \boldsymbol{u}_i)=\prod_{\substack{j=i-t \\ j\neq i}}^{i+t} \Pr(u_j \mid \boldsymbol{u}_i) \tag{3.25}$$

此时，$\Pr(u_j \mid \boldsymbol{u}_i)$ 表示已知节点 i 的向量表示时，节点 j 出现在节点 i 的"上下文"序列中的条件概率。基于 softmax 分类算法对 $\Pr(u_j \mid \boldsymbol{u}_i)$ 定义如下：

$$\Pr(u_j \mid \boldsymbol{u}_i) = \frac{\exp(f(u_j,u_i))}{\sum\limits_{k=1}^{|\mathcal{U}|} \exp(f(u_k,u_i))} \tag{3.26}$$

其中：$\mathcal{U}$ 是组合网络 $\mathcal{G}$ 中全部账号节点的集合；$f(u_j,u_i)$ 是两个节点 u_j 和 u_i 的结构相似度得分。现有的方法多数采用向量内积来衡量两个节点向量的相似度得分，即 $f(u_j,u_i)=\boldsymbol{u}_j{}'\Box\boldsymbol{u}_i$。对图中任意节点 i，其向量表示有 $\boldsymbol{u}_i$ 和 $\boldsymbol{u}_i{}'$ 两种，其中前者表示节点 i 本身的向量表示，后者表示节点 i 作为其他节点的"上下文"序列中节点时的向量表示。由于利用内积衡量两个节点向量的相似度不容易捕捉和掌握真实网络中大规模存在的非线性关系，因此考虑采用如下多层感知机架构来定义 $f(u_j,u_i)$：

$$f(u_j,u_i)=\boldsymbol{u}_j{}'\Box g^{(n)}(\boldsymbol{W}^{(n)}(\cdots g^{(1)}(\boldsymbol{W}^{(1)}\boldsymbol{u}_i+\boldsymbol{b}^{(1)})\cdots)+\boldsymbol{b}^{(n)}) \tag{3.27}$$

其中：n 是多层神经网络的隐藏层层数；$\boldsymbol{W}^{(n)}$ 和 $\boldsymbol{b}^{(n)}$ 分别是第 n 层网络的权值矩阵和偏置向

量；$g^{(n)}$ 是第 n 层网络采用的激活函数。

2) 信息融合模型

为了将用户名信息与网络结构信息相融合，按上述方法将用户名信息转化为用户名向量 $\boldsymbol{p}_i$，并将其与对应节点的网络结构向量 $\boldsymbol{u}_i$ 相结合。由于在线网络中用户名信息和网络结构信息都能在一定程度上反映出账号节点的独特性，因此在向量空间中，网络结构向量 $\boldsymbol{u}_i$ 和用户名向量 $\boldsymbol{p}_i$ 都应该对节点 i 在向量空间中的位置产生影响。所以在多层感知机架构中，将网络结构向量 $\boldsymbol{u}_i$ 和用户名向量 $\boldsymbol{p}_i$ 以向量拼接的形式进行融合，融合后的框架如图 3.10 所示。

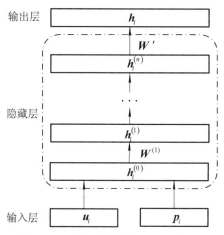

图 3.10　信息融合的表示学习模型

图 3.10 中：$\boldsymbol{h}_i^{(0)} = [\boldsymbol{u}_i,\ \rho\boldsymbol{p}_i]^{\mathrm{T}}$ 是隐藏层的输入向量，由账号节点的网络结构向量和用户名向量拼接而成，参数 $\rho \in \mathbf{R}$ 用于控制用户名属性在节点向量化表示中的重要程度；$\boldsymbol{W}'$ 是与输出层相连的权值矩阵，由所有作为"上下文"节点的向量 $\boldsymbol{u}'$ 组成；节点的向量表示 $\boldsymbol{h}_i^{(n)}$ 经由矩阵 $\boldsymbol{W}'$，最终得到当前节点的融合信息向量表示。因此，公式(3.27)可化为

$$f(u_j,\ u_i) = \boldsymbol{u}_j'{}^{\square}\boldsymbol{h}_i^{(n)} \tag{3.28}$$

其中，$\boldsymbol{h}^{(k)} = g^{(k)}(\boldsymbol{W}^{(k)}\boldsymbol{h}^{(k-1)} + \boldsymbol{b}^{(k)})$，$k = 1, 2, \cdots, n$。所以由公式(3.26)和公式(3.28)得

$$\Pr(u_j \mid \boldsymbol{u}_i) = \frac{\exp(\boldsymbol{u}_j'{}^{\square}\boldsymbol{h}_i^{(n)})}{\sum\limits_{k=1}^{|\mathcal{U}|} \exp(\boldsymbol{u}_k'{}^{\square}\boldsymbol{h}_i^{(n)})} \tag{3.29}$$

3) 模型优化

信息融合中涉及的模型参数集为 $\Theta = \{\Theta_h,\ \boldsymbol{W}'\}$，其中 Θ_h 表示隐藏层中的参数，包括权值矩阵和偏置向量。模型优化的目标是最大化根节点 u_i 与其随机游走序列 S_i 中节点共现的条件概率，同时最小化与 S_i 之外节点共现的条件概率。对于组合后的网络 $\mathcal{G}$，可按下式对参数集 Θ 进行优化：

$$\hat{\Theta} = \underset{\Theta}{\arg\max} \prod_{i=1}^{|\mathcal{U}|} \prod_{u_j \in S_i} \Pr(u_j \mid \boldsymbol{u}_i)$$

对上式取对数：

$$\hat{\Theta} = \arg\max_{\Theta} \sum_{u_i \in \mathcal{U}} \sum_{u_j \in S_i} \log \Pr(u_j \mid \boldsymbol{u}_i) \tag{3.30}$$

对公式(3.30)中的对数似然函数求参数集 Θ 的梯度，可得

$$\nabla \log \Pr(u_j \mid \boldsymbol{u}_i) = \nabla f(u_j,\, u_i) - \sum_{u_j' \in \mathcal{U}} \Pr(u_j' \mid \boldsymbol{u}_i) \nabla f(u_j',\, u_i) \tag{3.31}$$

其中，$f(u_j, u_i)$ 已在公式(3.28)中给出。由公式(3.31)可以看出，参数集 Θ 的梯度分为两个部分，分别是给定 u_i 时的正例和全体负例的和。采用一种负采样算法，通过采样得到的负例样本来估计全体负例的分布，即

$$\nabla \log \Pr(u_j \mid \boldsymbol{u}_i) \approx \nabla f(u_j, u_i) - \sum_{l=1}^{L} E[\nabla f(u_l', u_i)] \tag{3.32}$$

其中：第一项是正例，第二项是对负例的采样；L 是采样数。

3. 节点匹配及算法流程

在得到节点的融合信息向量表示后，需要计算跨网络节点之间的相似度。首先将网络中节点按其原来所属网络分为 $\mathcal{G}^X$ 和 $\mathcal{G}^Y$ 中的节点，随后计算跨网络节点的融合信息向量的余弦相似度，将其作为账号之间的相似度。对于网络 $\mathcal{G}^X$ 中的待匹配节点 u_i^X，当节点 u_j^Y 是网络 $\mathcal{G}^Y$ 中与 u_i^X 相似度最高的账号节点时，则称 u_j^Y 是 u_i^X 的候选匹配账号。在节点匹配阶段，采用双向匹配策略，即只有当 u_i^X 和 u_j^Y 分别是对方的候选匹配账号，并且相似度大于匹配阈值 T 时，才认为两个账号匹配，并将其加入种子账号集中，否则重新选择待匹配节点。同时设置迭代次数 k，将算法重复运行 k 次后得到最终的种子账号集 $\mathcal{S}'$。

3.3　基于属性文本信息的行为数据聚合技术

当属性文本信息可以较准确地获得并能够合理利用时，虽然算法复杂度略高，但是可以有效提高算法的精度。在用户行为数据聚合基础上进行的其他行为分析技术，要求行为数据聚合的准确性和可靠性。目前基于账号属性信息的跨网络用户身份匹配算法，主要将不同属性的值都看作字符串，通过计算字符串相似度刻画属性相似度。该算法忽略了某些属性的特殊性，也没有考虑到属性之间的差异，在相似度刻画中存在缺陷；在融合多个属性信息时，多采用主观导向的权值修正法，该类方法的主观性和普适性受限。另外，不同网络中包含的属性各不相同，并且相同属性在不同网络中的重要程度也不相同，因此一套主观赋权值的方法在多组网络数据集中的效果往往各不相同，影响算法的鲁棒性。

本节首先介绍可以适应不同网络环境的、鲁棒性强的基于属性信息熵权决策的方法，通过判定算法计算两个用户属性相似度，从而进行用户行为数据聚合。

随后提出基于模糊积分的属性文本信息融合方法。首先根据用户各个属性信息的特性，确定不同的相似度计算方法；然后引入模糊测度理论(Fuzzy Measure Theory)和 Choquet 模糊积分理论，将各属性的相似度进行融合。利用粒子群优化(Particle Swarm Optimization，

PSO)算法确定各属性对应的模糊密度,避免了主观赋权值的局限性,使算法的鲁棒性更强。

3.3.1　基于属性信息熵权决策的方法

1. 属性相似度计算

目前属性相似度的测量方法有很多种,针对不同类型和领域的信息,选择不同的比较方法,才能最真实地反映相似程度,从而取得最佳的匹配准确率与效率。选择用户的用户名、自我描述、兴趣爱好、网页链接、地理位置、头像共六类属性文本信息作为账号相似度的衡量基准。

上述的属性文本信息中,利用网页链接、地理位置和头像进行身份匹配时,由于其现实意义的特殊性,衡量这些属性的相似度应当具有“断层”性质,即大于“断层式”阈值则认定为相同,相似度为 1,否则不相同,相似度为 0,其余的相似度值对于身份匹配应用而言没有意义。所以本节对于这些属性的利用,在传统的相似度计算基础上设置了二值判定,从而使得匹配结果更加科学合理。

2. 算法描述

1) 信息熵确定属性权重

在确定档案信息中各项属性对于相似度决策判定的权重系数时,传统的专家主观赋权法是与属性领域紧耦合的,算法的鲁棒性较差,而客观赋权法依赖于足够的样本数据,通用性和操作性差。为解决以上问题,提出了基于档案属性信息熵值的赋权方法。在信息论中,熵值反映了信息无序化程度,熵值越小,系统越有序,携带的信息越多;熵值越大,系统越混乱,携带的信息越少。

依据信息熵的定义,当系统可能处于多种不同的状态,每种状态出现的概率为 p_{ij} ($i = 1, \cdots, n$)时,系统的熵为

$$E_i = -\sum_{j=1}^{n} p_{ij} \log p_{ij} \tag{3.33}$$

其中,E_i 表示第 i 个事件的熵。

根据用户各个属性的相似度确定其权重。匹配账号的相似度与不匹配账号的相似度差别越大,信息越有序,熵值越小,该属性携带的信息越多,该属性越有价值,对用户身份匹配的判断就越准确,所以熵权应该越大;匹配账号的相似度与不匹配账号的相似度差别越小,信息越无序,熵值越大,该属性携带的信息越少,该属性价值越低,对用户身份匹配的判断就越模糊,所以熵权应该越小。基于以上分析,将公式(3.33)中的 p_{ij} 定义为属性相似度出现的概率:

$$p_{ij} = \frac{q_i^{sj}}{\sum_{j=1}^{n} q_i^{sj}} \tag{3.34}$$

其中,q_i^{sj} 表示目标网络中第 j 个账号 F_j 与源网络中账号 F_s 第 i 个属性的相似度。根据以上定义,公式(3.33)被重定义为

$$E_i^{sj} = -\sum_{j=1}^{n} \left[q_i^{sj} \Big/ \sum_{j=1}^{n} q_i^{sj} \right] \log \left[q_i^{sj} \Big/ \sum_{j=1}^{n} q_i^{sj} \right] \tag{3.35}$$

由于熵值与权重成反比，因此构建变种熵值 R_i^{sj}：

$$R_i^{sj} = \frac{1}{E_i^{sj}} \tag{3.36}$$

通过变种熵值确定待选目标账号的每个公共属性的权值 w_i^{sj}：

$$w_i^{sj} = \frac{R_i^{sj}}{\sum_{i=1}^{n} R_i^{sj}} \tag{3.37}$$

2) 用户账号匹配

根据相似度向量的定义，衡量两个账号相似度的计算公式如下：

$$\text{Similarity}(\boldsymbol{F}_s, \boldsymbol{F}_d) = \sum_{i=1}^{n} w_i^{sd} \times q_i^{sd} \tag{3.38}$$

其中，w_i^{sd} 表示属性的权重。综上，两个账号相似度计算方法的算法流程描述如表 3.12 所示。通过比较不同账号对之间的相似度值的大小，确定最佳匹配账号对。

表 3.12　档案相似度计算方法的算法流程描述

算法：档案相似度计算方法
输入：源网络账号档案信息向量 $\boldsymbol{F}_s$； 　　　目标网络中所有账号的档案信息向量 $\{\boldsymbol{F}_j\}_{j=1}^{m}$； 　　　目标网络中待匹配的候选账号档案信息向量 $\boldsymbol{F}_d$。 输出：$\boldsymbol{F}_s$ 和 $\boldsymbol{F}_d$ 两个账号的相似度 $\text{Similarity}(\boldsymbol{F}_s, \boldsymbol{F}_d)$。
1. for each　$\boldsymbol{F}_j$　in $\{\boldsymbol{F}_j\}_{j=1}^{m}$ 2.　　for $i = 1$ to n 3.　　　计算单属性项相似度 $v_i^{sj} = \text{SimFunc}(a_i^s, a_i^j)$ 4.　　end 5.　　构建账号相似度向量 $\boldsymbol{V}(\boldsymbol{F}_s, \boldsymbol{F}_j) = (v_1^{sj}, v_2^{sj}, \cdots, v_n^{sj})$ 6. end 7. for $i = 1$ to n 8.　　利用公式(3.34)计算属性 i 相似度出现的概率 p_{ij} 9.　　利用公式(3.35)计算属性 i 的信息熵值 E_i^{sj} 10.　　利用公式(3.36)计算属性 i 的变种熵值 R_i^{sj} 11.　　利用公式(3.37)计算属性 i 的信息熵权重 w_i^{sd} 12. end

13. 利用公式(3.38)计算 $\boldsymbol{F}_s$ 和 $\boldsymbol{F}_d$ 两个账号的相似度 Similarity($\boldsymbol{F}_s$, $\boldsymbol{F}_d$)

14. return Similarity($\boldsymbol{F}_s$, $\boldsymbol{F}_d$)

基于属性信息的跨网络用户判定流程如图 3.11 所示,源网络与目标网络中有两个待匹配的账号,从它们的档案信息中抽取属性集合,然后对不同的属性项进行相似度计算,并赋予不同的权重,最后判定两个账号是否有可能属于同一人。

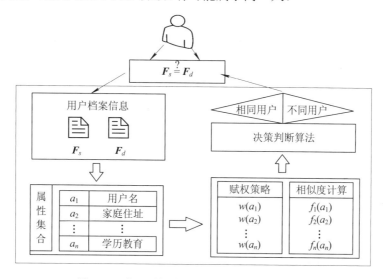

图 3.11　基于属性信息的跨网络用户判定流程

3) 身份匹配过程

基于属性信息的跨网络用户身份匹配过程包括三个步骤:账号选择、账号匹配、剪枝过滤。

(1) 账号选择。在对一个网络中的源账号 v_s 进行用户识别时,如果每次都是从另一个网络中选取所有的目标账号 v_d,进行关于档案信息中所有属性的相似度计算,则计算量会非常大,尤其是当网络中注册账号的规模十分庞大时,逐一比较更是不现实、不可行的。因此在选取与源账号 v_s 进行相似度计算时,有必要根据条件 C 对另一网络中的目标账号进行筛选,采用单个较为简单的属性作为筛选器,从全集中过滤出与源账号 v_s 有较高匹配概率的候选账号集合,从而降低计算量。

通过对人们生活习惯的观察与分析,用户在不同网络中倾向于使用相似的用户名,又因为用户名的相似度计算在所有属性中是最简单的,所以使用用户名作为筛选器,选择一个合适的阈值来平衡候选集规模与覆盖率之间的关系,求得一个折中值。

(2) 账号匹配。通过账号选择步骤,选出了满足条件 C 的与源账号 v_s 有可能匹配的候选账号集合,然后依次对集合中的候选账号与源账号 v_s 进行基于属性信息的相似度计算,选出其中与源账号 v_s 相似度最高的候选账号 v_d 作为待匹配账号,通过与阈值进行比较,如果大于阈值则判定为匹配,反之不匹配。

(3) 剪枝过滤。得到最终匹配结果后,为了确保精确度,有时需要通过剪枝过滤将一些错误的匹配除去。对两个网络 G_1 和 G_2 中的账号进行识别时,以网络 G_1 中的账号 v_s 作为源账号在网络 G_2 中寻找匹配的目标账号 v_d 后,再以网络 G_2 中的 v_d 作为源账号在网络

G_1 中寻找匹配的目标账号，如果匹配的是 v_s，则保留该对匹配账号，如果匹配的不是 v_s，则舍弃该对账号。

3.3.2　基于模糊积分的属性文本信息融合方法

1. 模糊测度理论与 Choquet 模糊积分

模糊测度理论和模糊积分来源于模糊数学。Sugeno 首先创立了模糊积分理论，其在普通的可测集上给出模糊测度，再利用模糊测度定义了 Sugeno 模糊积分。Choquet 积分也是模糊积分的一种；Grabisch 等人将 Choquet 积分应用于多指标决策中，既考虑了每种指标本身的重要程度，又考虑了多个指标之间互相影响的程度。算法将两个账号用户档案信息中每种属性信息的相似度都看作一个指标，利用 Choquet 积分对各指标进行融合，得到两个账号的属性信息相似度，以此来判断账号是否匹配。

1) 模糊测度理论

令 $M \in \mathscr{P}(U)$，其中 $\mathscr{P}(U)$ 表示 U 的幂集，$U = \{u_1, u_2, \cdots, u_n\}$ 是有限集。若映射 $g: M \rightarrow [0, 1]$ 满足条件：

(1) $g(\varnothing) = 0, g(U) = 1$；

(2) $A \subseteq B \Rightarrow g(A) \leqslant g(B)$；

(3) $A_n \uparrow (\downarrow) A \Rightarrow \lim_{n \to \infty} g(A_n) = g(A) \quad (n \geqslant 1)$，

则称该映射为 U 的一个模糊测度，其中 $A_n \uparrow$ 和 $A_n \downarrow$ 分别表示单调递增序列和单调递减序列。

g_λ 模糊测度是一种特殊的模糊测度，其具有如下性质：

性质 1：$\forall A, B \in \mathscr{P}(U)$ 且 $A \bigcap B = \varnothing$，有

$$g_\lambda(A \bigcup B) = g_\lambda(A) + g_\lambda(B) + \lambda g_\lambda(A) g_\lambda(B) \tag{3.39}$$

其中 λ 称作关联系数，且 $\lambda \in (-1, +\infty)$。

性质 2：$\forall i \neq j$，$A_i \bigcap A_j = \varnothing$，有

$$g_\lambda \left(\bigcup_{n=1}^{\infty} A_n \right) = \frac{1}{\lambda} \left[\prod_{n=1}^{\infty} (1 + \lambda g_\lambda(A_n)) - 1 \right] \tag{3.40}$$

由于 U 是有限集，并根据上述性质 2 可知：

$$g_\lambda(U) = g_\lambda(\{u_1, u_2, \cdots, u_n\}) = \frac{1}{\lambda} \left[\prod_{i=1}^{n} (1 + \lambda g_\lambda(\{u_i\})) - 1 \right] = 1$$

从而有

$$1 + \lambda = \prod_{i=1}^{n} (1 + \lambda g_\lambda(\{u_i\})) \tag{3.41}$$

其中，$g_\lambda(\{u_i\})$ 称为属性 u_i 的模糊密度，简记为 g_i。可以证明已知 g_i 时，有且仅有一个 λ 与其对应。在利用模糊测度理论进行多指标决策时，u_i 是第 i 个指标的得分。g_i 相当于指标 i

的重要程度，即权值。

由性质 1 还可知，对于 $U_i = \{u_1, u_2, \cdots, u_i\}\, (i \leqslant n)$，有

$$g_\lambda(U_i) = g_\lambda(\{u_1, u_2, \cdots, u_i\}) = \frac{1}{\lambda}\left[\prod_{k=1}^{i}(1 + \lambda g_k) - 1\right] \tag{3.42}$$

因此，若已知所有属性的模糊密度 g_i，就能根据公式(3.41)求出相对应的 λ，进而由公式(3.42)得到所有的 $g_\lambda(U_i)$。同时注意到 $g_\lambda(U_i)$ 是 i 个指标融合后的重要程度，因此，利用模糊密度进行多指标决策时既可以考虑单个指标的重要程度，又可以考虑指标之间的相互作用。

2) 离散 Choquet 积分与属性相似度融合

积分不外乎是被积函数和测度函数的一种内积，只不过不同积分之间的测度不同。Choquet 积分也是这样的一种内积，它是属性相似度 u 和模糊测度 g 的一种广义内积。对于离散情况下的 Choquet 积分，其定义形式为

$$C_\mu = \sum_{i=1}^{n} u_{\sigma(i)}[g_\lambda(A_{\sigma(i)}) - g_\lambda(A_{\sigma(i+1)})] \tag{3.43}$$

其中：$A_{\sigma(i)} = \{u_{\sigma(i)}, u_{\sigma(i+1)}, \cdots, u_{\sigma(n)}\}$；$\sigma$ 是相似度 u 的一个从小到大的排列，即

$$u_{\sigma(1)} \leqslant u_{\sigma(2)} \leqslant \cdots \leqslant u_{\sigma(n)} \tag{3.44}$$

其中，u 表示用户属性信息的相似度。由公式(3.44)可以看出，Choquet 积分将各个属性信息的预测结果和其重要程度进行相互作用，并进行合成。为了更清晰地展示 Choquet 积分是所有属性相似度关于模糊测度的非线性叠加，下面对属性相似度融合的计算过程进行举例说明。

考虑来自两个网络 $\mathcal{G}^X$ 和 $\mathcal{G}^Y$ 的两个账号 u_i^X 和 u_j^Y，其用户档案信息分别表示为 $\boldsymbol{p}_i^X$ 和 $\boldsymbol{p}_j^Y$，其中 $\boldsymbol{p}_i^X = (a_i^1, a_i^2, a_i^3)$，$\boldsymbol{p}_j^Y = (a_j^1, a_j^2, a_j^3)$ 分别代表档案中有三种属性信息。若已经计算出的三种属性的相似度分别为 $\mathrm{Sim}(a_i^1, a_j^1) = 0.7$、$\mathrm{Sim}(a_i^2, a_j^2) = 0.6$、$\mathrm{Sim}(a_i^3, a_j^3) = 0.9$，计算出的三种属性的模糊密度分别为 $g_1 = 0.8$、$g_2 = 0.5$、$g_3 = 0.1$，则根据公式(3.41)，可解出 $\lambda = -0.8034$，进而由公式(3.42)可以求出所有的 $g_\lambda(U_i)$，如表 3.13 所示。

表 3.13　三种属性情况下模糊测度的计算结果

U_i	模糊测度 $g_\lambda(U_i)$	U_i	模糊测度 $g_\lambda(U_i)$
$\varnothing$	0	$\{u_1, u_2\}$	0.978 64
$\{u_1\}$	0.8	$\{u_1, u_3\}$	0.835 73
$\{u_2\}$	0.5	$\{u_2, u_3\}$	0.559 83
$\{u_3\}$	0.1	$\{u_1, u_2, u_3\}$	1

最后根据公式(3.43)，可以得到融合三种属性信息后两个账号的档案信息相似度为

$$
\begin{aligned}
C_\mu &= \mathrm{Sim}(a_i^2, a_j^2) \times [g_\lambda(\{u_1, u_2, u_3\}) - g_\lambda(\{u_1, u_3\})] + \\
&\quad \mathrm{Sim}(a_i^1, a_j^1) \times [g_\lambda(\{u_1, u_3\}) - g_\lambda(\{u_3\})] + \mathrm{Sim}(a_i^3, a_j^3) \times [g_\lambda(\{u_3\}) - 0] \\
&= 0.6 \times (1 - 0.835\,73) + 0.7 \times (0.835\,73 - 0.1) + 0.9 \times 0.1 \\
&= 0.703\,573
\end{aligned}
\tag{3.45}
$$

　　由这个例子可以看出,虽然离散 Choquet 积分也是一种属性加权平均的指标融合算法,但其权值与模糊测度相关,而模糊测度既考虑了单个属性的重要程度,又考虑了属性之间的相互影响,反映了用户档案信息中属性之间的交互作用。

　　3) 基于 PSO 的模糊密度优化

　　由公式(3.43)可知,利用 Choquet 积分融合各个相似度指标的关键是模糊测度 g 的求解。之前已经说明,已知单个属性 i 的模糊测度,即模糊密度 g_i,即可求出相应的关联系数 λ 和所有的 $g_\lambda(U_i)$,因此,如何确定模糊密度 g_i 是利用 Choquet 积分求解问题的关键。简单的确定模糊密度的方法如直觉法、推理法等,都过多依赖于经验,因此准确率无法得到保证,同时 F 分布法对于离散问题的适应性也不强。将模糊密度的确定问题转化为一系列参数的最优化过程,即为运用 PSO(Particle Swarm Optimization,粒子群优化)算法确定模糊密度 g_i。PSO 算法是一种进化计算技术,源于对鸟群捕食行为的研究。每个优化问题的解都是搜索空间中的一只鸟,称为"粒子",每个粒子都有一个适应值来衡量粒子的优劣,可以理解为鸟与进食点的距离。粒子根据自身经验和最优粒子经验,通过改变飞行方向和速度不断更新自己的位置。经过逐步迭代后所有粒子会逐步趋于最优解。

　　首先构造 N 个 k 维向量,$\boldsymbol{x}_i = \{x_{i,1}, x_{i,2}, \cdots, x_{i,k}\}(i = 1, 2, \cdots, k)$,每个向量代表一个粒子,每个分量 x_i 表示第 i 个属性信息相似度的模糊密度,根据模糊密度的定义,其取值应当在 0 和 1 之间,因此向量的各个分量取值也被限定在(0,1)之间。同时,最终以 F_1 值作为评价指标,所以粒子的适应值由该粒子所对应的 F_1 值确定。PSO 算法中,粒子更新自身速度和位置的公式如下:

$$
v_{i,j}(t+1) = \omega v_{i,j}(t) + c_1 r_{1,j}(t)(y_{i,j}(t) - x_{i,j}(t)) + c_2 r_{2,j}(t)(\hat{y}_j(t) - x_{i,j}(t))
\tag{3.46}
$$

$$
\boldsymbol{x}_i(t+1) = \boldsymbol{x}_i(t) + \boldsymbol{v}_i(t+1)
\tag{3.47}
$$

其中:$v_{i,j}(t)$ 表示粒子 i 的第 j 个分量在第 t 次迭代时的速度;$y_{i,j}(t)$ 是粒子 i 在前 t 次迭代中适应值最大时第 j 个分量的取值;$\hat{y}_j(t)$ 是全部 N 个粒子在前 t 次迭代中适应值最大的粒子第 j 个分量的取值;ω 是惯性权重,反映了粒子过去的运动状态对当前行为的影响;c_1 和 c_2 是学习因子,分别控制粒子的局部搜索能力和全局搜索能力;$r_{1,j}(t)$ 和 $r_{2,j}(t)$ 分别是(0,1)之间服从均匀分布的随机数。在确定参数时,采用不断变化的惯性权重 ω,即

$$
\omega(t) = \omega_{\max} - \frac{t \times (\omega_{\max} - \omega_{\min})}{t_{\max}}
\tag{3.48}
$$

其中:$\omega_{\max}$ 和 $\omega_{\min}$ 是惯性权重的最大值和最小值,分别取 0.9 和 0.1;t 是当前迭代次数;$t_{\max}$ 是事先设定的算法最大迭代次数,这里取值为 1000。根据经验值,令参数 $c_1 = c_2 = 2$,

粒子数目 $N = 30$。

2. 属性文本信息相似度计算

将属性文本信息中的用户名看作字符串，并用合适的字符串相似度计算方法获取相似度；兴趣爱好和个人描述都属于文本属性，其中兴趣爱好通常由词组成，而个人描述是一段介绍自己的文本。分别利用词袋模型和文本主题向量模型计算兴趣爱好和个人描述的相似度；对于地理位置属性，将其转化为经纬度坐标来计算距离，然后进行归一化得到相似度；对于语言和性别，采用简单匹配的方式，即属性完全一致时，相似度记为 1，不一致时，记为 0。

每种属性文本信息的相似度具体计算方法如下。

(1) 用户名。用户名属性是网络中最容易获得的信息，通常也是包含信息量最大的属性信息。研究者针对用户名属性进行了大量研究，甚至实现了完全基于用户名属性的用户身份匹配，这是由于许多用户都有自己习惯使用的用户名，在多个网络注册账号时，用户名之间往往只存在微小差异。

(2) 兴趣爱好。兴趣爱好属性是用户填写的感兴趣的活动、话题、书籍等，有些网络还会为爱好相似的用户建立兴趣群组。由于兴趣爱好属性通常是词或词组的形式，因此为数据集中用户的兴趣爱好建立词袋模型，利用 TF-IDF 策略为用户建立兴趣爱好向量，进而通过余弦相似度计算用户兴趣爱好相似度。

(3) 个人描述。个人描述是一段描述用户的长文本，通常也称作个性签名。对长文本属性，不直接计算其相似度，这里利用 LDA 模型来分析用户个人描述的主题。LDA 可以将一段个人描述归结到一个或多个主题中，并给出其属于这些主题的概率，因此可以将个人描述转化为主题概率分布。对两段个人描述 p 和 q，其相似度计算公式如下：

$$\mathrm{Sim}(p,q) = 1 - \mathrm{JS}(\boldsymbol{\theta}_p, \boldsymbol{\theta}_q) \tag{3.49}$$

其中：$(\boldsymbol{\theta}_p, \boldsymbol{\theta}_q)$ 是两段个人描述 p 和 q 的主题分布；$\mathrm{JS}(\boldsymbol{\theta}_p, \boldsymbol{\theta}_q)$ 是两个主题分布的 Jensen-Shannon divergence(JS 散度)，其根据 KL 散度计算而来，具体计算公式为

$$\mathrm{JS}(\boldsymbol{\theta}_p, \boldsymbol{\theta}_q) = \frac{1}{2} [\mathrm{KL}(\boldsymbol{\theta}_p \| \boldsymbol{\theta}_m) + \mathrm{KL}(\boldsymbol{\theta}_q \| \boldsymbol{\theta}_m)] \tag{3.50}$$

其中 $\boldsymbol{\theta}_m = \frac{1}{2}(\boldsymbol{\theta}_p + \boldsymbol{\theta}_q)$，KL 散度为

$$\mathrm{KL}(\boldsymbol{\theta}_p \| \boldsymbol{\theta}_q) = \sum_{i=1}^{|\boldsymbol{\theta}_p|} \theta_{p,i} \log\left(\frac{\theta_{p,i}}{\theta_{q,i}}\right) \tag{3.51}$$

KL 散度衡量了两个概率分布之间的"距离"，但由于其存在不对称和值域不受限的缺点，难以应用于相似度计算。JS 散度克服了 KL 散度的这些缺点，这里利用其计算文档相似度，取得了较好的效果。

(4) 地理位置。地理位置属性是用户填写的其所在位置的信息，通常精确到具体城市。由于不同网络对地理位置属性的统计格式各不相同，因此基于字符串的地理位置相似度计算方法可能会造成一定误差。这里利用地图网站提供的 API 将字符串形式的地理位置属性

转化为经纬度坐标，再通过坐标与距离之间的计算公式，获取用户账号的地理位置属性相似度。两个地理位置的相似度计算公式如下：

$$\text{Sim}(p_i, p_j) = e^{-\gamma \cdot d(p_i, p_j)} \tag{3.52}$$

其中：γ 是距离归一化系数；$d(p_i, p_j)$ 是两个位置的距离，根据大圆距离计算公式，有

$$d(p_i, p_j) = R \times \arcsin[\text{coslat}_i \cdot \text{coslat}_j \cdot \cos(\text{lon}_i - \text{lon}_j) + \text{sinlat}_i \cdot \text{sinlat}_j] \tag{3.53}$$

其中：R 为地球半径，这里取 6371 km；(lon, lat)表示某个地点的经纬度。

(5) 语言、性别。这两种属性在网络中属于"简单"属性，只有"相同"和"不同"两种状态，相似度对这两种属性没有意义。因此，这里对这两种属性采用 0-1 匹配的策略，即属性一致，则相似度为 1，属性不一致，则相似度为 0。

3. 算法流程

这里提出的基于模糊积分理论的用户身份匹配算法包括以下四个步骤：属性相似度计算、模糊密度优化及模糊测度计算、Choquet 积分计算、账号匹配。首先计算每对待匹配账号的属性相似度；其次利用基于 PSO 的模糊密度优化算法，得到各账号属性对应的模糊密度，再由公式(3.42)计算各属性组合的模糊测度；然后由公式(3.43)计算当前模糊密度下待匹配账号对的相似度评分；最后将该评分与预先设置的匹配阈值 T 做比较，判定账号对是否匹配。综上所述，所提出的算法流程描述如表 3.14 所示。

表 3.14 基于模糊积分理论的用户身份匹配算法流程描述

算法：基于模糊积分理论的用户身份匹配算法
输入：网络 $\mathcal{G}^X = (\mathcal{U}^X, \mathcal{P}^X)$ 和 $\mathcal{G}^Y = (\mathcal{U}^Y, \mathcal{P}^Y)$； 　　　种子账号集 $\mathcal{S}$； 　　　相似度阈值 T。 输出：匹配账号集 $\mathcal{S}'$。
1. for each (u_i^X, u_j^Y) from $\mathcal{G}^X$ and $\mathcal{G}^Y$： 2.　　　计算 $\text{Sim}(p_i^X, p_j^Y)$ 3. end for 4. 计算模糊密度 g_i 5. 用公式(3.41)计算 λ 6. 用公式(3.42)计算模糊测度 $g_\lambda(U_i)$ 7. for each (u_i^X, u_j^Y) from $\mathcal{G}^X$ and $\mathcal{G}^Y$： 8.　　　用公式(3.43)计算 C_μ 9.　　if score > T： 10.　　　在 $\mathcal{S}'$ 中增加账号对(u_i^X, u_j^Y) 11.　　end if 12. end for 13. return $\mathcal{S}'$

3.4 基于用户轨迹信息的行为数据聚合技术

近年来随着移动终端定位技术的发展，用户可以轻易地使用移动设备在发布的内容中加入地理位置标签，例如 Foursquare 中的用户签到(Check-in)、Twitter 中共享的地理标签(geo-tags)，这些用户产生的地理位置记录组成了用户在网络中的轨迹信息。用户轨迹部分反映了用户在真实地理世界的移动轨迹，成为体现用户身份的强特征。因为通常用户轨迹不容易被模仿或伪造，并且用户移动轨迹的独特性已得到证实，所以用户轨迹信息的存在进一步拓展了可以用来进行身份匹配的信息维度。现有方法在计算用户轨迹间的相似度时，主要将轨迹看作地理位置的集合或时空域中点的集合，然后使用基于频率或者基于共现次数的方法计算位置集合之间的相似度，如果这个相似度超过一定阈值，则认为这两个用户对应现实世界中的同一人。然而这些方法忽略了各地理位置之间的相关性。例如，用户在访问位置 l 之后，很可能会访问另一个附近的位置 l'，缺乏对位置顺序信息的建模。通常只考虑一步转移频率作为位置访问顺序特征，如 Seglem 等人的算法，其对于位置访问顺序特征的挖掘是不充分的。

本节首先介绍基于轨迹位置访问顺序特征的方法。考虑到基于深度学习的段落向量算法 Paragraph2vec 对段落进行向量化表示时词序特征的良好表现，尝试使用 Paragraph2vec 算法中的 PV-DM(Paragraph Vectors-Distributed Memory Model)模型抽取用户轨迹中的位置访问顺序特征。通过对用户轨迹按照一定的时间粒度、距离尺度的划分，构建出适用于训练 PV-DM 模型的轨迹序列，然后通过训练 PV-DM 模型得到用户轨迹在多个类型的训练样本上的向量化表示，进而得到蕴含用户位置访问顺序信息的轨迹向量。最终通过向量之间的相似度得到不同网络中用户轨迹间的相似度，从而进行用户身份匹配。

随后介绍基于时空轨迹顺序特征表示的方法，该方法能够充分挖掘轨迹中的位置访问顺序特征，并将轨迹进行向量化表示。该方法首先利用 Word2vec 算法对轨迹中每个位置所蕴含的语义信息进行充分挖掘，然后将位置序列输入 Bi-GRU 模型中，进行轨迹特征向量表示，最终通过向量相似度度量方法确定两条轨迹的相似度，完成用户身份匹配。

3.4.1 基于轨迹位置访问顺序特征的方法

1. 相关定义

1) 用户轨迹

用户轨迹定义为随时间变化的 GPS 坐标点序列组成的集合，用 $T = \{p_1, p_2, \cdots, p_{|T|}\}$ 表示，每一个坐标点 p_i 都包含三个属性 x、y、t，(x, y)是坐标点 p_i 的 GPS 坐标，t 是(x, y)被记录下来的时间。一个用户在一个网络中产生的所有位置信息都记录在一条轨迹中。

2) 时空数据集

时空数据集 D 是由用户轨迹组成的集合。一个网络中所有的用户轨迹组成一个时空数据集。

3) 轨迹匹配

如果 $T_A \in D_A$ 和 $T_B \in D_B$ 是来自两个不同的时空数据集(D_A 和 D_B)的两条轨迹,且 T_A 和 T_B 是同一个真实用户产生的,则称 T_A 和 T_B 互相匹配。

2. 数据预处理

原始的时空数据集中存储的是二维地理空间上的 GPS 坐标点,直接处理这些坐标点会遇到样本稀疏的问题,一种简单的解决方法是将原始 GPS 坐标点转化为网格表示。利用 3.1.3 节中介绍的用户轨迹相似度计算方法,将原始数据转化为网格表示,可为之后的数据处理与特征抽取打下基础。同样,下文提到的用户轨迹指的是原始轨迹转化之后的网格序列。

下面介绍训练样本构建方法。

真实网络中用户产生的轨迹通常是相对稀疏的,一些用户轨迹中前后相邻的小网格之间并不存在很强的相关性,例如某些用户轨迹片段中前后相邻的小网格相距很远或者相隔时间很长,这使得位置访问顺序特征难以显现,直接对这种前后位置相关性较弱的轨迹序列进行建模会导致用户轨迹向量表示精度的下降。因此需要对用户轨迹进行进一步处理,筛选出能够体现位置访问顺序特征的轨迹片段,并选取相邻小网格之间相关性较强的轨迹序列作为下一步模型的训练样本。有三种不同的训练样本构建方法:按时间划分轨迹、按距离划分轨迹以及在时空域构建训练样本。

(1) 按时间划分轨迹构建训练样本。这种划分方法假设用户在 Δt 时间内访问的位置之间具有一定的相关性。一段有效的位置序列定义如下:用户轨迹为 $T = \{c_{t_1}, c_{t_2}, \cdots, c_{t_m}\}$,如果 T_s 满足:① $t_{i+1} - t_i \leqslant \Delta t$;② 不存在 T 的一个子序列,它真包含 T_s 且满足条件①,则称 T 的子序列 $T_s = \{c_{t_i}, c_{t_{i+1}}, \cdots, c_{t_{i+l}}\}$ 为有效的位置序列。图 3.12 描述了一个按时间划分轨迹从而得到有效的位置序列的例子,用户轨迹 $T = \{c_{t_1}, c_{t_2}, c_{t_3}, c_{t_4}, c_{t_5}\}$,$\Delta t = 5\,\mathrm{h}$,从中可以得到 3 段有效的位置序列 $\mathrm{ET} = \{T_{s_1}, T_{s_2}, T_{s_3}\}$。

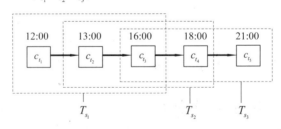

图 3.12　按时间划分轨迹

(2) 按距离划分轨迹构建训练样本。假如一段轨迹序列中任意两个前后相邻的位置的距离小于 Δd,则认为这个位置序列是有效的,具体定义如下:用户轨迹为 $T = \{c_{t_1}, c_{t_2}, \cdots, c_{t_m}\}$,如果 T_s 满足:① $\forall 1 < i \leqslant l$,$\mathrm{dis}(c_{t_i}, c_{t_{i-1}}) \leqslant \Delta d$,$\mathrm{dis}(A,B)$ 是 A 与 B 在地图上的直线距离;② 不存在 T 的一个子序列,它真包含 T_s 且满足条件①,则称 T 的子序列 $T_s = \{c_{t_i}, c_{t_{i+1}}, \cdots, c_{t_{i+l}}\}$ 为有效的轨迹序列。图 3.13 描述了一个按距离划分轨迹从而得到有效的轨迹序列的例子,用户轨迹为 $T = \{c_{t_1}, c_{t_2}, c_{t_3}, c_{t_4}, c_{t_5}\}$,$\Delta d = 7\,\mathrm{km}$,从中可以得到 2 段有效的轨迹序列 $\mathrm{ET} = \{T_{s_1}, T_{s_2}\}$。

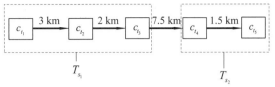

图 3.13　按距离划分轨迹

(3) 在时空域构建训练样本。时空域的结构如图 3.14 所示，纵轴表示网格 id，横轴表示一天的四个时间段，Δt_1、Δt_2、Δt_3、Δt_4 分别代表 4 个时间段：0 点到 6 点、6 点到 12 点、12 点到 18 点、18 点到 24 点。图 3.14 描述了时空域上构建训练样本的过程，用户轨迹为 $T = \{c_{t_1}^{\mathrm{id}_1}, c_{t_2}^{\mathrm{id}_2}, c_{t_3}^{\mathrm{id}_3}, c_{t_4}^{\mathrm{id}_4}\}$，上标 id_1、id_2、id_3、id_4 为小网格 id，下标 t_1、t_2、t_3、t_4 为它们被记录的时间，假设位置序列满足：$\forall 1 < j \leqslant l$，$t_j - t_1 \leqslant \Delta t$ 或 $\mathrm{dis}(c_{t_j}, c_{t_{j-1}}) \leqslant \Delta d$，则其时空域序列 $T_s = \{(\mathrm{id}_1, \Delta t_1), (\mathrm{id}_2, \Delta t_2), (\mathrm{id}_3, \Delta t_2), (\mathrm{id}_4, \Delta t_3)\}$ 为一段有效的训练样本。与之前两种方法一样，该方法每次选取尽可能长的时空域序列作为训练样本。在时空域上构建的轨迹序列描述了用户访问各个位置的时间偏好，它是一种将时间和空间信息结合起来的模型，最大限度地降低了原始轨迹信息的损耗。

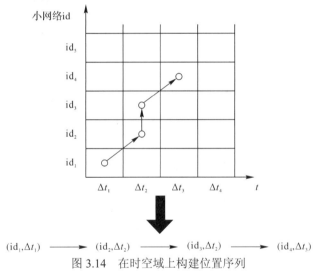

图 3.14　在时空域上构建位置序列

通过上述三种方法可以得到三种不同类型的训练样本，训练样本包含的轨迹序列中前后相邻的小网格具有一定的相关性，这使得用户轨迹中的位置访问顺序特征能够很容易地被抽取出来，为下一步轨迹建模打下基础。

3. 基于用户轨迹的身份匹配算法

1) 基于 Paragraph2vec 的轨迹模型构建

Paragraph2vec 是 Quoc Le 等人提出的段落向量模型。其目标是得到段落的向量化表示，进而将其输入到机器学习算法中实现对多个段落的分类或聚类(为了方便描述，下面将一段文本统称为"段落"，一个"段落"可能代表一句话、一个短语或者一篇文章)。Paragraph2vec 算法中提出了一个重要的模型——PV-DM，该模型通过段落 $\mathrm{paragraph}_i$ 以及词 wd 的上下文 context(wd) 来预测词 wd 出现的概率。具体地，给定一个段落 $\mathrm{paragraph}_i$，以及其中的部分单词序列 $W_1^n = \{\mathrm{wd}_0, \mathrm{wd}_1, \cdots, \mathrm{wd}_n\}$，其中 $\mathrm{wd}_i \in V$ (V 是词典)，将 $\mathrm{paragraph}_i$ 以及所有单词都采用向量表示(初始向量通过随机初始化得到)，然后通过段落向量以及词向量构造目标函数 $P(w_n \mid w_0, w_1, \cdots, w_{n-1}, \text{paragraph}_i)$，最后通过训练样本训练模型并求解得到使得目标函数最大化的段落向量。

用户运动轨迹与文本句式具有高度的结构相似性，均为由离散状态的基本元构成的连续序列。利用 Paragraph2vec 中对一段文本进行向量化的类似过程，可将每个小网格视作"单词"，将每条用户轨迹对应的小网格序列视作"一个段落"，从而将 Paragraph2vec 算法中的 PV-DM 模型应用到用户轨迹特征的抽取中。其模型结构如图 3.15 所示。

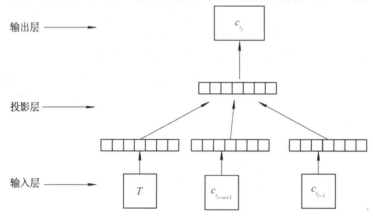

图 3.15　用于轨迹特征抽取的 PV-DM 模型结构图

用于轨迹特征抽取 PV-DM 模型的结构由输入层、投影层和输出层组成。下面以一个滑动窗口内的轨迹序列 $\{[c_{t_{i-w+1}}, \cdots, c_{t_{i-1}}], c_{t_i}\}$ 作为输入进行说明，窗口大小为 w，轨迹序列产生于用户轨迹 T。

(1) 输入层：包括出现在小网格 c_{t_i} 之前的 $w-1$ 个小网格 $c_{t_{i-w+1}}, \cdots, c_{t_{i-1}}$ 对应的向量序列 $\text{vector}(c_{t_{i-w+1}}), \text{vector}(c_{t_{i-w+2}}), \cdots, \text{vector}(c_{t_{i-1}}) \in \mathbf{R}^d$，以及用户轨迹 T 对应的向量 $\text{vector}(\text{id}(T)) \in \mathbf{R}^d$，$\text{id}(T)$ 为产生轨迹 T 的用户 id，向量的初始值通过随机初始化得到。

(2) 投影层：将输入层的 w 个小网格对应的向量以及 1 个用户轨迹向量进行求和操作，生成一个 d 维向量，即 $S = \text{vector}(\text{id}(T)) + \sum_{l=i-w+1}^{i-1} \text{vector}(c_{t_l}) \in \mathbf{R}^d$。

(3) 输出层：采用与 Paragraph2vec 输出层相同的 hierarchical softmax 方法，其结构为一颗二叉 Huffman 树，将所有用户轨迹中出现过的小网格作为叶子节点，以各个小网格在训练集中出现的次数作为权值构造 Huffman 树，在每个非叶节点上设置一个参数待定的二分类器，从根节点到叶子节点可看作多个二分类拟合多分类的过程。通过 Huffman 树可实现概率 $p(c_{t_i} \mid S)$ 的构造，即已知某一用户及其产生的小网格序列，预测下一个小网格为 c_{t_i} 的概率。

上述结构中，每条用户轨迹被映射为唯一的一个向量 $\text{vector}(\text{id}(T)) \in \mathbf{R}^d$，每个小网格同样也被映射为唯一的一个向量。模型的输入通过在用户轨迹上构建长度为 w 的滑动窗口得到，同一用户轨迹生成的多组模型输入共享着同一轨迹向量，不同用户轨迹之间采用不同用户轨迹向量。小网格向量在不同的用户轨迹之间是共享的，例如，最终得到的小网格 c 对应的向量 $\text{vector}(c)$ 对于所有的用户轨迹都是相同的。

基于上述模型，可假设一段轨迹序列 T 包含 n 个小网格 $c_{t_1},c_{t_2},\cdots,c_{t_n}$，则构建以下概率函数：

$$f = \prod_{j=w}^{n} p(c_j \mid c_{j-w+1},\cdots,c_{j-1},\mathrm{id}(T)) \tag{3.54}$$

假设某种训练样本中有 m 条用户轨迹，每条用户轨迹中包含 n_i 个小网格，则构建模型的目标函数为

$$f_t = \prod_{i=1}^{m}\left(\prod_{j=w}^{n_i} p(c_j \mid c_{j-w+1},\cdots,c_{j-1},\mathrm{id}(T_i))\right) \tag{3.55}$$

其对数似然函数为

$$F = \log f_t = \sum_{i=1}^{m}\left(\sum_{j=w}^{n_i} \log p(c_j \mid c_{j-w+1},\cdots,c_{j-1},\mathrm{id}(T_i))\right) \tag{3.56}$$

模型求解与优化采用随机梯度法迭代求取目标函数最优解。

得到的用户轨迹向量可以用来预测用户下一个要访问的小网格，例如：对于用户轨迹 T，通过训练得到其轨迹向量 $\mathrm{vector}(\mathrm{id}(T))$，已知当前该用户已经访问了 i 个小网格 $[c_{t_1},\cdots,c_{t_i}]$，则该用户下一步访问小网格 $c_{t_{i+1}}$ 的概率为 $p(c_{t_{i+1}} \mid c_{t_{i-w+2}},\cdots,c_{t_i},\mathrm{id}(T))$。用户轨迹向量可以用来准确地求取用户访问各个位置的转移概率，而位置转移概率是对用户访问小网格顺序的合理刻画，因此得到的用户轨迹向量中蕴含了表示用户访问小网格顺序的位置访问顺序特征。

2) CDTraj2vec 算法

如上述分析，基于 Paragraph2vec 的用户轨迹匹配算法 CDTraj2Vec 的流程描述如表 3.15 所示。第 3 行中的 $\varPhi_t$、$\varPhi_d$ 和 $\varPhi_{st}$ 分别对应三种训练样本训练模型得到的用户轨迹表示。第 1~4 行主要包含的步骤有未知变量的初始化，以及将原始数据转化为小网格，并且按照三种训练样本构建方法得到的训练数据。第 5~9 行是利用训练样本训练 PV-DM 模型来更新用户轨迹向量。第 10~12 行是将三种不同的用户轨迹向量进行拼接，得到多维时空数据下信息更加完整的用户轨迹向量表示。第 13 行是在得到用户轨迹向量表示之后，采用 3.1.4 节介绍的交叉匹配算法计算出匹配的账号对，不同于基于拓扑结构的身份匹配中的交叉匹配，面向轨迹数据的交叉匹配每次迭代产生的匹配结果对后面迭代的结果没有影响，所以在账号匹配阶段不需要设置账号选择条件 C_{select}，可以随机选取账号进行匹配。

PV-DM 模型对应的算法流程描述如表 3.16 所示，其中 Sample_{ij} 表示按照方法 i 生成的训练样本中的第 j 个样本，$\mathrm{Sample}_{ij}.\mathrm{userid}$ 表示产生有效轨迹序列的用户 id，α 为学习率。第 2 行为 PV-DM 模型的输入；第 3 行中的 J 为待优化的目标函数；第 4~7 行为用户轨迹向量以及小网格向量的更新过程，主要更新公式为

$$\varPhi_i(\mathrm{Sample}_{ij}.\mathrm{userid}) = \varPhi_i(\mathrm{Sample}_{ij}.\mathrm{userid}) - \alpha \cdot \frac{\partial J}{\partial S} \tag{3.57}$$

表 3.15　基于 Paragraph2vec 的用户轨迹匹配算法流程描述

算法：基于 Paragraph2vec 的用户轨迹匹配算法 CDtraj2vec(D_A, D_B, w, d)
输入：时空数据集 D_A, D_B; 　　　窗口大小 w; 　　　用户轨迹向量的维数 d。
输出：匹配结果 result。
1.　将原始时空数据集 D_A, D_B 转化为小网格表示，转化后的用户轨迹为 D_A^c, D_B^c 2.　$D_{AB}^c = D_A^c + D_B^c$ 3.　随机初始化 $\Phi_t, \Phi_d, \Phi_{st} \in \mathbf{R}^{(|D_A|+|D_B|)\times d}$ 4.　按照本小节中的三种训练样本构建方法，由 D_{AB}^c 构建出三种训练样本集合 Sample$_t$, Sample$_d$, Sample$_{st}$ 5.　for each i in ['t', 'd', 'st'] do: 6.　　for $j = 0$ to $|\text{Sample}_{ij}|$ do:　　// $\text{Sample}_{ij} = \{'\text{trajseq}':[c_{t_1}, c_{t_2}, \ldots, c_{t_{|\text{Sample}_{ij}|}}], '\text{userid}': \text{id}(T)\}$ 7.　　　PV-DM(Φ_i, Sample$_{ij}$, w) 8.　　end for 9.　end for 10.　for $i = 0$ to $|D_A| + |D_B|$ do: 11.　　$\Phi(i,:) = \text{concatenate}(\Phi_t(i,:), \Phi_d(i,:), \Phi_{st}(i,:))$ 12.　end for 13.　result = CrossMatching(Φ) 14.　return result

表 3.16　PV-DM 模型对应的算法流程描述

算法：PV-DM(Φ_i, Sample$_{ij}$, w)
输入：按照方法 i 生成的训练样本在训练模型的过程中待更新的用户轨迹向量 $\boldsymbol{\Phi}_i$; 　　　按照方法 i 生成的训练样本中的第 j 个样本 Sample$_{ij}$; 　　　窗口大小 w。
输出：更新用户轨迹向量。
1.　for $k = w$ to $|\text{Sample}_{ij}|$ do: 2.　　$S = \Phi_i(\text{Sample}_{ij}.\text{userid}) + \sum\limits_{l=k-w+1}^{w-1} \text{vector}(c_{t_l})$ 3.　　$J = -\log(c_{t_k}|S)$ 4.　　for $l = k - w + 1$ to $w - 1$ do: 5.　　　$\text{vector}(c_{t_l}) = \text{vector}(c_{t_l}) - \alpha \cdot \dfrac{\partial J}{\partial S}$ 6.　　end for 7.　　使用公式(3.57)进行轨迹更新 8.　end for

3.4.2　基于时空轨迹顺序特征表示的方法

1. 时空轨迹数据预处理

1) 坐标点数据预处理

通常情况下网络中的时空轨迹数据是以坐标点的形式记录的，这种记录方式虽然可以准确地描述位置，但在用户轨迹匹配的过程中对位置的精确度需求不高，并且精确到坐标点的位置描述方式会产生位置数量过于庞大，而每个位置的数据量过于稀疏的问题。因此，在数据预处理阶段首先要对用户轨迹中的位置进行网格化处理，加粗对位置描述的粒度。将轨迹所处的经纬度范围划分成多个小网格，在同一个小网格内的坐标点均视为同一位置。首先找到一个最小的经纬度范围，使全部位置点都处在这个近似矩形的范围内，然后设定经纬度间隔作为小网格的长和宽，则任意一个位置都可以转化为一个网格编号 c_{ij}，其中：

$$i = \lfloor (\mathrm{lat} - \mathrm{lat0})/\varphi \rfloor \tag{3.58}$$

$$j = \lfloor (\mathrm{lon} - \mathrm{lon0})/\gamma \rfloor \tag{3.59}$$

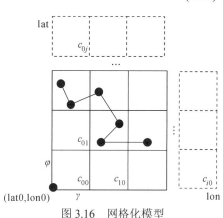

图 3.16　网格化模型

其中，$\lfloor\ \ \rfloor$ 表示向下取整；(lat, lon)是该位置的坐标；(lat0, lon0)是矩形西南角的经纬度(经度和维度都是矩形中的最低点)；φ 和 γ 分别是划分网格的纬度间隔和经度间隔。值得说明的是，由于地球是个球体，因此用这种方法划分的网格并不是严格意义上的矩形，而且网格间的面积也不相等，但可以保证各个纬度上的网格数相同，并且网格间的面积误差对实验效果影响不大。网格化模型如图 3.16 所示，原本是坐标点序列的用户轨迹被转化为网格序列 $\{c_{02}, c_{02}, c_{12}, c_{11}, c_{11}, c_{21}\}$。

2) 基于时间间隔的轨迹分割

算法着重于挖掘用户轨迹中位置之间的语义关系，因为轨迹中的位置向量反映了用户在当前位置时紧接着访问其他各个位置的概率，这就需要训练数据中用户轨迹里的位置之间有较强的关联性。然而真实网络中的时空轨迹数据有时存在两个相邻位置的时间间隔过长的情况，此时两个位置之间的关联性会减弱。如果利用这些关联性不强的轨迹样本训练模型，会使位置向量无法正确反映其语义信息。同时，对较长的用户轨迹进行适当分割也会降低运算复杂度，提高算法效率。通过设定时间间隔阈值的方法，将用户轨迹进行分割，并用分割后的轨迹作为训练集来训练位置向量。具体方法是：首先设定一个时间间隔 Δt，对一条网格化的用户轨迹进行分割，分割后的每条子序列中任意两个位置的时间间隔都不超过 Δt，且每条子序列都不能真包含于另一条符合条件的子序列，称这些子序列为训练序列，并用于位置向量训练。如图 3.17 所示，利用轨迹分割将一条用户轨迹分割成三条轨迹序列 $\{T_1, T_2, T_3\}$，这三条轨迹序列就作为计算位置向量时的训练序列。

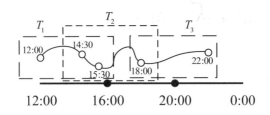

图 3.17　设定参数 $\Delta t = 4\,\mathrm{h}$ 时对某条轨迹的分割举例

2. 基于语言模型的位置向量化表示

一些学者在对时空轨迹数据进行研究时发现，位置的访问频率符合幂率分布，这与语料中的词频分布非常类似，因此许多对时空轨迹的研究将位置与语言模型中的单词类比，专注于挖掘轨迹中蕴含的语义信息。殷浩腾等人[6]提出了一种时空轨迹语义分析方法，利用特征向量表示轨迹数据中蕴含的多维关联特性，说明时空轨迹数据中蕴含着大量丰富的语义信息。Word2vec 算法是一种词向量模型，其目的是赋予输入文本中的每个单词一个特征向量，这个向量可以在某种程度上表示其他词出现在当前词附近的概率。利用 Word2vec 算法，将输入的用户轨迹当作句子，将轨迹中包含的小网格当作单词，计算出每个小网格对应的位置向量。

对于一条轨迹中给定的小网格 c_i，对应向量 $\boldsymbol{c}_i$ 是对 c_i 所在序列中前后一定范围内的小网格序列做出的预测，即

$$p(T_i \mid \boldsymbol{c}_i) \tag{3.60}$$

其中，$T_i = \{c_{i-w}, c_{i-w+1}, \cdots, c_{i+w-1}, c_{i+w}\} \setminus c_i$，$w$ 是预先设定的滑动窗口大小，所有位置的初始向量进行统一初始化。最大化公式(3.60)后得到的向量 $\boldsymbol{c}_i$ 就可以作为小网格 c_i 的对应向量。取对数后可得

$$\max_{\boldsymbol{c}_i} \log \Pr(\{c_{i-w}, c_{i-w+1}, \cdots, c_{i+w-1}, c_{i+w}\} \setminus c_i \mid \boldsymbol{c}_i) \tag{3.61}$$

其中，任意两个小网格之间的条件概率由下式计算：

$$p(c_{i+j} \mid c_i) = \frac{\exp(\boldsymbol{c}_i^{\mathrm{T}} \boldsymbol{c}'_{i+j})}{\displaystyle\sum_{k=1}^{|C|} \exp(\boldsymbol{c}_i^{\mathrm{T}} \boldsymbol{c}'_k)} \tag{3.62}$$

其中：$\boldsymbol{c}_i$ 和 $\boldsymbol{c}'_i$ 分别表示小网格 c_i 本身的向量和小网格 c_i 作为其他网格邻居时的向量；C 表示一条轨迹中由全部的小网格 c_i 构成的集合。由此，并基于位置之间相互独立的假设，可以计算位置向量的概率为

$$p(\boldsymbol{c}) = \prod_{i=1}^{m} p(\boldsymbol{c}_i \mid T_i) \tag{3.63}$$

这里 $p(\boldsymbol{c}_i \mid T_i)$ 可以由 $\boldsymbol{c}_i$ 和其他位置之间的条件概率求出：

$$p(\boldsymbol{c}_i \mid T_i) = \prod_{c_j \in T_i} \frac{\exp(\boldsymbol{c}_i^{\mathrm{T}} \boldsymbol{c}'_j)}{\displaystyle\sum_{c_k \in C} \exp(\boldsymbol{c}_i^{\mathrm{T}} \boldsymbol{c}'_k)} \tag{3.64}$$

由此，利用 Word2vec 算法，最终得到了每个位置小网格所对应的向量表示，可以进一步挖掘由这些位置组成的轨迹所蕴含的特征。

3. 基于双向门控循环单元模型的轨迹向量化表示

1) 循环神经网络和门控循环单元

循环神经网络(Recurrent Neural Network，RNN)是一类适合于处理序列数据的神经网络。参数共享是深度学习一个十分重要的优点，但对于基于时序的序列，例如时空轨迹数据，传统的神经网络如多层感知机难以在时间上共享参数，并且训练的成果难以泛化到训练时未出现过的轨迹序列长度。相比而言，RNN 可以用于处理序列数据，并且每项并不要求具有相同的序列长度，因此比较适合于处理时空轨迹数据。近些年在实际应用中最有效的 RNN 包括基于长短期记忆(Long Short-Term Memory，LSTM)和基于门控循环单元(Gated Recurrent Unit，GRU)的网络，这两种网络通常都能很好地完成对序列化数据的建模任务。其中 GRU 是 LSTM 的一个变种，由于参数较 LSTM 少，因此具有更高的训练速度；同时，在 GRU 模型上添加了一个与时间序列方向相反的另一个 GRU 模型，构成了双向 GRU(Bi-GRU)，这样可以同时获取当前位置前后两个方向的信息，从而提取出更高层次的特征。

2) 时空轨迹表示模型

RNN 是由多个循环单元链接组成的，如图 3.18 所示。LSTM 通过在循环单元中加入输入门、遗忘门和输出门来控制每个单元状态的更新，从而解决长时依赖等问题。

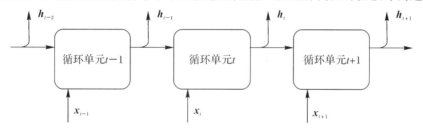

图 3.18　RNN 循环结构示意图

GRU 将 LSTM 中的三个门计算变为两个：更新门和重置门。更新门控制前一时刻带入到当前时刻的状态信息和当前时刻的输入对状态的影响；重置门控制对前一时刻状态信息的忽略程度。GRU 循环单元结构如图 3.19 所示。

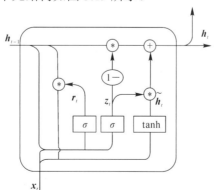

图 3.19　GRU 循环单元结构示意图

GRU 模型在 t 时刻的状态 $\boldsymbol{h}_t$ 是由上一步的状态 $\boldsymbol{h}_{t-1}$ 和当前状态候选值 $\tilde{\boldsymbol{h}}_t$ 共同决定的,即

$$\boldsymbol{h}_t = (1 - \boldsymbol{z}_t) * \boldsymbol{h}_{t-1} + \boldsymbol{z}_t * \tilde{\boldsymbol{h}}_t \tag{3.65}$$

其中: * 表示矩阵中对应位置元素相乘; $\boldsymbol{z}_t$ 是更新门,即

$$\boldsymbol{z}_t = \sigma(\boldsymbol{W}_z \boldsymbol{c}_i^t + \boldsymbol{U}_z \boldsymbol{h}_{t-1}) \tag{3.66}$$

这里 σ 是激活函数, $\boldsymbol{W}_z$ 和 $\boldsymbol{U}_z$ 分别是输入和前一状态的参数矩阵, $\boldsymbol{c}_i^t$ 是输入到当前单元的位置向量。候选值 $\tilde{\boldsymbol{h}}_t$ 的计算与传统的 RNN 类似,即

$$\tilde{\boldsymbol{h}}_t = \tanh(\boldsymbol{W}_{\tilde{h}} \boldsymbol{c}_i^t + \boldsymbol{U}_{\tilde{h}}(\boldsymbol{r}_t * \boldsymbol{h}_{t-1})) \tag{3.67}$$

其中, $\boldsymbol{r}_t$ 是重置门,计算方式与更新门类似,即

$$\boldsymbol{r}_t = \sigma(\boldsymbol{W}_r \boldsymbol{c}_i^t + \boldsymbol{U}_r \boldsymbol{h}_{t-1}) \tag{3.68}$$

Bi-GRU 模型由两条方向相反的 GRU 单元链接组成,某一位置的状态受过去位置和将来位置的共同影响,能更好地提取出基于时序的位置转移特征。最终输出轨迹的向量表示,用于轨迹匹配。

4. 轨迹匹配与算法流程

1) 用户轨迹匹配

将轨迹 T_i 中的节点向量化后按时序输入到训练好的 Bi-GRU 网络,得到轨迹向量 $\boldsymbol{T}_i$,对来自两个网络的轨迹向量 $\boldsymbol{T}_i^A$ 和 $\boldsymbol{T}_j^B$,利用余弦相似度公式计算其相似度,并与阈值进行比较,从而判断两条轨迹是否属于现实世界中的同一用户。由于对两个网络中所有轨迹进行比较的计算开销较大,在大规模数据集中会影响算法效率,因此设置了匹配条件:两条轨迹必须在至少一个小网格中产生共现。满足该条件,则认为两条轨迹有可能匹配,否则认为不可能匹配,将相似度直接置 0,从而降低了算法开销。

2) Bi-GRU 模型的优化

Bi-GRU 模型中涉及参数 $\Theta = \{\boldsymbol{W}_z, \boldsymbol{U}_z, \boldsymbol{W}_{\tilde{h}}, \boldsymbol{U}_{\tilde{h}}, \boldsymbol{W}_r, \boldsymbol{U}_r, \boldsymbol{b}^*\}$,包括各个门的权值矩阵和偏置向量,通过不断优化,最终确定模型中各参数的具体值。对于数据集 $\mathcal{T}^X$ 中给定的用户 u_i^X 的轨迹序列 T_i^X,模型训练过程就是对关于 Θ 的对数似然函数的最大化,即

$$M(T_i^X) \mapsto \sum_{T_i^X \in \mathcal{T}^T} \log p(T_i^Y \mid T_i^X, \Theta) \tag{3.69}$$

其中: $M(\cdot)$ 表示匹配轨迹映射; $\mathcal{T}^T$ 是用于模型训练过程的训练集。在每一步的训练过程中利用随机梯度下降策略来更新参数 Θ,即

$$\Theta \leftarrow \Theta + \alpha \frac{\partial \log p(T_i^Y \mid T_i^X, \Theta)}{\partial \Theta} \tag{3.70}$$

其中, α 是预先设定的模型学习率。

3) 算法框架与流程

综上所述,基于 Bi-GRU 模型的用户轨迹匹配方法经过数据预处理、位置向量化和轨迹向量化等步骤,最终得到用户轨迹的向量化表示,并用于用户身份匹配。基于时空轨迹顺序

特征表示的用户身份匹配算法框架示意图如图 3.20 所示，算法流程描述如表 3.17 所示。

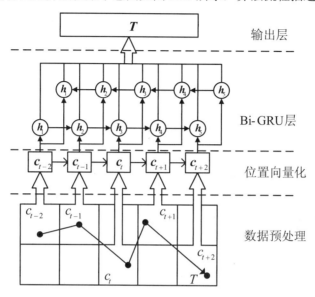

图 3.20　算法框架示意图

表 3.17　基于时空轨迹顺序特征表示的用户身份匹配算法流程描述

算法：基于时空轨迹顺序特征表示的用户身份匹配算法
输入：网络 $\mathcal{G}^X = (\mathcal{U}^X, \mathcal{T}^X)$ 和 $\mathcal{G}^Y = (\mathcal{U}^Y, \mathcal{T}^Y)$； 　　　种子账号集 $\mathcal{S}$； 　　　划分网格的纬度间隔和经度间隔 φ、γ； 　　　时间间隔 Δt； 　　　轨迹向量维数 d； 　　　学习率 α； 　　　相似度阈值 S。 输出：匹配账号集 $\mathcal{S}'$。
1. 根据前文所述进行数据预处理 2. 初始化轨迹向量 3. for each c_i in C： 4.　　for 对每一条包含地点 c_i 的轨迹 T： 5.　　　根据 Bi-GRU 模型计算 T 6.　　　根据公式(3.70)更新参数 7.　　　根据公式(3.63)更新 c_i 8.　　end for 9. end for 10. for 对每一对满足匹配条件的轨迹： 11.　　计算两轨迹的相似度 $s(T_i^X, T_j^Y)$

```
12.      if s(T_i^X, T_j^Y) > S:
13.          增加(u_i^X, u_j^Y) 到 S'
14.      end if
15. end for
16. return  S'
```

本 章 小 结

本章针对网域间信息割裂、跨网域信息共享不足，单网域治理手段丰富、跨网域综合治理缺乏等问题，详细介绍了网络空间行为数据聚合技术。从网络结构信息、属性文本信息、用户轨迹信息等方面实现多个网络的用户信息整合。

本 章 参 考 文 献

[1]　吴铮，于洪涛，黄瑞阳，等. 基于隐藏标签节点挖掘的跨网络用户身份识别[J]. 计算机应用研究，2018，35(4)：1191-1196.

[2]　杨奕卓，于洪涛，黄瑞阳，等. 基于融合表示学习的跨社交网络用户身份匹配[J]. 计算机工程，2018，44(9)：45-51.

[3]　吴铮，于洪涛，刘树新，等. 基于信息熵的跨社交网络用户身份识别方法[J]. 计算机应用，2017，37(8)：2374-2380.

[4]　杨奕卓. 在线社交网络用户身份匹配算法研究[D]. 郑州：中国人民解放军战略支援部队信息工程大学，2018.

[5]　陈鸿昶，徐乾，黄瑞阳，等. 一种基于用户轨迹的跨社交网络用户身份识别算法[J]. 电子与信息学报，2018，40(11)：2758-2764.

[6]　殷浩腾，刘洋. 基于社交属性的时空轨迹语义分析[J]. 中国科学：信息科学，2017，47(8)：1051-1065.

第 4 章　网络行为数据的提取、处理和管理

特征是进行网络行为分析的根本依据，如何从网络数据中有效获取用户特征并对其进行管理是网络行为分析的关键步骤。如第 2 章所述，大数据时代可以获得用户更多来源的行为数据，从而较大程度地接近全样本，但同时也带来了前所未有的挑战。首先，为了应对数据的异构性及不准确性，需要对数据进行清洗、纠错和缺失值处理；其次，如何处理大规模且迅速增长的数据，特别是在推荐、预警等一些对时效性有要求的场合。本章将首先介绍如何对获取、聚合的网络用户数据进行解析，从中获取网络用户行为数据；然后从特征工程的角度介绍如何对行为数据进行预处理、清洗和加工，构建出能够直观地解释、可被计算的多维度高效特征；最后，介绍大数据条件下的数据高效管理技术。

4.1　网络协议解析

如第 2 章所述，因为网络数据的获取方式有多种，所以得到的数据也有多种形式，其中，基于爬虫方式获取的数据一般都可以直接使用，但是采集到的流量数据需要先进行协议解析，才能从中抽取出有用的信息。工程中，常用的数据包存储格式为 pcap，常用的网络协议解析软件为 Wireshark，使用 Python 进行数据解析时常用主流协议解析库 Scapy。因此，本节首先介绍 pcap 文件格式，然后讨论基于 Wireshark 和基于 Scapy 的网络协议解析。

4.1.1　pcap 文件格式

pcap 文件格式是常用的数据包存储格式，包括 WireShark 在内的主流抓包软件都可以生成这种格式的数据包。

如图 4.1 所示，一个 pcap 文件中包含一个 pcap 文件头和多个数据包，每个数据包都由数据包头和数据包内容组成。pcap 文件头由 24 个字节组成。其中：数据包最大长度的含义为如果只想获取数据包的前 x 字节，则可将该值设置为 x，如果想要获取整个数据包的长度，则将该值设置为 65 535；链路层类型有多种选项，不同选项的含义如表 4.1 所示。

pcap 数据包头由 16 个字节组成。其中：时间戳(秒)字段精确到秒，用来记录数据包抓获的时间，记录方式是记录从格林尼治时间的 1970 年 1 月 1 日 00:00 到抓包时经过的秒数；时间戳(微秒)字段精确到微秒(数据包被捕获时候的微秒数)；抓包长度字段表示当前数据区的长度，即抓取到的数据帧长度，由此可以得到下一个数据帧的位置；实际长度字段表示网络中实际数据帧的长度，一般不大于抓包长度，多数情况下和抓包长度数值相等。例如，实际上有一个包长度是 1500 字节(抓包长度 = 1500)，但是因为在 pcap 文件头中有"数据

包最大长度 = 1300"的限制，所以只能抓取这个包的前 1300 个字节(这个时候，实际长度 = 1300)。

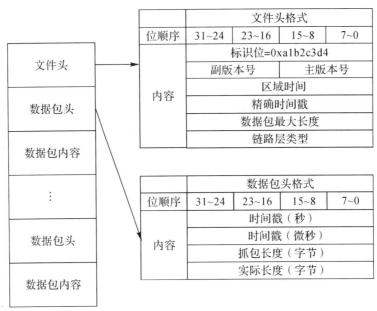

图 4.1　pcap 文件的格式

表 4.1　链路层类型编号与内容的对应关系

链路层类型编号	链 路 层 类 型
0	BSD loopback devices, except for later OpenBSD
1	Ethernet, and Linux loopback devices
6	802.5 Token Ring
7	ARCnet
8	SLIP
9	PPP
10	FDDI
100	LLC/SNAP-encapsulated ATM
101	"raw IP", with no link
102	BSD/OS SLIP
103	BSD/OS PPP
104	Cisco HDLC
105	802.11
108	later OpenBSD loopback devices (with the AF_value in network byte order)
113	special Linux "cooked" capture
114	LocalTalk

pcap 数据包里面就是链路层数据帧的具体内容，长度就是上述 pcap 数据包头中的实际长度，这个长度的后面存放的是当前 pcap 文件中下一个 Packet 数据包，也就是说，pcap 文件里面并没有规定捕获的 Packet 数据包之间有什么间隔字符串，下一组数据在文件中的起始位置，需要根据第一个 Packet 数据包确定。最后，Packet 数据部分的格式其实就是标准的 IP 网络协议格式，本书不再赘述。

网络协议解析是对数据包的内容进行解析，分析一个报文是由谁发给谁的，目的是什么。需要说明的是，在直接对实时数据流进行采集处理的系统中，要处理的流量包不是 pcap 文件，而是一个个的 IP 报文。解析这类报文时不需要处理 pcap 文件头部分。

4.1.2　基于 Wireshark 的网络协议解析

Wireshark[1]是一款常见的网络数据包分析工具。该软件可以在线采集各种网络数据包，分析数据包的详细信息，也可以离线分析已有的报文数据，如由 tcpdump/Win Dump、WireShark 等采集的报文数据。Wireshark 提供多种过滤规则，进行报文过滤。使用者可借助该工具的分析功能，获取多种网络数据特征。Wireshark 的工作界面如图 4.2 所示，下面将介绍其安装及运行流程。

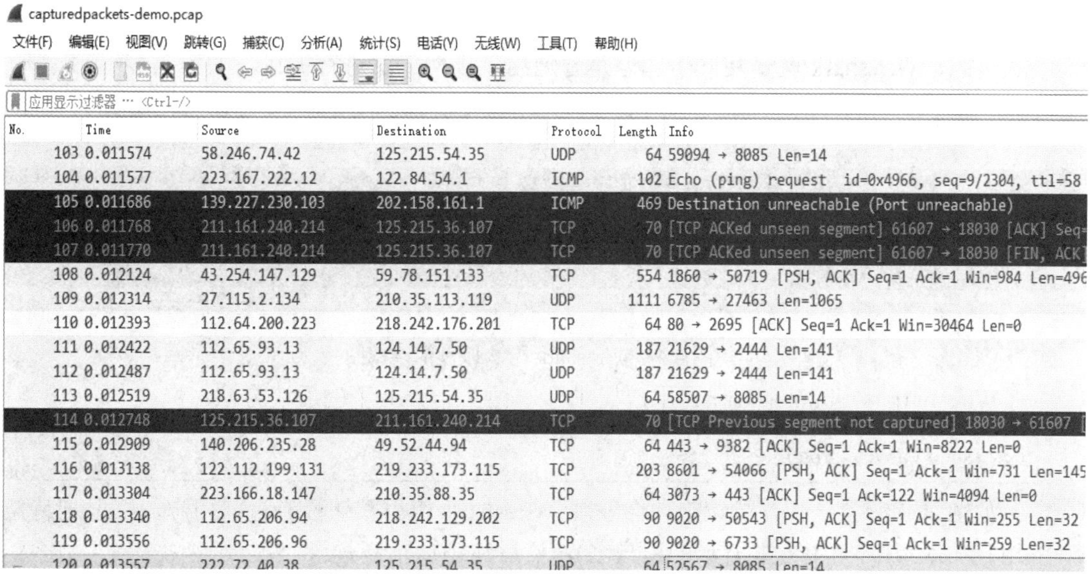

图 4.2　Wireshark 的工作界面

1. Wireshark 的安装

从 http://www.wireshark.org/download.html#releases 上下载 Wireshark 安装包并执行，即可在 Windows 上安装 Wireshark。除了普通的安装之外，还有几个组件供用户选择。安装过程中如果不了解设置的作用，尽量保持默认设置。

下面主要介绍在 ubuntu 16.04 下安装网络流量分析工具 Wireshark 的方法及问题解决。依次输入以下指令：

```
sudo apt-add-repository ppa:wireshark-dev/stable

sudo apt-get update

sudo apt-get install wireshark

sudo dpkg-reconfigure wireshark-common
```

中间要设置是否允许非超级用户进行抓包，默认设置是 No，这是因为出于安全方面的考虑，不允许普通用户打开网卡设备进行抓包，通常将其改为 Yes，如图 4.3 所示。

```
Dumpcap can be installed in a way that allow members of "wireshark"
System group to capture packets. This is recommended over the
Alternative of running Wireshark/Tshark directly as root,because less
of the code will run with elevated privileges.

For more detailed information please see
/usr/share/doc/wireshark-common/README.Debian.

Enabling this feature may be a security risk ,so it is disabled by
Default.If in doubt ,it is suggested to leave it disabled .

Should non-superusers be able to capture packets?


                    <Yes>              <No>
```

图 4.3　Wireshark 安装设置截图

至此，Wireshark 就安装好了，但是普通用户仍然无法进行抓包，如图 4.4 所示。

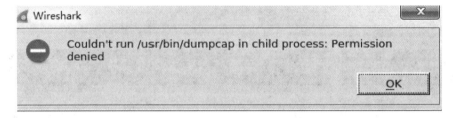

图 4.4　Wireshark 无法抓包错误截图

Wireshark 为 ubuntu(Debian)用户提供了一种在非 root 下的解决方法：

```
sudo vim /etc/group
```

如图 4.5 所示，打开组策略，会发现 Wireshark 组里默认没有任何用户，需要把特定的用户加入组中(图中方框所示的用户名)，然后注销后重新登录。

```
zhangjianpeng:X:1016:
xietian:X:1017:
ndsca1:X:1018:
caodongwei:X:1004:
huxinbang:X:1019:
mongodb:X:130:mongodb
wireshark:X:131:username
```

图 4.5　查看 Wireshark 组策略截图

上述过程通过依次执行下列指令实现：

```
sudo apt-get install libcap2-bin wireshark
sudo chgrp myusername /usr/bin/dumpcap     # myusername 是用户使用 Wireshark 的当前用户名
sudo chmod 750 /usr/bin/dumpcap
sudo setcap cap_net_raw,cap_net_admin+eip /usr/bin/dumpcap
```

接下来就可以以该用户来运行 Wireshark 实时抓取网络数据包了。进入/usr/bin/wireshark，输入 "./wireshark" 启动即可以该用户来运行 Wireshark 实时抓取网络数据包，如图 4.6 所示。Wireshark 成功启动后出现如图 4.7 所示的界面。

```
omnisky@omnisky:/usr/bin/wireshark
```

图 4.6　启动 Wireshark 的过程截图

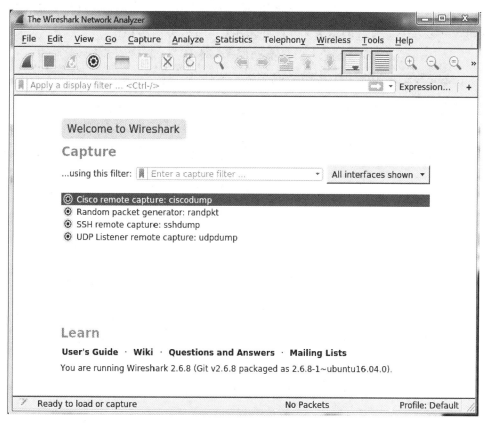

图 4.7　Wireshark 成功启动后的界面

2. 基于 Wireshark 的在线流量分析

对于实时进入 Wireshark 的数据包，直接双击就可以看见实时分析的结果。图 4.7 所示的是一个 TCP 的报文，Wireshark 已经解析出了源端口、目的端口、序列号等信息，选中每个属性信息还可以看到其在报文中对应的位置，如图 4.8 所示。

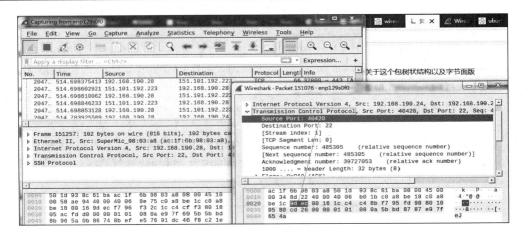

图 4.8　Wireshark 在线流量分析的截图

3. 基于 Wireshark 的离线流量分析

Wireshark 也可以对采集的 pcap 流量报文进行离线分析，只需通过选择菜单栏的 File →Open 就可以进入要打开的报文文件，如图 4.9 和图 4.10 所示。

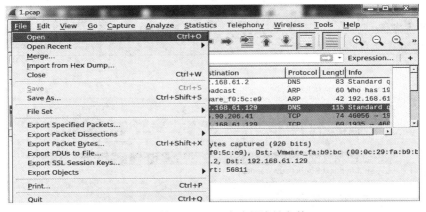

图 4.9　从 Wireshark 中选择流量文件

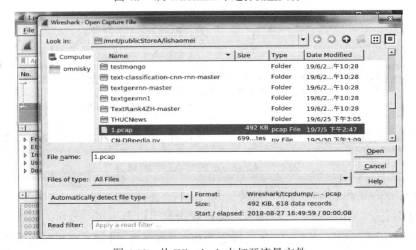

图 4.10　从 Wireshark 中打开流量文件

选中要分析的 pcap 文件后，就会进入和在线分析一样的界面，同样可以选中任一报文进行分析查看。

4.1.3　基于 Scapy 的网络协议解析

4.1.2 小节介绍了基于 Wireshark 工具进行报文解析的方法，该方法主要适用于项目启动阶段对少量的报文进行人为观察和分析。而在实际工程应用中，在对大量的报文进行实时或离线分析时，则需要借助开源的协议分析库编程实现。可用于网络协议解析的开源库有很多，如 Opendpi、Libcurl 等，本小节主要介绍基于 Python 的协议解析库 Scapy[2]。

Scapy 是一个强大的、用 Python 编写的交互式数据包处理程序，它能让用户发送、嗅探、解析，以及伪造网络报文，从而侦测、扫描和向网络发动攻击。它可以代替 hping、arpspoof、arp-sk、arping、p0f 甚至是部分的 nmap、tcpdump 和 tshark 的功能。大家所熟悉的网络协议 ARP、BOOTP、Dot1Q、DHCP、DNS、GRE、HSRP、ICMP、IP、NTP、RIP、SNMP、STP、PPPoE、TCP、TFTP、UDP 等，Scapy 都可以解析。下面分别介绍其安装和使用过程。

1. Scapy 的安装

Scapy 一般与针对 HTTPS 进行解析的 scapy-ssl_tls，以及针对 HTTP 进行解析的 scapy-http 配合使用。这三个库在 Linux 下的安装很方便，支持 pip 的安装方式。需要注意的是，最先安装 scapy-ssl_tls 这个库，命令如下：

```
pip install scapy-ssl_tls
```

它会自动安装上相应的依赖库，包括 Scapy。最后安装 scapy-http。

上述是在 Linux 下的安装方式。在 Windows 下的安装相对比较复杂，首先需要安装以下软件包：

(1) Python：可以是 Python 2.7.X 或 Python 3.4+版本。安装后，将 Python 安装目录及其 Scripts 子目录添加到 path。根据用户的 Python 版本，默认值分别是 C:\Python27 和 C:\Python27\Scripts。

(2) Npcap：需要最新的版本，安装过程中选默认设置。

(3) Scapy：需要来自 Git 仓库的最新开发版本。解压缩安装包，打开命令窗并运行 python setup.py install。

安装所有软件包后，打开命令窗(cmd.exe)，然后键入"scapy"运行 Scapy。如果事先正确设置了 path，程序将会在 C:\Python27\Scripts 目录中找到一个批处理文件，并指导 Python 解释器加载 Scapy。

2. Scapy 的使用

Scapy 以及其他两个库都是开源软件，文档很少，如果要查看用法，基本上都是直接查看代码，但是这三个库的源码包里都存在 examples 目录，里面有大量的例子，参照这些例子可以实现自己的算法。

下面列出一些关键的函数，参照这些函数可以基本上实现大部分逻辑功能。

(1) rdpcap()：读取 pcap 文件。

(2) haslayer()：判断当前流是否含有某层数据。

(3) getlayer()：根据条件获取数据。

示例 4.1 是解析某个 pcap 中 TCP 协议的 flags 字段的例子。

示例 4.1：基于 Scapy 的报文解析。

```
#coding:utf-8
from scapy.all import *


def processCap(fileName):
    packet=rdpcap(fileName)
    res_key=os.path.basename(fileName)
    res={}
    resList=[]
    #only process client hello packet
    for item in packet:
        if item.haslayer(TCP):
            tcp = item.getlayer(TCP)
            if tcp.haslayer(TCP):
                resList.append(tcp.getlayer(TCP).flags)
            res[res_key] = resList
    print(res)
    return res


if __name__ == '__main__':
    processCap("C:\\Users\\May\\Downloads\\1.pcap")
```

运行结果如图 4.11 所示。

```
D:\Software \Anaconda3\python.exe.F:/lsm/书-20190622/scapytest1.py
{※1.pcap※:[<Flag 2 (S)>,<Flag 18(SA)>,<Flag 16(A)>,<Flag 16(A)>,<Flag 24(PA)>,<Flag 16(A)>]}

Process finished with exit code 0
```

图 4.11 Scapy 解析报文结果截图

这个会话的头两个 TCP 报文的 flags 分别是：2(SYN)表示一方发起建立连接，18(SYN，ACK)表示另一方响应，并且建立连接；后续的 16 是 ACK 响应，24 是 PSH(有报文数据在传输)。

4.2 数 据 清 洗

虽然爬虫获取的数据和经过上述协议解析获取的网络流数据已经具有清晰的属性，但这些数据通常仍不能直接送入系统中进行建模分析，首要原因就是网络数据可能有多种来源，不可避免地存在字段缺失、格式错误、格式不统一等数据质量差的问题，比如说采集的微博用户个人描述信息，有人生日填的是某年某月某日，有人填的是某月某日。基于网络数据进行用户行为分析的第一步就是要进行数据清洗，其主要包括三个步骤，即去除/填充有缺失的数据，逻辑错误清洗，关联性验证。

4.2.1　去除/填充有缺失的数据

对于缺失的数据，可以根据属性的重要程度和缺失率综合进行分析，针对不同情况采取有效的处理。如图 4.12 所示，对于缺失的数据可采用去除和填充两种方法。

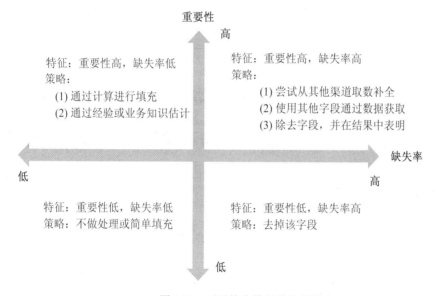

图 4.12　对于缺失数据的处理策略

1. 去除方法

去除主要适用于样本数很多，并且出现缺失值的样本占整个样本的比例相对较小的情况。

2. 填充方法

填充的方法有以下几种。

(1) 固定值填充法。选取某个固定值/默认值来填充缺失值。

假设数据存在 data.csv 的文件里，首先将数据读取出来，然后判断里面的缺失值，用固定值填充，如示例 4.2 所示。

示例 4.2：缺失值用固定值填充。

```
import pandas as pd
data = pd.read_csv('data.csv', encoding='utf-8')    #读取数据集，编码格式根据具体的数据而定
data.fillna(0, inplace=True)                        #填充 0
```

---

(2) 均值填充法。对每一列中的缺失值，填充本列的均值。具体如示例 4.3 所示。

示例 4.3：缺失值用均值填充。

```
import pandas as pd
```

```
data = pd.read_csv('data.csv', encoding='utf-8')      #读取数据集，编码格式根据具体的数据而定
data.fillna(data.mean(), inplace=True)                #填充均值
```

(3) 中位数填充法。对每一列中的缺失值，填充本列的中位数。具体如示例 4.4 所示。

示例 4.4：缺失值用中位数填充。

```
import pandas as pd
data = pd.read_csv('data.csv', encoding='utf-8')      #读取数据集，编码格式根据具体的数据而定
data.fillna(data.median(), inplace=True)              #填充中位数
```

(4) 众数填充法。对每一列的缺失值，填充本列的众数。如果某列缺失值过多，可能会出现众数为 nan 的情况，所以通常会取每列删除掉 nan 值后的众数。具体如示例 4.5 所示。

示例 4.5：缺失值用众数填充。

```
import pandas as pd
data = pd.read_csv('data.csv', encoding='utf-8')      #读取数据集，编码格式根据具体的数据而定
data.fillna(data.mode(), inplace=True)                #填充众数
```

(5) 上下条数据填充法。对每一条数据的缺失值，填充其上下条数据的值。具体如示例 4.6 所示。

示例 4.6：缺失值用上条数据填充。

```
import pandas as pd
data = pd.read_csv('data.csv', encoding='utf-8')      #读取数据集，编码格式根据具体的数据而定
data.fillna(method='bfill', inplace=True)             #用相邻前面的值填充后面的空值
```

(6) 插值填充法。用插值法拟合出缺失的数据，然后进行填充。具体如示例 4.7 所示。

示例 4.7：缺失值用插值填充。

```
import pandas as pd

data = pd.read_csv('data.csv', encoding='utf-8')      #读取数据集，编码格式根据具体的数据而定
features = []
for x in data.columns:                                #取特征
    features.append(x)
for f in features:                                    #插值填充
    data[f] = data[f].interpolate()
data.dropna(inplace=True)
```

(7) KNN 数据填充法。工程实践中，常使用 fancyimpute 第三方包填充邻近的数据。可以利用 KNN 计算邻近的 k 个数据的均值进行填充，或使用 fancyimpute 提供的其他填充方法。具体如示例 4.8 所示。

示例 4.8：使用 KNN 对缺失值进行填充。

```
import pandas as pd
```

```
from fancyimpute import BiScaler, KNN, NuclearNormMinimization, SoftImpute

data = pd.read_csv('data.csv', encoding='utf-8')        #读取数据集，编码格式根据具体的数据而定
features = []
for x in data.columns:                                  #取特征
    features.append(x)
data = pd.DataFrame(KNN(k=6).fit_transform(data), columns=features)
```

总的来说，缺失数据处理是一项复杂的工作，需要根据具体情况灵活分析，下面总结了一些典型缺失数据的处理方法。

"年收入"——商品推荐场景下填充平均值，借贷额度场景下填充最小值；

"行为时间点"——填充众数；

"价格"——商品推荐场景下填充最小值，商品匹配场景下填充平均值；

"人体寿命"——保险费用估计场景下填充最大值，人口估计场景下填充平均值；

"驾龄"——没有填写这一项的用户可能是没有车，此处填充 0 较为合理；

"本科毕业时间"——没有填写这一项的用户可能是没有上大学，此处填充正无穷比较合理；

"婚姻状态"——没有填写这一项的用户可能对自己的隐私比较敏感，应单独设为一个分类，如已婚 1、未婚 0、未填-1。

4.2.2　逻辑错误清洗

本小节介绍的主要内容是去掉一些使用简单逻辑推理就可以直接发现问题的数据，防止对分析结果产生误导，其主要包含以下几个步骤：

(1) 去除不合理值。

举例而言，比如有微博用户填写个人信息时，年龄填 200 岁，年收入填 100 000 万(估计是没看见"万"字)，这些不合理值通常可以用箱形图(Box-plot)来发现，具体处理上，要么删掉，要么按缺失值处理。

(2) 修正矛盾内容。

有些字段是可以互相验证的，例如：身份证号是 1101031980XXXXXXXX，然后年龄填 18 岁。这种情况下，需要根据字段的数据来源判定哪个字段提供的信息更为可靠，去除或重构不可靠的字段。

逻辑错误除了以上列举的情况，还有很多未列举的情况，在实际操作中要酌情处理。另外，这一步骤在之后的数据分析建模过程中有可能需要重复，因为即使问题很简单，也并非所有问题都能够一次找出，能做的就是使用工具和方法，尽量减少问题出现的可能性，使分析过程更为高效。

4.2.3　关联性验证

如果网络用户的数据有多个来源，那么有必要进行关联性验证。例如，同时获取了用户 A 在微博和知乎的注册信息，其中昵称、性别、省份等信息都一样，但是年龄信息不一

致，那么就需要结合其他的上网线索进行选择或者直接去除。

4.3 特征数据的处理

4.3.1 定性特征的处理方法

4.2 节介绍了对原始网络数据的处理方法，这节将介绍如何把这些原始数据转换成特征，即将数据属性转换为数据特征的过程。原始数据的属性大体可以分成四类：标称的、二元的、序数的或数值的，其中，标称、二元和序数属性都是定性的，即它们能够描述对象的特征，而不能给出实际大小或数量。为了便于建模和计算，需要把这些特征进行处理，将其转换成具体的数字。下面将介绍将不同类型的数据属性转换成数字的处理方法。

1. 标称属性的处理方法

标称意味与"名称"有关。标称属性(Nominal Attribute)的值是一些符号或事物的名称，每个值代表某种类别、编码或状态，因此标称属性又被看作是分类的(categorical)。这些值不必具有有意义的序。在计算机科学中，这些值也被看作是枚举的(enumeration)。例如：hair_color(头发颜色)、marital_status(婚姻状态)、occupation(职业)标称值并不具有有意义的顺序，且不是定量的。因此，对于给定对象集，找出这些属性的均值、中值没有意义。

对于这类特征，通常可以使用 One-hot(也称 One-of-k)编码方法把每个无序特征转化为一个数值向量。比如一个无序特征 Color 有三种取值：Red、Green、Blue，这些取值之间并无大小顺序关系，因此可以用一个长度为 3 的向量来表示它，向量中的各个值分别对应于 Red、Green、Blue，如表 4.2 所示。

表 4.2　颜色的 One-hot 编码表

颜　色	向量表示
Red	(1, 0, 0)
Green	(0, 1, 0)
Blue	(0, 0, 1)

这种 One-hot 编码方法其实就是自然语言处理(NLP)中词袋模型的一种。变换后的向量长度对应于词典长度，每个词对应于向量中的一个元素。

2. 二元属性的处理方法

二元属性(Binary Attribute)是一种标称属性，只有两个类别或状态：0 和 1，其中 0 通常表示该属性不出现，而 1 表示出现。如果两种状态对应于 True 和 False，则二元属性又可称为布尔属性。一个二元属性是对称的，即它的两种状态具有相同价值并且携带相同的权重，关于哪个结果应该用 0 或 1 编码并无偏好，比如性别：男/女。

3. 序数属性的处理方法

序数属性(Ordinal Attribute)的取值之间具有一定意义的序或秩评定(ranking)，但是相继值之间的差是未知的。比如，尺寸(大、中、小)、客户价值(高、中、低)、职称(助教、讲师、副教授、教授)。序数还可能是将数值量的值域划分为有限个有序类别,把数值属性离散化而来的。

序数属性特征的惯用处理方法是将属性的不同类型编成相应的序数编码。假定出行坐商务座的人购买奢侈品的概率最大,坐一等座的人比坐二等座的人购买的概率更大,这符合一般逻辑。因此,在分析用户购买奢侈品的行为时,可以对乘坐的火车座位类别进行编码,如表 4.3 所示。

表 4.3　火车座位类别的编码表

火车座位的类别	编　码
商务座	1
一等座	2
二等座	3

4. 数值特征的处理方法

上述介绍的是对数据中定性属性的处理方法,与此相对的是数值特征,这类数据通常不能直接用于建模和运算,而是需要进行预处理,下面就介绍数值特征的处理方法。

1) 标准化

常用的标准化方法是 Z-score 标准化,经过处理后的数据均值为 0,标准差为 1,处理方法为

$$x' = \frac{x - \mu}{\sigma} \tag{4.1}$$

其中: x' 是标准化后的特征; x 是原始特征值; μ 是样本均值; σ 是样本标准差。它们可以通过现有样本进行估计。该方法在已有样本足够多的情况下比较稳定,适合当前主流的大数据场景。

2) 区间缩放法

区间缩放法又称 min-max 标准化法,是通过对原始数据进行线性变换把数据映射到 [0, 1] 之间,其变换函数为

$$x' = \frac{x - x_{\min}}{x_{\max} - x_{\min}} \tag{4.2}$$

其中: $x_{\min}$ 是样本中的最小值; $x_{\max}$ 是样本中的最大值。注意在数据流场景下,最大值与最小值是变化的。另外,最大值与最小值非常容易受异常点影响,所以这种方法的鲁棒性较差,只适合传统精确小数据场景。

Z-score 标准化法和 min-max 标准化法都是常用的归一化方法。

3) 离散化

数值特征的取值分布可能是离散的,也可能是连续的(通常是浮点型),有的场合(比如广告点击率预测)最适合用线性分类器来分类预测,但是采集到的 Y 和 X 是非线性的关系,因此需要对 X 做离散化,使离散化后的单值 X 变成一个向量,然后进一步训练这个向量和 Y 之间的线性模型。

常用的离散化方法包括区间标度和比率标度。

(1) 基于区间标度的离散化。基于区间标度(interval-scaled)的离散化是指用相等的单位

尺度对特征进行划分，将所属的区间作为其离散值。区间属性的值有序，可以比较和定量评估值之间的差。比如，温度(摄氏度和华氏度)属性是区间标度的，但不能说一个温度值是另一个的倍数。例如，不能说 10 摄氏度比 5 摄氏度温暖 2 倍。

(2) 基于比率标度的离散化。基于比率标度(ratio-scaled)的离散化适用于具有固有零点的数值，比如重量、高度、速度等。转换成比率标度后，可以说一个值是另一个值的倍数(比率)。

4.3.2　时间型特征的处理方法

时间是理解很多场景的重要要素，通过各种渠道获取的原始数据中的时间主要是绝对日期的形式，如 2019-06-26。

但是我们在分析用户行为时，是不适合直接采用绝对日期的，如在预测一个用户是否会在某天的 8 点到 10 点间访问某视频网址时，这一天是不是节假日才是关注的重点。所以对时间型特征，通常会根据具体的日期提取出一些时间要素，比如 dayOfyear(一年中的哪一天)、seasonOfyear(一年中的哪个季度)、monthOfyear(一年中的哪个月)、weekOfyear(一年中的哪一周)、dayOfmonth(一个月中的哪一天)、dayOfweek(一个星期中的哪一天)等。

4.3.3　文本型特征的处理方法

媒体内容也是分析用户行为的重要线索，网络中的媒体主要有语音、文本、图像和视频这几种类型，其中对于语音、图像和视频，通常用连续语音识别、图像描述生成、目标检测、视频描述生成等方法将其转换成语义文本，然后和文本内容在同一语义空间进行理解，所以这里只介绍文本型特征的处理方法[3]。

对文本信息的处理属于 NLP 的范畴，文本里最细粒度的是词语，词语组成句子，句子再组成段落、篇章、文档，所以首先介绍词语的特征。

(1) One-hot 编码：又称独热编码、一位有效编码。其方法是使用 N 位状态寄存器来对 N 个状态进行编码，每个状态都有它独立的寄存器位，并且在任何时候，其中只有一位有效。在 NLP 里，比如有一句话"我喜欢早起"，切分成 3 个词{我，喜欢，早起}，那么这 3 个词的编码分别是：我{1, 0, 0}，喜欢{0, 1, 0}，早起{0, 0, 1}。One-hot 编码只能区分每个词语，不能体现各个词的重要性及词与词间的关系，为此，研究人员又提出了 TF-IDF 特征和词嵌入特征。

(2) TF-IDF 特征：是一种统计方法，用以评估一个字词对于一个文件集或一个语料库中一份文件的重要程度。字词的重要性随着它在文件中出现的次数成正比而增加，但同时会随着它在语料库中出现的频率成反比而下降。TF-IDF 特征计算可参见本书第 3 章的公式(3.4)和公式(3.5)。

(3) 词嵌入特征：将每个词语映射到一个低维(通常 300～500 维)的向量空间，根据映射后的向量就可以知道两个单词间的相似度，比如苹果和橙子间的相似度很高。典型的词嵌入有 Word2vec 和 Glove。Google 和百度都开发了训练好的 Word2vec，用户下载(下载地址：https://github.com/danielfrg/word2vec)后查表就可以调用。

接下来介绍句子及文章的特征，下列方法既适用于句子也适用于文章。

(4) 词袋：文本数据预处理后，去掉停用词，剩下的词组成的列表，在预先定义好的词典上根据出现的频次映射成稀疏向量。比如说有两句话，"我喜欢早起"和"他喜欢小动物"，分词后的结果分别为"我/喜欢/早起"和"他/喜欢/小动物"，两句话一共是 5 个词组成的词典{我，他，喜欢，早起，小动物}，那么这两句话的词袋特征分别为[1,0,1,1,0]和[0,1,1,0,1]。

(5) 把词袋中的词扩充到 n-gram：n-gram 代表 n 个词的组合。比如"我喜欢你""你喜欢我"这两句话如果用词袋表示，则分词后包含相同的三个词，组成一样的向量"我 喜欢 你"。显然两句话不是同一个意思，用 n-gram 可以解决这个问题。如果用 2-gram，那么"我喜欢你"的向量中会加上"我喜欢"和"喜欢你"，"你喜欢我"的向量中会加上"你喜欢"和"喜欢我"，这样就区分开了。

(6) 基于注意力机制的词嵌入组合：单词的词嵌入组合也能构成句子或文章的词嵌入特征，常用的组合方法是基于深度神经网络训练注意力机制的权重，利用这些权重来对单词的词嵌入进行融合，最终得到的句子或文章的特征也是一个低维的向量。

4.3.4　组合特征分析

对原始数据中的各属性信息，除了可以利用上述方法将每个特征转换成对应的数值特征外，还可以综合多个原始属性得到更高层的语义特征。

常见的组合特征方法主要有拼接法和建模法。

1. 拼接法

可使用特征拼接法简单地构建组合特征。例如，图 4.13 中使用身高和体重拼接成 BMI 指数，用以判断是否肥胖；为评价一个人在网络课程中的积极性，可以将资料完善度、社区活跃度、作业完成度、考试得分率等因素综合拼接为组合特征。

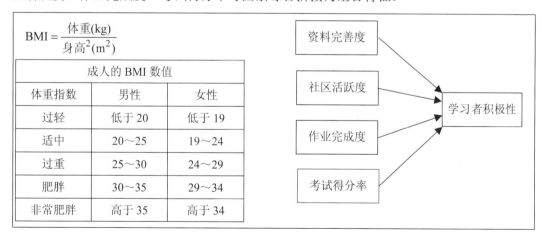

图 4.13　组合特征示意图

2. 建模法

特征的自动学习，指将原始数据或一些简单特征作为模型的输入，通过模型的训练过程，让模型自动完成特征学习的过程。

可用于特征生成的模型,包括传统的主题模型 LDA、Word2vec,以及 CNN、RNN 等深度神经网络模型,这些模型训练的中间结果,比如 LDA 的主题分布、Word2vec 生成的词向量,以及深度神经网络各层的特征图都是自动提取的特征。

4.4　特　征　选　取

实际应用中,特征数量往往较多,但是通常对原始数据的所有属性直接进行学习,并不能很好地找到数据的潜在趋势。一是特征个数越多,分析特征、训练模型所需的时间就越长;二是特征个数越多,越容易引起"维度灾难",模型也会越复杂,其推广能力会下降。为此,通常会利用特征选取剔除不相关(irrelevant)或冗余(redundant)的特征,从而达到减少特征个数,提高模型精确度,减少运行时间的目的。另外,选取出真正相关的特征简化了模型,使分析人员易于理解数据产生的过程。特征选取具体是根据自变量和目标变量之间的关联,通过分析特征子集内部的特点来衡量其好坏的,然后选择排名靠前的特征,比如前 10%,或前 10 个,或相关系数大于预设阈值,从而达到特征选取的目的。特征选取主要有两个判别准则:

(1) 特征是否发散:如果一个特征不发散,例如方差接近于 0,即样本在这个特征上基本没有差异,则这个特征对于样本的区分并没有起到作用。

(2) 特征与目标的相关性:与目标相关性高的特征,应当优先选择。除方差法外,介绍的其他方法均从相关性考虑。

根据特征选取的形式又可以将特征选取方法分为过滤式(Filter)方法、包裹式(Wrapper)方法和嵌入式(Embedded)方法三种,下面分别对其进行介绍。

4.4.1　过滤式(Filter)方法

Filter 方法的基本原理是设计一个过滤方法进行特征选取,而这个过滤方法就是设计一个"相关统计量"对特征进行计算,最后设定一个阈值进行选取。常用的相关统计量有以下四种。

1. 方差选择法

使用方差选择法,先要计算各个特征的方差,然后根据阈值或者待选择阈值的个数,选择方差大于阈值的特征。

2. 相关系数法

使用相关系数法,先要计算各个特征对目标值的相关系数以及相关系数的 P 值。

3. 卡方检验法

卡方检验法是检验定性自变量对定性因变量的相关性。假设自变量有 N 种取值,因变量有 M 种取值,考虑自变量等于 i 且因变量等于 j 的样本频数的观察值与期望的差距,构建统计量:

$$\chi^2 = \sum \frac{(A-E)^2}{E} \tag{4.3}$$

这个统计量的含义简而言之就是自变量对因变量的相关性。选择卡方值排在前面的 K 个特征作为最终的选取特征。

4. 互信息法

互信息法是评价定性自变量对定性因变量的相关性的方法。互信息计算公式如下：

$$I(X;Y) = E[I(x_i, y_j)] = \sum_{x_i \in X} \sum_{y_i \in Y} p(x_i, y_i) \log \frac{p(x_i, y_i)}{p(x_i)p(y_i)} \tag{4.4}$$

同理，选择互信息排列靠前的特征作为最终的选取特征。

4.4.2 包裹式(Wrapper)方法

4.4.1 小节介绍的 Filter 方法主要用于对单个特征进行分析、选择，本小节介绍的 Wrapper 方法和 4.4.3 小节介绍的 Embedded 方法都是建立在基于模型的基础之上的特征选取方法，所以都称为顶层特征选取算法。

1. 稳定性选取法

稳定性选取法(Stablility Selection)是一种基于二次抽样和选取算法相结合的方法，选取算法可以是回归、SVM 或其他类似方法。它的主要思想是在不同的数据子集和特征子集上运行特征选取算法，不断地重复，最后对选取结果进行汇总。比如说统计某个特征被认为是重要特征的频率。理想情况下，重要特征的得分会接近 100%，最无用特征的得分趋于 0，其他特征的得分是非 0 的数。

该类方法又称为随机稀疏模型(Randomized Sparse Models)。基于 L_1 的稀疏模型的局限在于，当面对一组互相关特征时，它们只会选择其中一项特征。为了避免该问题，可以采用随机化技术，通过多次重新估计稀疏模型来扰乱设计矩阵，或者通过多次下采样来统计一个给定的回归量被选中的次数。

2. 递归特征消除法

递归特征消除法(Recursive Feature Elimination, RFE)的主要思想是反复构建模型(SVM 或者回归模型)，然后选出最好的(或者最差的)特征，把选出的特征放到一边，在剩余的特征上重复这个过程，直到所有的特征都被遍历。这个过程中特征被消除的次序就是特征的排泄，因此，这是一种寻找最优特征子集的贪心算法。

递归特征消除法的稳定性很大程度上取决于在迭代的时候底层到底用哪种模型。例如，如果 RFE 采用的是普通的回归，而没有经过正则化的回归是不稳定的，那么 RFE 就是不稳定的；如果 RFE 采用的是 Ridge，而用 Ridge 正则化的回归是稳定的，那么 RFE 就是稳定的。

4.4.3 嵌入式(Embedded)方法

1. 基于惩罚项的特征选取法

使用带惩罚项的基模型，除了筛选出特征外，同时也进行了降维。由于 L_1 范数有筛选特征的作用，因此，训练过程中如果使用了 L_1 范数作为惩罚项，就可起到特征筛选的效果。

2. 基于树模型的特征选取法

训练能够对特征打分的预选模型 GBDT、RandomForest 和 Logistic Regression 等，都能对模型的特征打分，通过打分获得相关性后再训练最终模型。

4.5 网络行为分析的特征提取案例

以优惠券盘活老用户或吸引新客户进店消费是电商的一种重要的网络营销方式，然而随机投放的优惠券可能会对多数用户造成无意义的干扰，对商家而言，滥发的优惠券可能降低品牌声誉，同时难以估算营销成本。个性化投放是提高优惠券核销率的重要技术，它可以让具有一定偏好的消费者得到真正的实惠，同时赋予商家更强的营销能力。本节所述案例就是希望通过对消费者历史消费数据的分析建模，精准预测领取优惠券的用户是否会在规定的时间内使用相应优惠券，以此帮助商家实现精准投放。结合本章的内容，本节主要介绍如何针对该任务，进行有效的特征提取。

具体需求：根据某电商平台过去 6 个月(2019 年 1 月～6 月)用户消费中使用优惠券的情况，预测本月(2019 年 7 月)用户消费中使用优惠券的情况。

4.5.1 数据理解与分析

"Data is King"即数据之王。在进行数据挖掘时，首先要对原始数据有充分的理解，对原始数据的属性进行观察，分析其数据分布，甚至进一步推测原始数据的每个属性和最终任务的相关关系。表 4.4 给出了部分原始数据(1 月～6 月的消费数据)的样例。

表 4.4 原始数据各字段及其说明

字段名	说 明
User_id	用户 ID
Merchant_id	商户 ID
Coupon_id	优惠券 ID
Discount_rate	折扣比率，x in [0,1]代表折扣率；x:y 代表满 x 减 y，单位是元
Distance	User 经常活动的范围到这家 Merchant 最近门店的距离为 x×500 米，x 的范围是 [0, 10]，0 表示小于 500 米，10 表示大于 5 千米
Date_received	领取优惠券的日期
Date	消费日期，如果 Date=non&Coupon_id!=non，则表示领取优惠券但没有使用；如果 Date=!non&Coupon_id!=non，则表示用优惠券消费的日期

部分训练数据示例如表 4.5 所示。

表 4.5　部分训练数据示例

User_id	Merchant_id	Coupon_id	Discount_rate	Distance	Date_received	Date
1439408	2632	non	non	0	non	20190217
1439408	4663	11002	150:20	1	20190528	non
1439408	2632	8591	20:01	0	20190217	non
1439408	2632	1078	20:01	0	20190319	non
1439408	2632	8591	20:01	0	20190613	non
1439408	2632	non	non	0	non	20190516

注：non 表示无此消息。

预测数据(本月的消费数据)见表 4.6 和表 4.7。

表 4.6　预测数据各字段及其说明

字段名	说　　明
User_id	用户 ID
Merchant_id	商户 ID
Coupon_id	优惠券 ID
Discount_rate	折扣比率，x in [0,1]代表折扣率；x:y 代表满 x 减 y，单位是元
Distance	User 经常活动的范围到这家 Merchant 最近门店的距离为 x×500 米，x 的范围是[0,10]，0 表示小于 500 米，10 表示大于 5 千米
Date_received	领取优惠券的日期

表 4.7　预测数据示例

User_id	Merchant_id	Coupon_id	Discount_rate	Distance	Date_received
4129537	450	9983	30:05	1	20190712
6949378	1300	3429	30:05	non	20190706
2166529	7113	6928	200:20:00	5	20190727
2166529	7113	1808	100:10	5	20190727
6172162	7605	6500	30:01	2	20190708

注：non 表示无此消息。

数据质量检查包括以下两种：

(1) 数据缺失。预测数据中有 Distance 的数值为 non 的记录(见表 4.7 第 3 行)，对于这部分记录，我们统一填充为 0，即这家店铺离用户日常活动的范围很近，这实际上是加大了用户消费的概率，因为我们的任务是要预测用户是否会使用优惠券，以此来指导商家优惠券的投放。很明显，把不会使用的用户预测成会使用的情况要好于把会使用的用户预测成不会使用的情况。预测结果对商家的影响如表 4.8 所示。

表 4.8　预测结果对商家的影响

预测情况	真实情况	
	使　　用	不　使　用
使用	—	商家多投放了优惠券
不使用	商家损失了一单生意	—

(2) 数据格式错误。在表 4.4 Discount_rate 属性项的说明里说的是 x:y 代表满 x 减 y，单位是元，但是在表 4.7 中的第 4 行中，Discount_rate 属性项显示的是 a:b:c 的形式，可以判断此为格式错误，需去除多余的 c，修正为 a:b 的形式。

4.5.2 特征预处理

1. 去除无意义的信息

删除原始训练数据中 Coupon_id 为 non 的记录，因为这类记录肯定是没有使用优惠券的，没有信息量。

删除训练数据和预测数据中的 Coupon_id 属性列，因为观察发现它主要反映的是哪家商铺的什么种类的优惠券，而商铺信息有 Merchant_id 属性项，优惠类别信息在 Discount_rate 属性项里描述得更详细，因此可将其删除。

2. One-hot 编码

首先根据前面介绍的标称属性的处理方法，将 User_id、Merchant_id 这些没有大小关系的标称属性用 One-hot 进行编码。

3. 格式统一和标准化

原始数据中的 Discount_rate 属性项有两种格式，为了方便后续的处理，把这一列拆成两列，即 Discount_rate 和 Discount_reduction，分别代表直接折扣和满减折扣。对于原始数据中 Discount_rate 属性为小数的记录，其 Discount_rate 列为原始值，Discount_reduction 列为 0；对于原始数据中 Discount_rate 属性为 x:y 形式的记录，其 Discount_rate 列为 0，Discount_reduction 列为原始值。

经过上述预处理后，表 4.5 中的 6 行数据可转换成 4 行，如表 4.9 所示。

表 4.9　转化后的数据示例

User_id	Merchant_id	Coupon_id	Discount_rate	Discount_reduction	Distance	Date_received	Date
[0,0,0,···,1,···,0,0,0,···]	[0,0,1,···,0,0,0,···]	11002	0	150:20	1	20190528	non
[0,0,0,···,1,···,0,0,0,···]	[0,0,0,···,1,0,0,0]	8591	0	20:01	0	20190217	non
[0,0,0,···,1,···,0,0,0,···]	[0,0,0,···,1,0,0,0]	1078	0	20:01	0	20190319	non
[0,0,0,···,1,···,0,0,0,···]	[0,0,0,···,1,0,0,0]	8591	0	20:01	0	20190613	non

4.5.3 特征联想

如上所述，原始数据中每条消费记录只有 7 个属性项，去除无关的 Coupon_id 项后，只有 6 个属性项，即六维特征。很明显，想直接基于这六维特征进行预测是很困难的。为此，从用户在店铺的消费习惯、用户使用优惠券的习惯、店铺的用户使用优惠券的习惯、领优惠券日期的时间元素、优惠券的折扣力度等角度展开多维联想，构建如图 4.14 所示的需要提取的典型特征。

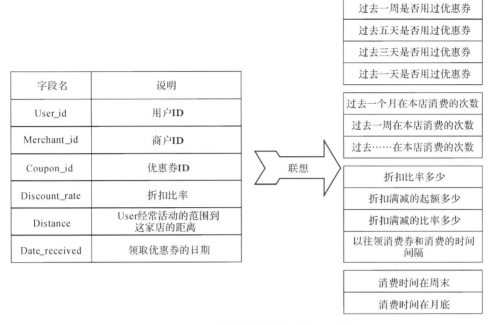

图 4.14　基于原始数据的特征联想示意图

1. 用户在店铺的消费习惯

用户在店铺消费习惯的主要特征包括：过去一个月在这家店消费的次数，过去一周在这家店消费的次数，过去五天在这家店消费的次数，过去三天在这家店消费的次数……(具体的时间力度还可以根据需要进行调整)。

2. 用户使用优惠券的习惯

用户使用优惠券习惯的主要特征包括：

(1) 过去一周是否用过优惠券，过去五天是否用过优惠券，过去三天是否用过优惠券，过去一天是否用过优惠券……(具体的时间力度还可以根据需要进行调整)；

(2) 过去一周使用这家店优惠券的次数，过去五天使用这家店优惠券的次数，过去三天使用这家店优惠券的次数……(具体的时间力度还可以根据需要进行调整)。

(3) 过去一个月用户用满减券的概率，过去一周用户用满减券的概率，过去五天用户用满减券的概率，过去三天用户用满减券的概率，过去一个月用户用打折券的概率，过去一周用户用打折券的概率，过去五天用户用打折券的概率，过去三天用户用打折券的概率(主要考虑有些用户会觉得满减券要凑够一定的金额才能使用，比较麻烦)。

(4) 以往领优惠券和消费的时间间隔最大是多少，以往领优惠券和消费的时间间隔最小是多少，以往领优惠券和消费的时间间隔平均是多少。

需要说明的是：前两项特征的主要区别在于，考虑有些商家可能会有限制同一用户一段时间内使用优惠券的频度。

3. 店铺的用户使用优惠券的习惯

店铺的用户使用优惠券习惯的主要特征包括：过去一个月这家店的客户使用优惠券的比例，过去一周这家店的客户使用优惠券的比例，过去五天这家店的客户使用优惠券的比例,过去三天这家店的客户使用优惠券的比例……(具体的时间力度还可以根据需要进行调整)。

4. 领优惠券日期的时间元素

领优惠券日期的时间元素主要帮助判断领优惠券的日期是星期几、领优惠券的日期是一个月的哪一天。

5. 优惠券的折扣力度

如果是折扣比率的,直接看比率大小;如果是满减的,同时考虑满减的起额和满减后的最大折扣比率。

需要说明的是:这里对这两种折扣方式区别对待,一是满减的使用跟消费金额有关,就是使用受限;二是有些顾客不愿意为了满减凑消费金额。总的来说,在折扣力度相当的情况下,直接的折扣券肯定比满减券更有诱惑力。

从上述分析可以看出,需要用到的基本特征包括用户特征和店铺特征,此外,还需要定义客户和店铺的交互特征,如图 4.15 所示。

图 4.15 特征联想示意图

4.5.4 特征提取

根据上述分析,构建如图 4.16 所示的 34 维特征。这 34 维特征中前 8 个属于静态特征,可以根据当前记录的数据直接获取,其他特征都是动态特征,需要综合其他历史记录的信息计算得到。在刻画微博用户的过程中,用户注册时填写的基本属性信息是相对静态的特征,而点赞、评论、转发等用户行为则是捕获动态特征的重要数据来源。在用户行为分析中,仅使用静态特征有很大的局限性:一是实时性不够,用户受周围环境、其他用户等的影响,很可能会改变其消费偏好;二是仅凭用户属性很难将用户与具体的店铺建立联系(如很难判断某个店铺是否会被某年龄段的用户喜欢)。因此,分析用户行为时需要综合静态特征和动态特征。

变量名	变量解释	变量名	变量解释
User_id	用户ID	Coupon_merchant_cnt_5d	过去五天使用这家优惠券的次数
Merchant_id	商家ID	Coupon_merchant_cnt_3d	过去三天使用这家优惠券的次数
Distance	店铺离用户日常活动范围的平均距离	Fullreduc_usedPro_1m	过去一个月用户用满减券的概率有多大
Date_received_dayOfweek	领优惠券的日期是星期几	Fullreduc_usedPro_1w	过去一周用户用满减券的概率有多大
Date_received_dayOfmoth	领优惠券的日期是一个月的第几天	Fullreduc_usedPro_5d	过去五天用户用满减券的概率有多大
Discount_rate	折扣的比率	Fullreduc_usedPro_3d	过去三天用户用满减券的概率有多大
Discount_initial_amount	满减的起额	Discountrate_usedPro_1m	过去一个月用户用打折券的概率有多大
Discount_max_rate	满减条件下的最大折扣率	Discountrate_usedPro_1w	过去一周用户用打折券的概率有多大
Custom_cnt_1m	过去一个月在这家店的消费次数	Discountrate_usedPro_5d	过去五天用户用打折券的概率有多大
Custom_cnt_1w	过去一周在这家店的消费次数	Discountrate_usedPro_3d	过去三天用户用打折券的概率有多大
Custom_cnt_5d	过去五天在这家店的消费次数	Receivedused_datediff_max	领优惠券和消费的时间间隔最大是多少
Custom_cnt_3d	过去三天在这家店的消费次数	Receivedused_datediff_min	领优惠券和消费的时间间隔最小是多少
Coupon_used_1w	过去一周是否用过优惠券	Receivedused_datediff_average	领优惠券和消费的时间间隔平均是多少
Coupon_used_5d	过去五天是否用过优惠券	Coupon_usedRate_1m	过去一月这家店的客户使用优惠券的比例
Coupon_used_3d	过去三天是否用过优惠券	Coupon_usedRate_1w	过去一星期这家店的客户使用优惠券的比例
Coupon_used_1d	过去一天是否用过优惠券	Coupon_usedRate_5d	过去五天这家店的客户使用优惠券的比例
Conpon_merchant_cnt_1w	过去一周使用这家优惠券的次数	Coupon_usedRate_3d	过去三天这家店的客户使用优惠券的比例

图 4.16 构建的用户行为特征及说明

需要说明的是，在计算动态特征的过程中，有些消费条目的特征是无法直接计算得到的。如对于 1 月 1 日的消费，因为没有任何历史消费记录参考，所有这些动态特征都不能直接计算。参考前面缺失值填充的内容，这里可以选用三种填充方法：一是都填固定值 0；二是从 2 月份相关的数据中找相似项，将这些相似项的对应项内容进行填充；三是从 2 月份到 6 月份的相关数据中找相似项，将相似项的对应项内容平均后进行填充。哪种填充方法最优，可以根据 4.5.5 小节的内容进行选择。

4.5.5　特征选择

本小节将介绍如何应用 4.5.4 小节中的特征选择方法对上述 34 维特征进行选择。这里用包裹式方法中的递归特征消除法进行举例。递归特征消除法是一种基于模型的方法，本实验中采用 XGBoost 模型[4]。XGBoost 是一种提升树模型，所以它将许多树模型集成在一起，形成一个很强的分类器。这里所用到的树模型是 CART 回归树模型。因为要通过模型分类的结果来进行特征选择，所以整个过程都在有标记的训练数据集上进行，具体处理方法有如下两种。

一是将训练数据中的 1 048 575 条记录按 7∶3 的比例随机分成训练集和验证集。在训练集上训练模型，在验证集上进行测试。为了排除数据集划分对结果的影响，上述过程重复 10 次，结果取平均，其中每次训练集和验证集的切分都是随机的。

二是将训练数据中的 1 月～5 月的数据作为训练集，6 月的数据作为验证集。具体过程如下：

(1) 从图 4.16 的 34 维特征中挑出编号为 1 的特征，用剩余的 33 维特征对训练数据进行训练得到分类模型，然后测试验证集在分类模型上的效果。

(2) 从图 4.16 的 34 维特征中挑出编号为 2 的特征，用剩余的 33 维特征对训练数据进行训练得到分类模型，然后测试验证集在分类模型上的效果。

(3) 重复上述过程，直至所有的 34 维特征都循环完毕。

(4) 根据挑出不同特征后训练模型的效果逆排序，得到各特征的重要性排名。

4.6　用户行为特征管理

4.6.1　存储机制

网络用户的行为数据是海量的、高速增长的，因此其存储需要具有容量大和可扩展性好的特点；同时存储网络数据的主要目的是辅助完成数据挖掘和分析，存储机制的设计应该能支持快速的、多维数据的联合存取。这种大规模、动态数据的存储一般可以分为三类：关系型数据库[5]、NoSQL 数据库[6](非关系型数据库)和数据仓库[7]。

1. 关系型数据库

关系型数据库是指采用了关系模型来组织数据的数据库，其以行和列的形式存储数据，以便于用户理解。关系型数据库这一系列的行和列被称为表。一组表组成了数据库。

用户通过查询来检索数据库中的数据，而查询是一个用于限定数据库中某些区域的执行代码。关系模型可以简单理解为二维表格模型，而一个关系型数据库就是由二维表及其之间的关系组成的一个数据组织。

描述网络用户的各类数据中，属性数据(如用户注册时填写的描述信息)最适合用关系型数据库来存储。在实际应用中，一个用户对应着多个用户属性，而同时多个用户也可能由同一个属性来标识。因此，采用关系型数据库存储用户属性数据，涉及多对多的表设计。用户属性数据存储的多对多模式至少需要三个表，第一个表用来存储用户，第二个表用来存储用户属性，第三个表用来存储用户和属性间的对应关系，其作用是将原本多对多的关系转化为两个一对多的关系。这种应用模式较其他应用场景相对简单，因为关系表仅用来表示用户与标签之间的关联关系，本身不具备独立的业务处理需求，所以不需要其他特殊的属性。简化的表结构示意图如图 4.17 所示。

图 4.17　简化的表结构示意图

采用关系型数据库存储用户数据的优点在于其关系模型容易理解，通用的 SQL 语言使得操作数据库非常方便，因此对于运维来说，维护成本较低。但是网络上的用户并发性非常高，往往能达到每秒上万次读写请求，对于传统关系型数据库来说，硬盘 I/O 是一个很大的瓶颈；并且网络每天产生的数据量是巨大的，对于关系型数据库来说，在一张包含海量数据的表中查询，效率是非常低的；再次，在基于 Web 的结构当中，数据库是最难进行横向扩展的，当一个应用系统的用户量和访问量与日俱增的时候，数据库没有办法像 Web Server 和 App Server 那样简单地通过添加更多的硬件和服务节点来扩展性能和负载能力，当需要对数据库系统进行升级和扩展时，往往需要停机维护和数据迁移；最后，关系型数据库中的多表关联查询以及复杂的数据分析类型的复杂 SQL 报表查询会导致性能欠佳。

2. NoSQL 数据库

NoSQL 数据库是一个没有 SQL 功能、轻量级的关系型数据库。相对于关系型数据库，它具有支持大量并发用户(数万，甚至数百万)、随时可用(没有停机时间)、处理半结构化和非结构化数据、快速适应频繁更新的优点。

非关系型数据库都是针对某些特定的应用需求出现的，因此，对于特定应用可以达到极高的性能。依据结构化方法以及应用场合的不同，NoSQL 数据库主要分为以下几类：

(1) 面向高性能并发读写的 key-value 数据库。key-value 数据库的主要特点是具有极高的并发读写性能。key-value 数据库是一种以键值对存储数据的数据库，类似 Java 中的 map。可以将整个数据库理解为一个大的 map，每个键都会对应一个唯一的值。这类数据库的主流代表为 Redis、Amazon Dynamo DB、Memcached、Microsoft Azure Cosmos DB

和 Hazelcast。

(2) 面向海量数据访问的文档数据库。这类数据库的主要特点是在海量的数据中可以快速地查询数据文档。存储通常使用内部表示法，可以直接在应用程序中处理，主要是 json。json 文档也可以作为纯文本存储在键值存储或关系数据库系统中。这类数据库的主流代表为 Mongo DB、Amazon Dynamo DB、Couchbase、Microsoft Azure Cosmos DB 和 Couch DB。

(3) 面向搜索数据内容的搜索引擎。搜索引擎是专门用于搜索数据内容的 NoSQL 数据库管理系统，主要用于对海量数据进行实时(近实时或准实时)和分析处理，可用于机器学习和数据挖掘。面向搜索数据内容的搜索引擎的主流代表为 ElasticSearch、Splunk、Solr、MarkLogic 和 Sphinx。

(4) 面向可扩展性的分布式数据库。这类数据库的主要特点是具有很强的可拓展性。普通的关系型数据库都是以行为单位来存储数据的，擅长以行为单位的读入处理，比如特定条件数据的获取。因此，关系型数据库也被称为面向行的数据库。相反，面向列的数据库是以列为单位来存储数据的，擅长以列为单位读入数据，这类数据库想解决的问题就是传统数据库存在可扩展性上的缺陷，这类数据库可以适应数据量的增加以及数据结构的变化，将数据存储在记录中，能够容纳大量动态列。由于列名和记录键不是固定的，并且记录可能有数十亿列，因此可扩展性存储可以看作是二维键值存储。面向可扩展性的分布式数据库的主流代表为 Cassandra、Hbase、Microsoft Azure Cosmos DB、Datastax Enterprise 和 Accumulo。

根据用户行为数据的特点及查询需求，行为数据的存储主要使用列数据库及 key-value 数据库。

3. 数据仓库

数据仓库是一个面向主题的、集成的、随时间变化的，但信息本身相对稳定的数据集合。它的主要特征如下：

(1) 面向主题：数据仓库都基于某个明确主题，仅需要与该主题相关的数据，其他的无关细节数据将被排除掉。

(2) 集成的：从不同的数据源采集数据到同一个数据源，此过程会有一些 ETL(Extract Transform Loading)操作。

(3) 随时间变化：关键数据隐式或显式的基于时间变化。

(4) 信息本身相对稳定：数据装入以后一般只进行查询操作，没有传统数据库的增、删、改操作。

以上这些特征使得数据仓库比较适合做用户行为数据的存储、管理和分析。采用数据仓库技术不仅可以管理海量的用户行为基础数据，还可以通过有效的综合分析来挖掘数据潜在的价值。

目前，最主流的开源数据仓库是 Hive，它是基于 Hadoop 的数据仓库工具，可以对存储在 HDFS 上的文件数据集进行查询和分析处理。Hive 对外提供了类似于 SQL 语言的查询语言 HQL，当在 Hive 上做查询时将 HQL 语句转换成 MapReduce 任务，在 Hadoop 层进行执行。

4.6.2　查询机制

查询是分析用户行为最常用、最基本的操作，查询处理的效率在很大程度上决定了系

统的性能。针对上述不同的存储方式有着相应的查询方法,为了获得高效的查询性能,可以综合考虑以下方面:

(1) 用户特征的用途决定了特征数据主要以查询为主,这就使得特征数据的查询强调极高的并发查询性能;同时,对聚合统计性能要求极高。根据数据存储的特点,进行查询分解,从而设计并行查询,对一些高负荷大数据量数据进行分治处理,每个部分的查询并发地运行,进一步将各个部分的结果组合起来,提供最终的查询结果。

(2) 在涉及用户特征的查询中,通常有很多查询都是重复的,如果能够通过某些方法提高这少部分经常出现的查询词的质量,就能使整体的查询性能提高不少。查询缓存面向非强实时查询请求,通过采取有效的缓存机制,缓存历史查询信息,从而在后续查询数据时,首先到缓存中去查找,如果找到就直接使用,如果找不到就从数据库中查询。这样,把频繁查询的数据加载到缓存区后,就可以大大减少对数据库的访问,使得查询性能明显提升。值得注意的是,在使用查询缓存机制时需要注意缓存数据和数据库相应数据的统一性,在使用过程中缓存的过期清理和手工清理也是需要重点考虑的因素。

4.6.3　定时更新机制

一个网络用户的行为特征通常可以有成百上千维,其中有些特征是固定不变的,如用户的基本信息;有些是定期变化的,如按周期统计的用户行为指标。此外,由于更多数据源的加入,以及更详细的划分维度,这些特征的数量可能会实时增长。同时,随着时间的流逝,有些无用或过期的特征也会持续出现,需要进行清理。所以,有效的用户特征需要不断地进行完善和持续更新。

在持续实时采集用户行为数据的基础上,用户特征的更新机制主要涉及以下两个问题。

1. 更新触发条件

如何设置合适的触发条件来判断是否更新用户画像是更新机制中需要解决的问题之一。基于实时的用户行为数据可以获得更加精确的分析结果。然而,用户特征的更新具有较大的时间及计算复杂度,因此需要在分析精确度和更新复杂度间获得均衡。

用户特征的更新触发条件通常采用以下三种方式:第一种方式是通过设置一个阈值,当获取的实时行为数据量超过该阈值时,根据存储的行为数据提取行为特征;第二种方式则是设置一个时间周期,每隔该周期时间根据存储的行为数据提取行为特征;第三种方式是首先从增加的数据中挖掘用户特征,然后将其与原先得到的用户特征进行比较,根据比较结果来决定是否更新。不同的方式适用不同的场景,第一种方式适合数据敏感型的用户行为;第二种方式适合时效性要求较高的用户行为;而第三种方式适合相对稳定的用户行为。

第一种和第二种方式都涉及阈值的设置,这也需要依场景而定。如果对数据的精确性没有太高要求,较长的时间周期在降低计算复杂性的同时完全可以满足系统的要求。然而,在某些场景下,较长的时间周期会掩盖掉一些重要的细节信息,达不到系统需求。例如,统计一组用户的网购信息,从中预测销售趋势,通常更新周期为一周,但在"618""双11"等这些促销旺季,大家的购买频次显著提升,如果还按一周来统计,显然不能满足要求。在这种情况下,就要对用户购买行为进行细化,按天,甚至小时来统计。这种方案会增加系统的设计和开发难度,而且必须有灵活的配置才能满足多变的业务需求。

2. 高效的更新机制

用户行为数据总是处在不断更新的状态，当用户的行为数据发生变化后，如何对已经获取的用户特征进行更新维护是需要解决的重要问题。最直接的方法是完全更新，即读取所有历史用户行为数据重新生成用户特征。该方法的缺点是计算量大、耗时长。而增量更新是指在进行更新操作时，只更新需要改变的地方，相对于完全更新，增量更新的优势是计算量较少，因此应用更为广泛。比较常见的增量更新算法是滑动窗口过滤算法，该算法强调滑动窗口的概念，当数据库更新时，只需移动时间窗口，删除旧的特征，增加新特征即可。

增量更新的前提是对历史用户行为数据进行计算并存储中间值，基于该存储的中间值和新增的行为数据计算得到新的用户特征。其中，存储的中间值应该涉及不同的粒度。因此，中间值具有较大的冗余，会耗费一定的空间。但正是由于这种冗余，使得增量更新时能够在不同粒度间进行灵活计算。如表 4.10 所示，在存储用户每天在店铺的消费行为时，顺便统计每周和每月(具体时间根据系统设置的用户生命周期时长而定)的消费行为，将其作为中间数据。

表 4.10　某用户在两家电商店铺的行为日志

时间	是否在电商店铺 1 消费	是否在电商店铺 2 消费
20190601	1	0
20190602	1	1
20190603	1	1
20190604	1	0
20190605	0	0
20190606	0	1
20190607	1	1
201906W1	5	4
⋮	⋮	⋮
20190630	0	1
201906M1	…	…

在具体实现中，可以通过建立插入触发器来实现用户数据的增量更新。触发器的实质是一个存储过程，只不过其调用的时间是根据所对应的动态表发生改变而执行的(如这里的插入操作)。以表 4.10 为例，系统会隐式地收集用户的行为日志，以表的形式存储，在数据库中执行类似下面的操作。

```
CREATE TABLE user_log(
    UserID varchar(11),
    buyTime Datetime,
    shop1Count int
);
```

```
#另一个用来存储用户特征数据的表结构为
CREATE TABLE user_character(
        UserID varchar(11),
        shop1TotalCount int,
        shop2TotalCount int,
);
#触发器可以设置为
CREATE TRIGGER trigger
AFTER INSERT ON user_log
FOR EACH ROW
BEGIN
        Declare c int;
                set c = (select shop1TotalCount from user_character where userID = new.userID);
        update user_character set shop1TotalCount =
                c + 1 where userID = new.userID;
        END;
```

当用户日志表(user_log)中新增一条记录(如用户 A 购买了店铺 1 的货物)时，触发器将被触发，用户特征表(user_character)中用户 A 的相应记录(如在店铺 1 中消费)的数值将被加 1。同样，我们可以设置不同的触发器来面向不同的用户行为数据源和不同的应用场景。

本 章 小 结

本章主要从网络协议解析、数据清洗、数据特征处理、特征选取、网络行为分析的特征提取案例、用户行为特征管理等方面，讲述了如何对网络用户的数据进行解析，从而获取网络用户的行为数据，进而对获取的数据进行预处理、清洗、加工，构建出高效的网络用户行为特征，并对海量高速增长的网络用户的行为数据进行高效的管理。

本 章 参 考 文 献

[1] WireShark 官网. https://www.wireshark.org/.

[2] Scapy 官网. https://scapy.net/.

[3] 宗成庆. 统计自然语言处理[M]. 北京：清华大学出版社，2013.

[4] 何龙. 深入理解 XGBoost:高效机器学习算法与进阶[M]. 北京:机械工业出版社,2019.

[5] 罗瑞明. 关系型数据库基础[M]. 北京：机械工业出版社，2013.

[6] 王爱国，许桂秋. NoSQL 数据库原理与应用[M]. 北京：人民邮电出版社，2019.

[7] KIMBALL R，ROSS M，BECKER B，等. 数据仓库与商业智能宝典[M]. 2 版. 蒲成，译. 北京：清华大学出版社，2017.

第 5 章　基于行为分析的网络用户资源测绘

用户行为特征的提取，是实现用户行为模式分析的常见方法，它可以显性获得用户的喜好和行为规律。例如从用户的通信行为中，可以统计获得用户的发信数量、发信时间分布、联系人频度分布等行为特征，这些特征在一定程度上反映了用户的个体特性以及生活习惯。通过分析用户在长期通信行为中所表现出的规律性，掌握用户日常行为的特征分布，有助于理解用户行为意图和及时发现网络中用户的异常行为。目前的用户行为特征提取方法大多基于群体统计特征和频繁项挖掘理论，对行为模式背后所代表的真实含义缺乏深入的理解，同时难以实现对用户个体模式与群体模式的统一挖掘，无法支撑对用户行为进行个体和群体层面的比较。

因此，本章开展基于行为分析的网络用户资源测绘研究，在用户行为特征抽取的基础上，分全局性网络用户资源测绘和用户个性化深度测绘两节展开论述。

5.1　全局性网络用户资源测绘

随着互联网技术的发展和移动终端设备的普及，网络通信已经深入到人们日常生活的方方面面，极大地影响了人们的生活、学习及工作方式。人们在使用各种现代化电子通信方式进行信息交互时，源源不断地产生通联数据，构成了各种各样的通信网络，例如电子邮件通信网络、移动电话网络、即时通信网络、手机短信网络等。通信网络可以视为是社会网络的一种，它蕴含了许多有关用户社交关系、日常行为习惯、生活作息时间等诸多十分有价值的信息，极具研究价值。研究通信网络的用户行为模式可以加深对通信网络中用户喜好、行为模式及群体性行为模式的理解，进一步理解用户行为内在的意图，有助于提前发现潜在的异常行为，从而为网络空间治理提供依据和参考。

与传统模式的人际关系网络和大众媒体传播网络不同，用户通信网络的信息相对多元化，且用户与用户在通信网络中形成的新的社会关系和相互之间的影响作用也比现实社会更加复杂和多元，不仅表现在通信网络中的连边动态变化和在时间域上充满随机性，而且表现在用户与用户之间的通联关系复杂和在空间域上具有多样性。针对通信网络的上述特性，可利用复杂网络理论来刻画和理解通信网络中用户之间的关系演化规律。

利用复杂网络理论来研究通信网络中的用户关系，有助于把用户个体间关系、微观网络以及大规模社会系统的宏观结构结合起来，通过数学方法、图论等定量分析方法，将用户在社交网络中的相互作用表示成基于关系的一种模式或规则，并通过对这些关系建立分析模型，可以深入地研究这些关系对社会网络整体结构或者网络内部个体的影响，有助于为全局性用户网络资源测绘带来新的技术方法。

5.1.1　用户通联网络的构建

利用复杂网络来分析社交关系网络、邮件通信网络等通信网络，其数学表现形式主要是图，即将通信网络看作一个由用户个体组成的点状网络拓扑结构。

1. 图论基础知识

1) 图的基本概念

每一种通信网络可以被表示为一种图(Graph)，如图 5.1 所示，图中主要包含点(Vertex / Node)与边(Cdge / Link)两种基本要素。边可以具有方向性，也就是说对于一个点来说，可以有外连边(Out-link)和内连边(In-link)两种边。如果边是具有方向性的，那么这种图称为有向图(Directed Graph)，反之称为无向图(Undirected Graph)。图反映了点与点之间的某种相关关系，这种关系由边表现。

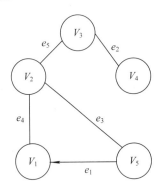

图 5.1　图的抽象结构示意图

(1) 节点(Node)：节点是指要分析的物体，每一个物体就是一个节点。比如在社交网络中每个人就是一个节点。

(2) 边(Edge)：图中两个节点间的连线用于表示两个节点的关系。比如在社交网络中两个人的关注关系，微博传播中的转发关系。

(3) 图(Graph)：图是用来表示一组用户之间连接关系的方式。

① 有向图(Directed Graph)：边代表的关系具有方向的图。比如社交网络用户的关注关系以及电话拨入呼出等就是有方向的。

② 无向图(Undirected Graph)：边代表的关系没有方向的图。

2) 图的基本统计特性

(1) 度(Degree)：节点的度是指与其相连的边数，在通信网络中，节点的度代表了用户通联的频度。

(2) 输入度(In-degree)：有向图中一个节点收到的边，在通信网络中，节点的输入度代表了用户作为联系接收方的频度。

(3) 输出度(Out-degree)：有向图中一个节点发出的边，在通信网络中，节点的输出度代表了用户作为联系发起方的频度。

(4) 路径(Route)：两个节点之间经过的边和节点序列，路径有长度，通常衡量两个点之间的距离。

2. 用户通联网络构建

用户通联网络构建，是指从用户通联日志数据中提取信息构建用户通联网络图，以图的方式来对通联日志数据中的用户通联关系进行表达。用户通联网络构建一般包括如下两个步骤。

1) 用户通联日志数据的聚合操作

创建用户通联网络图的第一步是要创建用户节点对象。用户节点需要从用户通联日志数据中进行提取，通常采用数据聚合的方法，即利用 SQL 语句中的 GROUP BY 分组统计函数对用户通联日志数据按照通联用户进行分组。以提取电信网呼叫记录表(T_CDR)中的呼叫发起方(Caller)和呼叫接收方(Receiver)为例，其基本的 SQL 语句如下：

```
SELECT Caller, Receiver, COUNT(*) AS times FROM  T_CDR GROUP BY Caller, Receiver
ORDER BY Caller
```

在分组统计的聚合操作过程中，可以进一步采用 where 语句来实现数据的过滤，如对指定时间范围内的网络通信日志数据进行处理。

2) 聚合结果转化为图数据结构

通过聚合操作，一般可以获得通信网络中的用户对象之间的通联关系。为适应复杂网络理论分析，需要将聚合结果转化为图数据结构。图的数据结构表示方法主要有邻接表和邻接矩阵两种方式，其中邻接表是指每一个节点都包含一个列表，这个列表中的每一个元素都是与该节点相连的节点；邻接矩阵是一种使用二维数组($N \times N$ 矩阵，N 为图中的节点数)来表示图的方式。由于邻接表的图结构表示方式只存储实际存在的边，节省存储空间，可支撑大规模用户通联网络的构建，因此需要将聚合结构转化为邻接表的数据结构。

5.1.2 用户通联网络拓扑结构分析

理解用户通联网络最直观的方法是观察其拓扑结构。由于用户通联网络的用户规模较大且日益增多，通过可视化的方式来研究其网络拓扑结构在很多情况下并不适用。近年来，大量工作关注于研究社交网络的统计特性[1]。统计特性的发现不仅可以让我们更加有效地分析复杂网络的整体特点，而且它对社交网络中个体行为分析、信息传播、舆情发现及异常行为检测等关键应用问题的解决有着至关重要的推动作用。

1. 网络密度

网络密度是指在一个网络中，所有节点之间的实际连接数与所有节点的最大可能连接数的比值。其经常被用来测量网络的连通性。

(1) 在具有 N 个节点的无向完全图中，最多有 $N(N-1)/2$ 条边，N 个节点的无向图网络密度的计算公式如下：

$$\text{Density} = \frac{m}{N(N-1)/2} \tag{5.1}$$

其中，m 是网络中所有节点之间的实际连接数。

(2) 在具有 N 个节点的有向完全图中，最多有 $N(N-1)$ 条边，N 个节点有向图网络密度的计算公式如下：

$$Density = \frac{m}{N(N-1)} \tag{5.2}$$

其中，m 是网络中所有节点之间的实际连接数。

2. 连通性

在无向网络图中，任意节点对之间的连通性是指在删除网络中一定数目的连接线之后该节点对之间再没有路径相连。因此，可以使用连通性来反映社会网络中用户节点之间相互联结的程度。研究人员主要使用连通性来分析网络的脆弱性，如果某个社会网络其连通性值越小，说明该社会网络节点之间联结的强度越低，该网络也就越脆弱。

在有向网络中，网络图的连通性通常有弱连通性、单连通性和强连通性三种形式。有向网络的弱连通性是指在将有向图中所有边去除方向性之后得到一个无向图后，如果这个无向图是一个连通图，那么可以称这个有向网络具有弱连通性；有向图中任意两个节点 x_i 和 x_j，如果只能从 x_i 到 x_j 或者从 x_j 到 x_i，称此有向网络具有单连通性；有向图中任意两个节点 x_i 和 x_j 之间存在可互达的路径，那么该有向网络具有强连通性。

3. 平均距离与凝聚度

在无向社会网络中，平均距离就是计算网络图中所有节点对之间距离的平均值，这里所说的距离就是节点之间的最短路径长度 d_{ij}，计算公式如下：

$$L = \frac{1}{N} \sum_{i=1}^{N} \sum_{j=1}^{N} d_{ij} \tag{5.3}$$

在无向网络中，$d_{ij} = d_{ji}$ 且 $d_{ii} = 0$，则上式可以转化为

$$L = \frac{2}{N} \sum_{i=1}^{N} \sum_{j=i+1}^{N} d_{ij} \tag{5.4}$$

在用户通联网络中，L 对应的实际含义为任意两个互不认识的人之间要建立关系时经过的平均好友数。网络的凝聚度可以基于网络中节点的平均距离来计算，平均距离越大说明该网络节点间的跨度越大，凝聚度就越低。

对于有向社会网络中节点之间的平均距离，可以首先通过 Dijkstra 算法来计算任意两个节点之间的最短路径长度 d_{ij}，然后通过公式(5.3)计算网络的平均距离。

Dijkstra 算法的基本思想是：

(1) 设 $G = (V, E)$ 是一个有向图，将图中所有顶点的集合 V 划分为两个部分，第一部分是最短路径已经被求出的顶点集合，用 S 表示；第二部分是最短路径未确定的顶点集合，用 U 表示。

(2) 开始时，S 中只有一个源点 v，按照最短路径长度由小到大的顺序，依次把 U 中的顶点加入 S 中，在加入过程中要保证 v 到 S 每个顶点的最短路径长度小于或等于从 v 到 U 中任意顶点的最短路径长度。

(3) 重复进行步骤(2)直到 U 中所有顶点都加入到 S 中。

算法结束之后，可以得到 S 中各个顶点的距离，这些距离就是从源节点 v 到该顶点的距离，也就是从 v 到它的最短路径长度。

计算出节点对之间的最短距离之后，可以根据公式(5.3)计算有向社会网络中的平均距离，再基于平均距离计算网络的凝聚度∂，∂定义为节点数与平均路径长度乘积的倒数：

$$\partial = \frac{1}{N \cdot L} \tag{5.5}$$

4. 聚类系数

聚类系数不仅反映网络内部联系的紧密程度，而且也可表征节点社团化的程度。设复杂网络中节点 i 有 k 个邻居节点，那么 k 个邻居节点最多有 $k(k-1)/2$ 条边，但实际网络中存在的连边为 e 条，则聚类系数可定义为

$$C_i = \frac{2e}{k(k-1)} \tag{5.6}$$

复杂网络的平均聚类系数即网络中所有节点的聚类系数均值为

$$C_i = \frac{1}{N} \sum_{j=1}^{N} C_j \tag{5.7}$$

其中，N 为节点总数。显然 C 值在[0, 1]之间。

5. 度分布

在复杂网络中，一个节点所连接的边数目定义为该节点的度，代表了某一个个体节点在网络中的重要程度，若网络节点总数为 N，邻接矩阵是 A，其公式如下：

$$k_i = \sum_{j \in N} a_{ij} \tag{5.8}$$

其中，a_{ij} 为邻接矩阵中第 i 行第 j 列的元素值。

网络的平均度为对网络中全部节点的度数之和求平均，公式为

$$\langle k \rangle = \frac{1}{N} \sum_{j=1}^{N} k_j \tag{5.9}$$

如果网络为有向图，则其度分布需分别计算一个节点的出度和入度。

6. 介数

介数是衡量复杂网络拓扑结构的重要指标之一，主要分为节点介数和边介数两类。边介数的定义可以表示为网络中起点为 j，终点为 k 的经过网络连接边 e 的所有最短路径的数目，公式为

$$C(e) = \sum_{j < k} g_{ij}(e) \tag{5.10}$$

同样，节点介数则为网络中经过该节点的最短路径数目与最短路径总数目的比值，公式为

$$C(v) = \sum_{e \in \tau(v)} C(e) \tag{5.11}$$

其中，$\tau(v)$ 表示网络中与节点 v 相连的边集合。

5.1.3　用户通联网络抗毁性分析

在网络信息多元化的背景下，对网络事件的管理失当极易引发群体性事件，破坏社会

稳定和谐。我国政府曾发出"加大网络舆情监督管理，构建和谐有序网络环境"的呼吁。至此，有关网络舆情受众观点、受众情感极化等方面的网络事件分析与治理的研究也在学术界展开。有文献分析网络热点事件传播过程中各个演化阶段的参与受众的特征，通过节点度、聚类系数等基本指标的计算，从定量的视角刻画舆情受众主体特征[2]。有研究从舆情参与用户的影响力视角出发，通过构建用户影响力模型进而识别和挖掘微博舆情中的热点话题以及针对话题的核心观点[3]。有文献从心理认知学的角度探索网络"人肉搜索"参与者的行为动机[4]。有学者对 21 个社会热点事件的微博参与用户进行信息行为的分析统计，研究结果包括积极型参与突发事件的网民的年龄、性别和易于被转发的微博类型、微博用户特征等，并就不同类别用户的信息特征对微博舆情信息管理所起到的作用加以揭示。研究结果表明民众的观点态度逐渐趋向于一致并不断扩散发酵是群体性事件发生的必要条件。一个舆情受众观点群落的活跃程度表现在群落内部成员之间的情绪沟通、成员对群落观点的忠诚持久度以及能吸引群落外部受众个体的不断涌入等三方面，其中群落中的少数活跃分子发挥着决定性作用，他们在网络舆情场域中会就特定的问题发表独特观点与见解，极易获得群落内外部成员的关注，是群落内部成员产生信息传播回路的关键节点，维系着群落中的情感连通和观点交互热度。而活跃分子发布观点所附着的吸引性也是扩充群落规模的主因，多数情况下将上述人群定义为"意见领袖"，将其定义为网络舆情场中的"核心受众"。在网络舆情事项中，受众对舆情源发性信息反馈观点，并与其他受众进行观点交互，进而在网络舆情场中形成若干个态度倾向性鲜明的信息受众群落，由此构成网民群体极化的前置区域。事实上，并非所有的舆情事项都一定会发展成群体性事件，除了相关责任体的应对策略、具体事项的最终解决方式之外，主要与舆情受众观点群落的抗毁性紧密相关。抗毁性是指系统在内部参数变化的条件下维持原有性能的稳健状态。

　　网络舆情从受众形成观点群落到群体情感极化再到群体性事件爆发的动态演变全过程如图 5.2 所示。

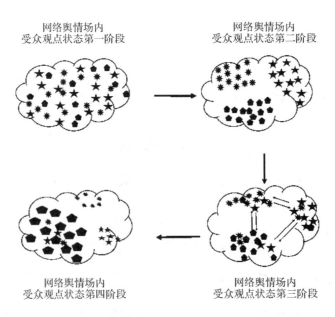

图 5.2　网络舆情场中信息受众观点群落的演化过程

具有敏感性的舆情信息势必会搅动受众围绕若干话题在舆情场中形成泾渭分明的观点群落，而此类群落若要继续向群体极化甚至是群体性行为的方向演化，则必须具备两个条件：第一，群落所蕴含的主要观点需有坚定性、持久性和延续性；第二，群落中核心观点所附着的倾向性情绪能量趋近于盈满的状态。因此判断网络舆情场中的各观点群落在时间维度中是否具有持续抗毁性是社会管理者定位临极群体、突出高危观点情绪、优化突发事件应急预警方案的较好途径。

1. 网络抗毁性定义

网络抗毁性指在通信网络和计算机网络的研究领域中，系统的关键部分遭受到攻击或摧毁，在此情况下系统仍能完成关键服务的能力[5]。

舆情受众观点群落抗毁性指群落结构与性能抵御群落内部核心受众变动所产生突变性的影响程度，如果影响程度在可接受域内(即失去若干个核心受众后群落依然能够维持与之前相近的活跃程度)，那么就认为该群落具有抗毁性，是能够发展成群体极化的潜在对象。否则认为不具有抗毁性，只是一般性的观点聚合体。因此，设计网络舆情场信息受众观点极化群落的抗毁性测度方案，合理有效地引导网络群体态度，化解潜在群体性危机事件，是网络突发事件预警工作的迫切需要。

2. 网络连接抗毁性测度方法

基于网络事件受众观点群落中"核心受众"的定义，当单位时间内受众的发言次数为 C_1、发言被回复次数为 C_2、发言被转载次数为 C_3、发言被点赞次数为 C_4 时，定义"核心受众"识别指标权重$(\delta, \varepsilon, \varphi, \sigma)$(其中 $\delta = C_1 / C$，$\varepsilon = C_2 / C$，$\varphi = C_3 / C$，$\sigma = C_4 / C$，$C = C_1 + C_2 + C_3 + C_4$)作为识别群落中核心受众的依据。设 $\text{AUD}_x = \{\text{aud}_1, \cdots, \text{aud}_n\}$ 表示 ΔT_x 时段内某观点群落中受众个体集合。任意个体在群落中的核心性 $\text{Core}(\text{aud}_i)$ 计算公式如下：

$$\text{Core}(\text{aud}_i) = \delta \times C_1 + \varepsilon \times \frac{C_2}{C_1} + \varphi \times \frac{C_3}{C_1} + \sigma \times \frac{C_4}{C_1} \tag{5.12}$$

在 t 时段内，对群落中每一个受众个体的重要性为四个加权观测指标求和 $\text{Core}(\text{aud}_i, i \in (1, n))$，$\text{Rank}(k)$ 表示递减排序算法，通过排序 $\text{Rank}(\text{Core}(\text{aud}_i, i \in (1, n)))$ 可得群落中受众个体的重要度，取前 P 个个体作为核心受众以开展研究。

网络虚拟环境为网民的群体情感动员提供了前所未有的便利性，任何人只要遵守相应访问规则，具备一定的技术能力均可通过网络发动多元目的与价值取向的情感动员行为。在网络舆情信息受众观点群落中，受众针对根源信息抛出观点，这些观点与自身认知方式和记忆情感强相关。但事实上部分受众往往在首次回复根源信息之后随即销声匿迹，不再参与群落内的情感沟通和互动，以该类型受众为主要构成的观点群落不具有情感动员属性，更谈不上发生群体极化，随时间流逝而变为"死群"，群落内部成员之间缺乏持续性交互参与是"死群"出现的原因。而具有潜在极化性质的活跃群落通常具有较好的连通性，在此类群落中受众之间出现大面积高频次的观点互动行为，群体情绪便于形成和传导，群体动员效果更为显著，成为潜在的极化群落。潜在极化群落的连接鲁棒性强弱受其观点交互网络中核心节点与非核心节点的被链接分布格局所制约。在潜在极化群落中，核心受众与普通受众所获得的关注及回馈度是不均匀的，通常是少量枢纽节点拥有较高的链接而大部分边缘节点则具有较少的链接，这是由于群居生物的生物性是本能地让自己处于一个头领的领导之下[5]，而核心受众具备着某种优势属性(如名人、见解独到、文笔犀利、信息垄断等)使其获得注意力的概率远大于非核心受众。一般而言，舆情受众观点群落中个体之间形成的网络结构遵循幂律分布特征。然而在特殊情况下，群落内的网络节点被链接数却表现出橄榄形而非金字塔形分配格局，如图 5.3 所示。

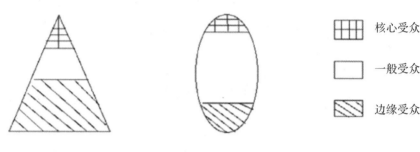

金字塔形受众　　　　　　　　橄榄形受众
节点链接分布格局　　　　　　节点链接分布格局
图 5.3　网络舆情受众观点群落内个体链接的两种分布图

核心受众

一般受众

边缘受众

用网络科学视角来分析，金字塔形的群落就是塔尖存在少量高被链接的核心受众，底层存在数目巨大的低被链接个体，底层阐述的意见通常鲜有问津，群落的演化趋势掌控在少数人手中，删除少量塔尖节点就能让群落中的观点交互网络结构分裂成微小而孤立的碎片，乃至群落之中无法实现情感动员和群体激化。金字塔形的链接分布模式内，核心受众对于群落的连接抗毁性负主要责任。相反，橄榄形的群落就是顶层高链接个体与底层低链接个体只占群落整体的少部分，而中等链接个体占群落整体的大多数，橄榄形群落中删除核心受众并不能保证群落的崩毁，因为具有中等链接量的一般受众仍然可以通过稳定的链接保障群落内的情绪传递，进而实现群体的情感动员和情感极化。在理论上，橄榄形节点链接量分布的受众群落其连接抗毁性要强于金字塔形节点链接量分布的受众群落，个别甚至是全体核心受众的失声或观点翻转均不会对群落的观点传播造成消极影响，因此橄榄形链接分布群落的极化趋向也更稳固。

群落中核心受众的缺失对群落功能状态产生的影响是复杂网络科学中典型的抗毁性分析思路，基于此，有研究引入网络密度指标实现进一步量化描述连接抗毁性的强弱。受众观点群落的情感传播抗毁性测度的基本思维是群落在遭遇内部属性突变、重要参数漂移的条件下保持前状态的能力，而网络密度正是从整体上考虑某一网络中节点之间链接的数量关系。网络中边(链接关系)的数量是由节点数决定的，假如网络中包含 N 个节点，那么成对连接的节点所形成的最大边数是 $N(N-1)/2$ 条。而网络的密度即是拓扑图谱中实际存在的边数(L)与可能存在的最大边数之比，其取值范围是$(0,1)$，具体计算公式如下：

$$\text{Density}(N) = \frac{2L}{N(N-1)} \tag{5.13}$$

复杂网络的抗毁性分析思路：同一时间维度下的"删除网络"与"真实网络"密度之比，用该比值衡量网络舆情观点群落的抗毁性。设 AR = (Aud, Rel)为网络舆情事件中在网络舆情场内信息受众所形成的一个观点群落，其中元素"Aud, Rel"分别代表群落内受众和受众关系的集合。在 T 个观测时刻内由群落中的关系集合"Rel"所构建出的受众观点交互网络分别为 $V_1, V_2, \cdots, V_T$。设单位时间窗口内删除网络节点的总个数为 P，该 P 个节点是利用递减排序算法 Rank(Core($\mathrm{aud}_i, i \in (1, n)$))计算出的群落中重要度排序前 P 个的受众个体。根据上述定义可得在第 i 个观测时刻内网络舆情受众观点群落连接抗毁性计算公式为

$$\lambda(\mathrm{AR}_i) = \frac{\sum_{q=1}^{P} \mathrm{Density}(V_i - q)}{P \times \mathrm{Density}(V_i)} \tag{5.14}$$

5.1.4　用户群组发现

用户群组是网络中用户个体(Entity)的集合形式。一般而言，用户群组中用户间的亲密程度较高，用户群组中用户间共享某种性质，或在网络中扮演着相同的角色。在社交网络中发现用户群组有助于理解网络拓扑结构的特点，揭示复杂系统内在功能的特性，理解社区内个体的关系。用户群组发现存在许多经典的算法，这些算法用于挖掘不同规模的用户群组。

1. 用户群组发现算法

1) GN 算法

GN 算法是 Girvan 和 Newman 于 2004 年提出的分裂算法，已经成为探索网络社团结构的一种经典算法，简称 GN 算法[6]。由网络中社团的定义可知，社团就是指其内部顶点的连接稠密，而与其他社团内的顶点连接稀疏。这就意味着社团与社团之间联系的通道比较少，一个社团到另一个社团至少要通过这些通道中的一条。如果能找到这些重要的通道，并将它们移除，那么网络就自然而然地分出了社团。GN 算法是一个基于删除边的算法，本质是基于聚类中的分裂思想，每次都选择边介数高的边删除，进而网络分裂速度远快于随机删除边时的网络分裂速度。

GN 算法的步骤如下：

(1) 计算每一条边的边介数；

(2) 删除边介数最大的边；

(3) 重新计算网络中剩下的边的边介数；

(4) 重复(3)和(4)步骤，直到网络中的任一顶点作为一个社区为止。

GN 算法计算边介数的时间复杂度为 $O(m \times n)$，总时间复杂度在 m 条边和 n 个节点的网络下为 $O(m^2 \times n)$。

GN 算法的缺陷有：

(1) 不知道最后会有多少个社区；

(2) 在计算边介数的时候可能会有很多重复计算最短路径的情况，时间复杂度太高；

(3) GN 算法不能判断算法终止位置。

为了解决这些问题，Newman 引入了模块度 Q 的概念，用来评价一个社区结构划分的质量。网络中的社区结构之间的边数并不是绝对数量上的少，而是应该比期望的边数少。

2) Louvain 快速算法

GN 算法相比于传统社区发现算法，在准确度和分析社区结构方面有了很大的提高，但是算法的复杂度较高，并不适合研究大规模数据。现在，社会网络尤其是虚拟社交社会网络，例如 Twitter 社会网络和微博社会网络，通常至少包含数百万个节点，GN 算法并不适合研究这类网络。因此，Louvain 提出可以对函数 Q 进行优化，通过使 Q 值最大化来获得最佳社区发现结果，提出了 Louvain 算法。Louvain 算法在分析超大规模在线社会网络中取得了良好的效果，通过极大化模块化函数 Q 来取得最优社区发现结果。

Louvain 算法过程如下：

(1) 假设一个网络中有 n 个节点，那么就将这个社会网络划分成 n 个社区，也就是说每个节点都代表一个社区。首先将任意两个社区组合在一起，然后计算 Q 值变化，选择那些会使 Q 值有最大增加量或最小减少量的方向进行。这种算法运算过程会使社区发现的结果显示为一个"树状图"。

(2) 在合并没有边相连的社区不能引起 Q 值发生变化之后，再对有边相连的社区进行合并，计算有边相连的社区合并之后 Q 值变化的公式如下：

$$\Delta Q = e_{ij} + e_{ji} - 2a_i a_j = 2(e_{ij} - a_i a_j) \tag{5.15}$$

这一过程的时间复杂度为 $O(m+n)$。

(3) 重复执行步骤(2)，直到网络中所有节点都处于同一社区内为止。这一过程最多要进行 $n-1$ 次合并。

Louvain 算法最后的运算结果是一个树状图。在树状图上不同的位置断开，就可以得到不同的社区结构。

2. 用户群组发现算法评价指标

模块度(Modularity)：通过比较现有网络与基准网络在相同社区划分下的连接密度差来衡量网络社区的优劣。

归一化互信息 NMI(Normalized Mutual Information)：利用信息熵来衡量划分社区结构与实际社区结构的相似程度，该值越大，说明社区结构划分越好，最大值为 1 时，说明算法划分出的社区结构和实际社区结构一致，算法效果最好。

兰德系统(Rand Index)：表示在两个划分中都属于同一社区或者都属于不同社区的节点对的数量的比值。

雅卡尔系数(Jaccard Index)：该系数用来衡量样本之间的差异性，是经典的衡量指标。

3. 用户群组发现算法实践应用

实际应用场景下，直接应用用户群组发现算法于用户通联网络数据，将会出现算法失效的现象，其主要原因是用户通联网络数据中的服务或者广告等类别的用户节点会连接起大多数用户，导致用户通联网络数据出现全连接的现象，这与现实生活中用户间联系不相吻合。因此在应用传统用户群组发现算法时，需要去掉服务或者广告类的节点，具体做法如下：

(1) 利用服务或者广告类用户节点的常识知识库去除相关节点；

(2) 利用用户通信行为特征，对一些超频超高通联节点，特别是节点的出度与入度不成比例的节点进行删除。

5.2　用户个性化深度测绘

5.2.1　通信用户多维度特征建模

通信用户建模是个性化深度测绘的前提和基础。以真实电信网通联的用户数据特征为对象，建立一种多维度多层次用户模型，包括用户行为群体特征、用户个体特征及用户通联关系特征三个子模型，从而实现社交网络中用户特征的全面描述。

1. 用户通信行为群体特征

若用户在一定时间内通话频次为 k，其概率密度函数为 $P(k)$，则通话频次满足幂律分布的表达式为

$$P(k) = Ck^{-\gamma} \tag{5.16}$$

其中，C 为常数。对公式(5.16)取对数，有

$$\ln P(k) = \ln C - \gamma \ln k \tag{5.17}$$

由公式(5.17)可知，若在双对数坐标系下用户的概率密度分布近似为一条直线，则用户的该特征满足幂律分布。对所获取的电信网数据集中用户一天内通话频次的统计结果如图 5.4(a)所示，横坐标代表用户一天内的通话频次，纵坐标代表该通信频次的人数占总人数的比例。从图 5.4(b)可知，用户群体通话频次符合幂律分布，幂指数为 1.694，幂律分布是社会与自然界中普遍存在的现象。

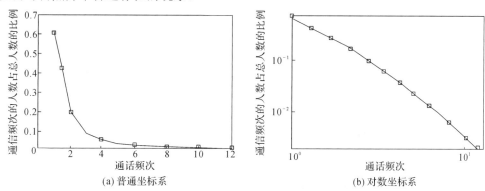

图 5.4　用户通话频次的概率密度分布

2. 用户通信行为个体特征

针对单个用户行为特征，需要从数据集中分别统计单个用户的通信频次分布、通话时长分布、通联关系等特征，定义如下度量指标。

1) 呼叫离散度

借鉴信息论中信息熵的思想，定义呼叫离散度公式(5.18)，该值越大，表明用户拨打的范围越大，每个人之间越平均，该值越小，表明用户拨打的范围越小，可能只是少数几个朋友。

$$\phi_i = \frac{-\sum_{j=1}^{k_i} \log p_{ij}}{\log k_i} \tag{5.18}$$

$$p_{ij} = \frac{n_{\text{user}}^{ij}}{n_{\text{user}}^{i}} = \frac{n_{\text{user}}^{ij}}{\sum_{j=1}^{k_i} n_{\text{user}}^{ij}} \tag{5.19}$$

其中，k_i是用户i呼出的不同电话的数量；n_{user}^{ij}是用户i拨打给用户j的呼叫次数；n_{user}^{i}是用户i所有拨打的用户呼叫数量；p_{ij}表示用户i拨打给用户j的呼叫数占总呼叫数的比例。

2) 日通话频次分布

根据用户 CDR 数据，提取用户在一个月内每天中各小时内的通话次数，然后计算每个小时的通话次数占总通话次数的比例。由此可以得到用户在 24 小时内通话次数的分布特征，表示为

$$X_n = \{x_0, x_1, \cdots, x_{23}\} \tag{5.20}$$

其中，$x_i(i = 0, 1, \cdots, 23)$表示用户一段时间内每天 24 小时中第 i 小时到$(i+1)$小时内的通话次数占总通话次数的比例。用户一天中通话次数的分布反映了用户在一天中各时间段的通话活跃度情况，间接表明了用户的工作、休息等生活习惯。

3) 日通话时长分布

根据用户每小时内通话时长占总通话时长的比例，可以计算得到用户 24 小时内的通话时长分布情况，表示为

$$X_t = \{t_0, t_1, \cdots, t_{23}\} \tag{5.21}$$

其中，$t_i(i = 0, 1, \cdots, 23)$表示用户一段时间内在 24 小时中第 i 小时到$(i+1)$小时内的通话时长占总通话时长的占比。用户的通话时长分布特性反映了用户的主要通话特征，如图 5.5 所示。一般而言，具有长通话时长的对象为关系亲密且稳定的联系人。

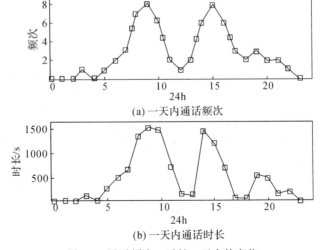

(a) 一天内通话频次

(b) 一天内通话时长

图 5.5　通话频次、时长一天内的变化

4) 周通信频次、时长分布

根据用户一周内各天的通话频次及时长情况，确定用户的通话分布情况，表示为

$$X_w = \{w_0, w_1, \cdots, w_6\}, \quad X_d = \{d_0, d_1, \cdots, d_6\} \tag{5.22}$$

用户在一周内的通话频次及时长分布情况，反映了用户在一周内的工作、休息情况。这类用户号码的日常通话一般呈现明显的潮汐效应，即工作日与非工作日的通话量有明显的变化，对于识别判定用户号码性质(工作、生活)具有重要价值。

5) 打空号比

定义用户拨打空号比为某一用户在一段时间内拨打的空号占总呼叫个数的比例。该指标反映了用户发起呼叫的正确程度。一般正常用户呼叫都是基于通信录的，空号很少，而推销或骚扰用户的呼叫可能使用相关自动拨号软件，空号比例较高。

设用户 A 在时间 t 内发起的呼叫个数为 N_t，拨打空号的个数为 N_e，则用户拨打空号比为

$$U^A_{caller} = \frac{N_e}{N_t} \tag{5.23}$$

6) 主被叫占比

本小节中定义主被叫占比为某一用户号码在一段时间通话中发起呼叫次数与用户接听呼叫次数的比值。根据经验可知，正常用户的发起呼叫次数与接听呼叫次数应该相对均衡，比值近似于 1；而异常骚扰或诈骗用户可能会发起大量主叫，而被叫次数很少。

设用户 A 在时间 t 内发起的呼叫个数为 N_t，用户 A 在时间 t 内的被叫次数为 $N_{t\text{-called}}$，则用户主被叫占比为

$$U^A_{\frac{call}{called}} = \frac{N_t}{N_{t\text{-called}}} \tag{5.24}$$

7) top-k 呼叫占比

top-k 呼叫占比为根据一段时间内用户通话联系人频次或时长进行排名，前 k 个主要联系人的通话频次或时长占总通话频次或时长的比例，表示为

$$R_{\text{top-}k} = \frac{N_{\text{top-}k}}{N_{\text{total}}} \tag{5.25}$$

8) 呼损原因

呼损原因即用户呼叫失败原因。在采集的 CDR 数据记录中为 fail_reason 字段，该字段代表不同的呼叫失败原因。具体字段说明如表 5.1 所示。

表 5.1　呼损原因字段说明

呼损码	失败原因	呼损码	失败原因
0	呼叫成功应答(主叫先挂机)	5	用户长话忙
1	拨号中途挂机	6	呼叫异常释放
2	振铃中途挂机	7~14	其他
3	空号	15	呼叫故障
4	用户市话忙	16	呼叫成功应答(被叫先挂机)

3. 用户通联关系特征

在电信用户呼叫网络中，单个用户 u 与联系人 $u_{neighbor}$ 之间的通联关系在一定时间范围具有稳定性。但随着时间的推移，用户 u 的联系人集合 $\{u_{neighbor}\}$，即他们之间的通联关系也可能会发生相应的变化。利用融合时空变化信息的网络表示学习方法，首先将 CDR 数据中的一条条通话记录转化为网络快照形式，即在时间轴上选取一系列等距的时间点 $T=\{t_0,t_1,\cdots,t_{n-1},t_n\}$，然后在每个时间区间 $\Delta t_i = t_{i+1}-t_i$ 上提取用户 u 与其邻居节点之间的通联关系，构建用户在 Δt_i 时间内的网络快照。如图 5.6 所示，目标号码节点 A 有 B、C、D、E 和 F 5 个邻居节点。节点 A 和邻居节点的呼叫关系表示为有向图，节点 A 作为主叫的呼出表示为实线箭头，节点 A 作为被叫的呼入表示为虚线箭头，箭头和连接线的权值表示节点之间通话的频次高低，频次越高，权值越大。

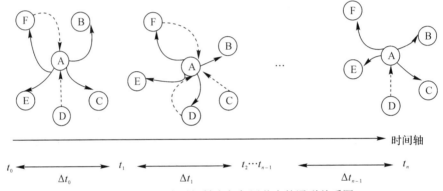

图 5.6　号码 A 在时间轴上与邻居节点的通联关系图

在实际的电信网网络快照构建过程中，研究发现用户通话数据中存在很大的噪声干扰，大量与用户无关的骚扰类、推销类电话会影响建模的效果。同时，通过对电信网单个用户号码的呼叫数据分析，虽然在较长时间内用户 u 的联系人集合大小 $\|u_{neighbor}\|$ 可能很大，但是与用户 u 经常联系的邻居节点数量并不多。基于上述分析和假设，在构建用户通话网络快照进行网络表示学习的过程中，只选取与用户 u 的通话频次(包括呼出和呼入，即出度和入度之和)占所有通联频次比例大于指定阈值 τ 的邻居节点，统计他们之间的通联特征用于建模分析，从而过滤部分无关呼叫的噪声干扰。具体地，计算用户 u 与所有邻居节点 $u_{neighbor}$ 之间的通话次数，记为 $C_{frg}=d_u=d_{u,out}+d_{u,in}$；按照与用户 u 的通话频次，对集合 $\{u_{neighbor}\}$ 排序，并选取与用户 u 之间的通话频次比例 $r_{u,\cdot} \geqslant \tau$ 的邻居节点，获取的 k_u 个邻居节点组成集合 $\{u_{neighbor}^{k_u}\}$，对于不同类型的电信用户其 k_u 值可能不同。通话频次选取方式如下式所示：

$$r_{u,\cdot} = \frac{\sum\limits_{v\in\{u_{neighbor}^{k_u}\}} d_{v,u,in}+d_{v,u,out}}{C_{frg}} \geqslant \tau \tag{5.26}$$

完成电信网用户的网络快照构建后，即可利用融合时空变化信息的网络表示学习方法对用户节点的通联关系变化特征进行刻画，生成电信网用户节点的表示向量。

综上所述，电信网用户行为特征提取，即是对电信网用户呼叫行为进行量化统计，制定合理的特征度量用以表征用户的呼叫行为特点，为用户行为模式挖掘及预测奠定基础。根据现有数据特点及电信网用户的呼叫习惯，提取用户四大类特征，用于电信网用户群体的行为模式挖掘。所提取的用户通信行为特征指标如表 5.2 所示，最终将采用 k 维的特征向量表示用户 u，即 $P(u)\in \mathbf{R}^k$，所提取的用户特征向量构成用户的特征空间。该方法中的特征计算主要为统计计算，在大规模数据中可借助 Hadoop、Spark 等分布式计算工具完成计算任务。

表 5.2　用户通信行为特征指标

特征类别	呼叫号码特征	呼叫时长特征	呼叫频次特征	通联关系特征
特征指标	呼叫离散度	呼叫时长(天)	呼叫频次	根据网络表示学习得到的节点特征向量
	呼叫区域分布	最大呼叫时长(天)	呼叫号码数	
	主被叫占比	最小呼叫时长(天)	通话频次分布(天)	
	top-k 呼叫占比	通话时长分布(天)	通话频次分布(时)	
		通话时长分布(时)	主叫挂机次数	
			被叫挂机次数	

5.2.2　通信用户画像构建技术

通信用户画像，即通信用户信息标签化，就是通过收集与分析用户的通联数据，得出通信用户的社会属性、生活习惯、通信行为等主要信息的数据之后，完美地抽象出一个用户的通信模式。通信用户画像为网络空间治理提供了足够的信息基础，有助于快速找到精准用户群体以及用户需求等更为广泛的反馈信息。

通信用户画像构建，首先需要设计通信用户的标签类目体系，结合应用需要给通信用户画像系统提供统一的标准。根据用户标签的特点不同，可以把标签分为统计标签和自然属性标签，其中统计标签采用人工规则和权重衰减的方法进行标签权重计算，自然属性标签采用模型的方式进行预测判决，最终汇总到标签数据库。

1. 通信用户画像系统框架

通信用户画像的前提是用户通联日志数据，通常用户通联数据主要包括通信双方用户区段、地理信息区段、IP 段区段、通信内容区段等，需要通过专门的数据收集工具获取。采集到的日志数据用流式处理工具进行提取，转化分析成我们需要的格式，同时保存一份到 HDFS 供后期查证。对于不同类型的标签，采用不同的计算判别方法给用户打上标签，存储到实时性高的数据库。为了应对数据量增长大的现状，从数据存储效率、容错性、硬件更新成本等方面考虑，可采用如图 5.7 所示的大数据技术架构，系统分为 6 层，即数据收集层、数据存储层、资源管理层、计算框架层、数据分析层、数据展示层。

数据收集层：从数据源中提取数据并加以转换，数据源主要为通信日志数据。

数据存储层：把数据存储到 HDFS 或 NoSQL 中(如 Hive)，以备后期查询验证，是画像系统的重要数据支撑层。

资源管理层：相当于操作系统的系统层，用户不会直接面对，统一管理集群的各种资源，如 CPU、内存等。Hadoop 为我们准备了一个完善的资源管理系统 Yarn。

计算框架层：进行 MapReduce 批处理、SQL 查询交互式分析、实时流处理等计算。如果对实时性要求不高，可以通过 MapReduce 进行批处理计算，对于实时性要求高的计算利用流处理完成；Hive 的 SQL 查询是一种交互式分析，把 SQL 查询分成 Map 作业，提高查询效率。这里的标签操作和标签权重的计算是在计算框架层完成的，利用 Spark Streaming 流式地提取用户的标签。

数据分析层：在计算框架基础上进行一些数据挖掘的操作，如进行推荐、模型训练、精准营销等。自然属性标签模型的训练是在这一层完成的。

数据展示层：把分析的结果通过图表或动画的方式展现出来。

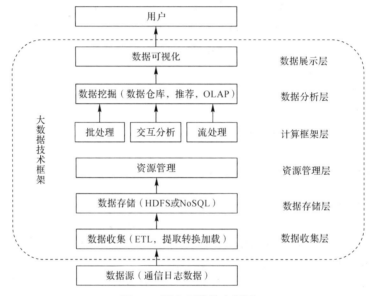

图 5.7　用户画像基本框图

2. 通信用户画像标签体系设计

标签作为一种用户特征的符号化描述，因符号可以是中文或数字，所以既能够让人理解，也能方便计算机识别处理。合理的标签体系能够覆盖通信网络用户几乎所有的标签，并且随着通信行为的不断丰富，标签体系也在不断升级。标签库的基本组成元素是：用户 ID、标签、权重。标签权重的设定是为了区分不同用户对不同标签的偏爱程度。

根据用户通信特征的不同，直观地从用户属性、地域分布、通信行为、个人关注四个一级类维度对用户进行深度表述。一般情况下，用户属性和地域分布标签不会经常变化，个人关注和通信行为会随着时间而改变。为了从变化性角度区分标签，把用户标签分为自然属性标签和统计标签，自然属性标签包括用户属性和地域分布，短时间内不会变化；统计标签包括通信行为标签和个人关注标签，会随着时间衰减变化或消失。

对于自然属性标签和统计标签，采用不同的权重计算方式。

1) 统计标签权重

统计标签权重在计算时采用频次相加和权重衰减相结合的方法。频次相加根据当天不同的访问形式(如通信、发信息、发邮件等)、访问时间、访问次数、不同通信类型等设置标签的权重。权重衰减是指用户的标签随着时间进行衰减，以保证标签的时效性，当衰减到某一阈值时就会被删掉。得到当天的用户标签后，结合数据库中用户的历史标签，按照一定的计算规则得到用户新的标签和权重。

2) 自然属性标签权重

自然属性标签包括人口属性标签和地域分布标签，地域分布标签一般是指用户所在地，可以从用户 IP 分析或第三方数据得到，比如合作的电商网站或第三方网页检测系统。人口属性标签，如性别、年龄段等，这些标签具有如下特点：稳定性，短时间内不会发生变化；类别较少，比如性别只有两类、年龄可划分为若干个年龄段、学历分 3 个等级。不同类别标签的用户特征区别较大，比如不同年龄段的用户通信行为会相应不同。

3. 通信用户画像标签预测

面对海量的用户通信数据和实时画像的要求，传统基于规则的用户画像技术在自然属性标签的预测上存在着越来越多的弊端，基于模型的用户画像技术应运而生。该技术分三步完成：数据预处理、特征工程、模型训练。其中，模型训练模块是用户画像系统的核心模块，主要用机器学习模型替代传统的基于规则的用户画像方法。

在用户通信行为特征抽取的基础上，进行用户画像预测模型的训练。数据和特征决定了机器学习的上限，模型选择和调参就是为了逼近这个上限。模型训练包括分类算法选择和算法调参两部分：可以选取当前主流的分类算法，如 SVM、NB、RF、KNN、LR 等[7]，首先每个分类算法对数据进行训练，利用交叉验证等方法找出分类算法最优的参数；然后对比各个分类算法在最优参数下最终的分类效果，选用分类效果最好的分类算法作为模块的模型，选用准确率作为评价指标。

通过用户画像标签预测，可以获得大量用户的标签，用户画像标签的可视化效果如图5.8 所示。用户画像构建完成后，可以将这些标签存储到 NoSQL 数据库(如 Hbase)中，为用户线索拓展、相似用户查找和以用户为核心的网络空间治理等应用场景提供知识支撑。

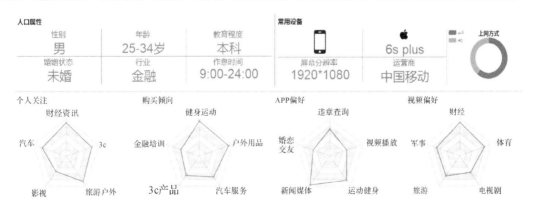

图 5.8　用户画像标签的可视化效果

本 章 小 结

在"用户为王、流量为王"的时代，如何深度理解个体用户，并对用户多个维度、多个侧面的资源信息进行拓展关联，形成静态的用户网络资源，具有十分重要的现实意义。本章主要介绍了全局性网络用户资源测绘和用户个性化深度测绘两个部分，围绕用户通联网络资源的构建及拓扑、结构分析、抗毁性分析、用户的多维度特征建模技术和用户画像构建技术等进行了详细阐述。

本章参考文献

[1] HE J，GUO J L, XU X J. Analysis on Statistical Characteristic and Dynamics for User Behavior in Microblog Communities[J]. New Technology of Library and Information Service，2013(7)：94-100.

[2] 胡改丽，陈婷，陈福集. 基于社会网络分析的网络热点事件传播主体研究[J]. 情报杂志，2015，34(1)：127-133.

[3] 裘江南，谷文静，翟劼. 基于用户影响力的热点话题检测方法研究[J]. 情报杂志，2017，36(4)：156-161.

[4] 阳浩. 网络"人肉搜索"参与者的动机探究[D]. 武汉：华东师范大学，2012.

[5] 祝阳，张汝立."网络意见领袖人"与"网络意见领袖帖"的概念及内涵分析[J].情报杂志，2016，35(6)：70-74，143.

[6] NEWMAN M E J. Fast algorithm for detecting community structure in networks[J]. Physical Review E，2004：69：66-133.

[7] LATORA V,MARCHIORI M. A measure of centrality based on network efficiency[J]. New Journal of Physics，2007，9(6)：188.

第 6 章　事件检测与事件状态评估

　　事件检测与事件状态评估主要是对突发事件、舆情事件、诈骗事件等有害人民日常生活的事件进行检测并对其发展状态进行评估。其中，突发事件是指突然发生，造成或者可能造成严重社会危害，需要采取应急处置措施予以应对的自然灾害、事故灾难、公共卫生事件和社会安全事件。舆情事件多以网络为载体，以事件为核心，是广大网民情感、态度、意见、观点的表达、传播与互动以及后续影响力的集合。舆情事件带有广大网民的主观性，直接通过多种形式发布于网络上。而诈骗事件是指以非法占有为目的，用虚构事实或者隐瞒真相的方法，骗取数额较大的公私财物的行为，其中电信诈骗是指通过电话、网络和短信方式，编造虚假信息，设置骗局，对受害人实施远程、非接触式诈骗，诱使受害人打款或转账的犯罪行为。

　　当今社会，突发事件多以网络为媒介传播，突发事件常转化为舆情事件；诈骗事件也常以电信诈骗的形式出现，分布于电信网、互联网、移动互联网等多网域之中。本书主要关注以网络为媒介的事件检测和事件状态评估。在自媒体时代，信息的发布变得非常简单，一般情况下，正规的媒体发布信息需要经过严格的审查、推理与思考，且它们数量有限。但是一些别有用心的人通过论坛、微博等社交网络渠道发布不实信息或者恶意传播事件，扩大事件的影响范围，没有经验的网民无从判断，加上个人情绪与偏见，无意参与了舆情事件的制造，不仅对网络社会造成一定程度的冲击，同时也影响了现实社会中的主体。

　　本章首先分析网络舆情事件的检测方法，而后给出包含突发事件、诈骗事件、舆情事件在内的事件状态评估指标体系，并以网络舆情事件状态评估为主要切入点对事件检测与状态评估流程做详细分析。

6.1　网络舆情事件检测

　　网络舆情是指由各种事件的刺激而产生，通过互联网传播的，人们对于该事件的所有认知、态度、情感和行为倾向的集合，是社会舆情的重要组成部分，反映了人们的思想和情绪，其中网络舆情事件是引起网络舆情的根本源头。

　　根据事件自身的真伪性质、传播事件的用户种类的情况，网络舆情事件可以分为四类，即由正常用户传播扩散的虚假的舆情事件、由水军用户恶意传播扩散的虚假的舆情事件、由正常用户传播扩散的真实的舆情事件、由水军用户恶意传播扩散的真实的舆情事件，如图 6.1 所示。其中我们认为正常用户传播的真实事件是"真"的网络舆情事件，其余三类均为"假"的网络舆情事件。

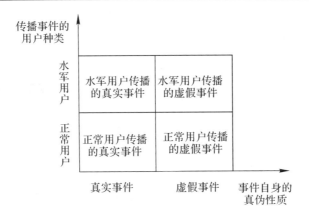

图 6.1　网络舆情事件分类示意图

根据网络舆情事件的分类情况，本章将相应的网络舆情事件的检测方法划分为三类，阐释如下：

(1) 本章将水军用户传播的虚假事件与正常用户传播的虚假事件作为一类，这两类网络舆情事件的共同特点是事件自身是虚假的，具体表现为社交网络中引起讨论的图片或者视频等内容是人为合成的，引起讨论的文字所描述的内容是不符合事实的谣言。例如：在蒙牛"良心奶"事件中，有网友晒出蒙牛的生产日期竟然有 2 月 30 日，但我们都知道是没有 2 月 30 日的，显然这是一张电脑合成图片，但却收获了 103 682 条转发，引起了广泛讨论。

因此针对这两类网络舆情事件，只需要针对事件中的文字、图片或者视频中的内容进行真伪性检测，即可检测出这两类网络舆情事件。

(2) 本章将水军用户传播的真实事件单独作为一类，这类网络舆情事件的特点是事件本身是真实发生的，但却是由水军用户恶意传播扩散的，具体表现为社交网络空间中传播该事件的都是带有特定目的的水军账户，背后并不是真实的用户。例如：2017 年的 701 事件，为达到相关目的，陈战锋通过手下的背景沃来公关公司非法购买公民身份信息，注册大量网络水军账号后，成立 701 项目组，恶意夸大传播阿里事件的影响，发布了一系列推文，造成了恶劣的影响。

因此针对这类网络舆情事件，在已经知道事件本身是真实的情况下，只需要针对传播事件的用户进行区分，检测水军账户，即可检测出这类网络舆情事件。

(3) 本章将正常用户传播的真实事件单独作为一类，这类网络舆情事件的特点是事件本身是真实的，并且也是由正常用户传播的，具体表现为社交网络空间中的"真"的热点事件真的引起了广泛关注。例如：华为审稿人被清除出 IEEE 通信学会的事件，在社交网络中引起了广泛的关注与转发，成为网络热点事件。

针对这类网络舆情事件，在排除了是上述三类网络舆情事件的基础上，需要在舆情的早期检测出热点事件，因此催生出了新兴事件的检测方法。同时追踪检测出的网络新兴事件，有助于理解"真"网络舆情事件的传播过程、演化方向以及后续需要采取的措施。

6.1.1　虚假内容检测

根据虚假内容数据形式的不同，虚假内容检测可以分为虚假文本检测(虚假新闻/谣言检测)、虚假图片检测(数字图像篡改鉴别)和虚假视频检测(视频篡改鉴别)。

1. 虚假新闻/谣言检测

社交媒体对新闻传播是一把双刃剑。一方面，社交媒体中信息成本低廉，容易获取，便于用户消费和共享。另一方面，它可以产生有害的假新闻，即一些有意含有错误信息的低质量新闻。假新闻的快速传播对社会和个人有着巨大的潜在危害，然而，现有技术对假新闻的检测存在一定的难度。首先假新闻的内容是被有意制造用来误导读者的，这使得我们很难根据其内容来判断是不是假新闻。第二，用户基于假新闻的社交活动产生了大量不完整、非结构化、充满噪声的数据，使得数据利用变得非常困难。针对虚假新闻和谣言的检测工作，目前已有了大量研究，检测方法主要分成两类：基于文本内容的检测方法与基于网络拓扑的检测方法[1]。

(1) 基于文本内容的检测方法从文本中提取特征，进而来判断文本内容是否属于虚假内容。这类方法可以分为两种实现方式，面向知识库的方法与面向行文风格的方法。

面向知识库的方法指对文章描述的观点和客观事物进行校正比对，检测内容真实性。其中，知识库是核心，通常情况下知识库可以是各个领域的专家构建的知识库、用户集体知识的反馈构成的知识库、利用相关技术构建知识图谱或者事理图谱，通过知识推理技术对文本内容进行真实性判断。当前这个方向技术落地成本高，难度较大，效果不一定理想。

面向行文风格的方法指通过捕捉文章中的文本信息推断其是否属于虚假新闻。根据所描述的种类，捕捉到的文本信息大致分为三类：以图文密度、排版布局为代表的样式信息，以敏感词、广告内容为代表的文本信息，以标题完整性为代表的标题信息。然后选取合适的分类器或者指定规则，综合利用不同的信息，判断文章的欺骗程度与主客观程度，最终决定是否属于虚假新闻。

(2) 基于网络拓扑的检测方法指用户发布内容后，对在社交网络中扩散传播的路径进行分析，判断是否属于虚假新闻。

这类方法可以分成两类，一种是基于立场的，主要指基于用户对内容的评论、点赞、举报等行为，构建矩阵或者图模型进行分析。另一种是基于传播行为的，对虚假新闻的传播游走轨迹跟踪，以及通过图模型和演化模型对特征新闻进一步调查，识别出虚假新闻的关键传播者，这种方法对于控制传播范围至关重要。

2. 数字图像篡改鉴别

目前我国对网络舆情的监管主要集中在文本信息上，但是数字图像作为网络舆情的主要传播载体之一，以其直观、便捷的优势在舆情传播中发挥着至关重要的作用。因此，一些别有用心的人对图像进行恶意修改，制造虚假舆情消息，给网络社会和现实社会的和谐稳定带来了消极因素，因此对篡改图像的舆情信息进行鉴别是当前网络监视迫切的技术需求。

目前的图像篡改方式可以分为：图像真实性的篡改、图像完整性的篡改与图像"张冠李戴"式的篡改。针对不同的篡改方式，介绍不同的鉴别方式[2]。

(1) 图像真实性的篡改是指选择不同图像进行区域拼接后保存为新的图像，或者通过技术手段改变视觉效果甚至修改元素的操作。依据数字图像篡改行为表现出的不同特征，我们可以从多个角度对数字图像的真伪鉴别技术进行探讨，包括基于图像篡改遗留痕迹的鉴别技术、基于成像设备一致性的鉴别技术与基于图像自身统计特征检测的鉴别技术。

基于图像篡改痕迹的鉴别技术是通过寻找篡改历史痕迹来判断图像是否被篡改，主要包含复制-粘贴检测、重采样检测、JPEG 重压缩检测、光照不一致性检测、模糊检测等。基于成像设备一致性的鉴别技术是通过分析可疑图像中的获取设备分类、型号分类、嵌入特性等方面的差异性，推断图像的篡改情况，主要包含"彩色滤镜"CFA 插值变化痕迹检测、相机模式噪声检测、色差检测和相机响应一致性检测等。基于图像自身统计特征检测的鉴别技术指选取篡改图像过程中敏感性强的某些统计特征为依据，来鉴别数字图像的篡改情况，主要包含双相干系数特征和边缘百分比特征检测、图像质量度量和二元相似性度量特征检测。

(2) 图像完整性的篡改是指对图像进行部分裁剪以利于断章取义，或者在不影响视觉的基础上对图像数据信息进行处理，达到隐蔽通信、传递情报与指令的目的。因此，将数字图像的完整性鉴别技术分为两类：内容完整性鉴别技术与数据完整性鉴别技术。

内容完整性鉴别技术是指对图像是否经过刻意剪裁进行判断，也称为剪裁图像检测。一些学者对图像内容完整性检测进行了研究，但是相关方法需要特定条件支持，如照相机设备情况、原始图像样本等，难以实际应用，例如黄艳丽提出的 SIFT 检测算法需要提供原始图像。而基于相机标定的非对称剪裁检测算法更加贴近于舆论图像的鉴别应用，具有较好的效果。

数据完整性更改手段通常不会破坏图像的视觉，但却可以发送秘密信息，例如"9·11"事件恐怖分子利用图片传递指令。数据完整性鉴别技术是指对隐藏有秘密信息的图像进行检测，包含针对性检测与通用性检测。针对性检测需要知道隐秘图像采取的具体算法，而通用性检测不需要知道具体的隐秘算法细节，分为基于直方图特征函数的通用检测算法、基于 CF 特征函数的通用检测算法、基于经验矩阵统计的通用检测算法。

(3) 图像的"张冠李戴"式的篡改是指当客观的图像无法进行篡改时，通过引入无关的照片并加以文字描述，制造网络舆情。这种手段没有对图像的真实性与完整性进行破坏，手段简单易行，蛊惑性更强，影响力更大。针对这种情况，需要寻找到舆情图像的原始信息或者现场真实图像对其进行举证，即举证式鉴别技术，按照举证来源可以分为基于互联网的相似图像搜索与基于本地库的现场图像搜索。

基于互联网的相似图像搜索，即根据用户定义的检索条件从互联网络中检索相干的符合查询条件的对象，并与发布内容进行比对，进行举证式鉴别，具体方法包含以图搜文、以文搜文、综合搜索。

基于本地库的现场图像搜索，即根据发布内容的标注时间、地点等要素，查找搜索"事发现场"的真实图像对其进行举证鉴别。国内目前的"天网监控系统"可以完成对现场图像的采集和标签的添加，有助于为真实图像的搜索举证。

3. 视频篡改鉴别

随着通信技术的发展，视频数据作为信息传播载体的方式越来越普遍，视频数据由于其生动形象、内容丰富、用途广泛、易于编辑等因素，受到用户青睐。在社交网络空间中，视频数据由于体量巨大、篡改方式多样、感召性更强，更加容易引起网络舆情，且由于运算复杂，更容易逃过监管。因此，对网络舆情中的视频进行真伪性检测极其重要，但是由于实际篡改情况多变，研究难度较大，因此具有一定挑战性。

对于网络舆情中的视频篡改情况，我们将其分为以下三种并给出对应的解决方式：

(1) 如果视频中的某些帧的内容被恶意篡改，只需采用数字图像篡改鉴别技术对视频中的每个帧的画面进行检测即可完成。

(2) 如果视频是被人采用"移花接木"的方式生成而来，则需要检测视频中的片段是否属于同一个视频，即使用同源片段检测技术。

(3) 如果视频内容没有经过任何篡改，但是出现视频仅截取了原始视频一半或者视频内容与其描述文字不符的情况，则需要利用基于互联网或者基于数据库的方法，查找原始视频进行举证式鉴别。

由于在第一种或者第三种情况下的相应检测技术与数字图像篡改鉴别技术相似，所以本部分只介绍第二种视频篡改情况下的检测技术即同源片段检测技术。同源片段检测是指检测视频中的片段是否来自同一个视频，主要包含两种方法：基于数字水印的检测方法与基于内容的检测方法[3]。

(1) 基于数字水印的检测方法，即把隐藏信息嵌入到视频里面保证每个视频的唯一性，在视频篡改检测时仅需要检测视频片段的水印即可。但是在大数据时代，这种方法无疑带来了巨大的工作量，可行性较差。

(2) 基于内容的检测方法，其核心思想是利用滑动窗口对视频进行分割得到多个片段，利用数学方法对每个片段进行特征表示，而后通过比较特征间的相似性，判断片段视频是不是合成的。这类方法的核心在于特征的选取，通常包含全局统计特征如整体亮度、色度、色调等，局部统计特征检测常使用 SIFT 与深度学习特征提取器等。

4. 篡改技术的未来与检测

随着生成对抗网络(GAN)的出现，篡改技术已经由传统方法转向利用 GAN 合成虚假文本、图像甚至视频，其效果已经危害了政治、社会等方面的安全。

1) 篡改技术的未来

在文本方面，研究人员相继提出了 LeakGAN 模型以及今年最为神秘的 GPT 模型，尽管 GPT 模型的具体参数尚未公开，但是其目前的效果已经达到可以生成令人无法区分新闻是否是谣言的程度，严重危害了社会舆论安全，极易引起恐慌，这也是 GPT 无法全面公开参数的原因。

在图像方面，BigGAN-deep 图像生成器已经可以合成几乎真实的图像，甚至可以合成一个世界上完全不存在的但符合人体特征的图像。还有网友利用 GAN 做了一个名为"此人不存在"的网站，用 AI 合成虚拟人脸，生成效果令人惊艳。

在视频方面，DeepFakes 作为 2018 年年初最黑科技的应用之一可以修改视频，将视频中 A 的脸直接移植到 B 的脸上，效果几乎完美，以至于美国众议院新提出一项法案 *DEEPFAKES Accountability Act*，对于 DeepFakes 等技术对大选可能造成的不利影响，建议政府与社交媒体合作，向业界施压，共同打击极端主义、虚假信息……对此类问题做出快速响应。在国内，DeepFakes 等技术的使用可能侵犯肖像权、危害社会公共利益乃至国家安全，因此也已经引起监管部门的关注。

2) 篡改技术的检测

尽管 GAN 生成假数据的能力强，但并不是不可检测的。例如：生成影像存在一些共同的缺陷，如水斑，荧光渗透，眼镜、饰物等不对称，头发光晕等问题，以及生成视频背景语音信息不连贯等。虽然这些缺陷因图像而异，并非每张图像都有，但可以作为判断生成图像的辅助证据。现阶段针对 GAN 生成影像的检测方法正处于起步阶段，因此究竟采取什么样的检测手段与其进行攻防对抗，未来值得我们进行探索与研究。

6.1.2　水军账户检测

随着在线社交网络的不断发展，基于社交网络的信息传播也越来越广泛和深入。然而近年来，有组织的网络水军的出现，导致社交网络上恶意灌水信息泛滥、谣言信息盛行、欺诈活动猖獗，造成巨大的社会以及经济损失，严重动摇了社交网络的安全基础，造成大量低价值信息充斥网络，严重影响了社交网络的发展前景，所以进行水军检测是一项迫在眉睫的工作。

根据所用信息的种类，水军检测方法可以分为三种：基于属性信息的检测方法、基于文本信息的检测方法和基于网络信息的检测方法。其中基于文本信息和基于网络信息的检测方法是目前研究的热门领域。不同的检测方法属于不同领域，因此检测方法大不相同。

根据每种方法的特点，我们将基于每种类型信息的方法分为两种：以特征工程为核心的传统方法和以自动化提取深度特征为核心的新型方法。传统方法中，虽然所利用信息种类不同，但其分类器种类大同小异，分类器所提取的特征或者制定的规则对于任务结果至关重要，因此传统方法可根据提取特征的种类不同进行划分。对新型方法，主要介绍以自动化提取深度特征为核心的处理方法。

1. 基于属性信息的检测方法

属性信息是指用户登录社交网络后，个人信息页面中除注册名名称、签名与头像外所呈现的信息内容。

1) 传统方法

从特征工程的角度来讲，基于属性信息的检测方法主要挖掘两类特征：用户注册的属性特征与交互形成的属性特征。

用户注册的属性特征是指从用户在注册社交网络账号时提供的个人信息中提取出的特征，例如：注册用户的年龄、性别、爱好、地区等。具体地，Subrahmanian 等人利用注册用户的年龄、位置、性别等特征检测 Twitter 网络中的机器水军或机器人用户。

交互形成的属性特征是指从用户在社交网络中与他人交流意见形成的交互信息中提取的特征，例如：粉丝数目、关注数目、好友数目、发文数目、信誉度评价等。Perez 等人利用用户信誉度、粉丝数目、关注数目等特征检测 Twitter 网络中的水军账户。

2) 新型方法

由于不同社交网络中可以获取的属性特征种类是不确定的，并且每种属性特征对于具体任务的贡献程度差异较大，因此需要一种方法处理不确定的属性特征，并自动挖掘贡献程度较大的属性特征。DS 证据理论作为一种不确定推理方法，其主要特点是：满足比贝叶斯概率论更弱的条件；具有直接表达"不确定"和"不知道"的能力，可以满足处理不确定属性信息的需求。目前研究人员利用证据理论综合考虑了目标用户的多源、多维属性信息，利用组合规则提取对水军检测贡献程度较大的特征组合。

2. 基于文本信息的检测方法

文本信息是指社交网络中用户发布的内容信息、其他用户发布的评论信息，以及用户个人信息页面的注册名名称、签名。

1) 传统方法

从特征工程的角度来讲，基于内容信息的检测方法主要挖掘两类特征：关键词特征与语法特征。

关键词特征是指从文本信息中提取出的特征关键词或者符号形成的特征，代表了浅层语义特征，例如：微博中的敏感词汇、以 URL 为代表的链接、以"@、#"为代表的某些特定符号等。具体地，Ratkiewicz 等人利用推文中包含的标签、提及、URL 等关键字符检测 Twitter 中的恶意攻击文章，配合其他特征检测水军用户。

语法特征是指分析文本信息得出的逻辑结构形成的特征，例如：篇章或语句的句法结构、词性统计、题材风格、标点使用情况等。具体地，Kumar 等人利用文本长度、文本组成比例、文章风格、语法等特征对维基百科中的知识进行分类，为构建后续的检测任务打下了良好的基础。

2) 新型方法

海量的字符或者单词组成了文本信息，如果使用关键词特征或者语法结构特征对每条文本进行表示，则得到的结果是稀疏的并且只能表征文本的统计性特征即浅层语义特征。因此需要一种方法自动化地表示文本"深层"语义特征。

深度神经网络根据文本的特征向量形式的输入，模拟人类神经系统，设立多层神经单元，深入挖掘文本中的深层语义特征。目前在水军检测领域，以擅长提取深度语义为特色的卷积神经网络、以擅长提取时序语义特征的循环神经网络都得到了有效应用。

注意力机制是最近几年以来最为热门的文本处理方法，通过设计注意力层或者注意力单元模拟人类的视觉注意力，可以有效提升捕获贡献程度突出特征的能力，有效改善了深度神经网络的提取能力。具体地，2018 年以来，研究人员提出 Transformer、BERT 等一系列注意力机制，打破了世界上自然语言处理领域的绝大部分纪录，但是在水军检测领域依旧未得到有效应用。

3. 基于网络信息的检测方法

网络信息是指社交网络中用户进行发布信息、评论等行为期间，形成的从微观到宏观的用户通联关系拓扑图。

1) 传统方法

从特征工程的角度来讲，基于网络信息的方法主要挖掘两类特征：通联关系特征和网络结构指标特征。通联关系特征是指从网络信息中提取的用户具体行为的特征，例如：用户发布信息的频次、时间差，邻居节点看到发布信息后的反馈频次、时间差等。具体地，Tsikerdekis 等人利用在主页、讨论区、文章等不同空间的回复消息数目分布构建 GR 指标，检测维基百科中的马甲账号或者水军，增强社交网络的安全性。

网络结构指标特征是指从网络信息中形成的全局网络结构图中提取的复杂网络结构

指标特征，例如：度、聚类系数、中心性、模度等。具体地，Qu 等人通过计算多种粒度的包含中心性、PageRank、模度、图平均路径等的 15 种网络指标，并结合修正的泊松模型与示性函数检测水军的突发攻击。

2) 新型方法

虽然利用传统方法提取出的特征具有普适性，但是其过于稀疏，最多不超过十几维特征，然而网络由成千上万的节点组成，这样的特征表示不足以有效区分数目如此庞大的节点，因此需要一种方法提取节点的多维深度特征，实现海量网络节点的区分。

谱分解将网络通联关系构建成邻接矩阵的形式，通过对邻接矩阵进行矩阵分解得到网络节点矩阵，而后将网络节点矩阵中的行向量视为节点的特征向量。具体地，FEMA 算法根据一定的正则化限制条件，利用张量分解对不同时间的三维张量分解，得到映射矩阵和核心张量，而后将核心张量作为用户的特征向量，应用于后续水军检测任务。

网络表示学习是一种新的网络结构分析方法，它将网络中的节点类比于文本中的单词，利用随机游走策略充分学习节点所在网络中的位置特征，对节点进行向量化表示。具体地，Maity 等人提出 Spam2vec 算法，该算法根据网络信息重构网络结构，利用基于随机游走的表示学习方法识别 Twitter 网络中的水军用户。

图神经网络是一种连接模型，首先利用节点间动态的信息传递，捕获网络节点间的依赖性，进一步利用深度神经网络在非欧式空间的扩展，提取网络节点的特征向量。图神经网络目前受到了研究人员的关注，具有良好的应用前景。

6.1.3　新兴事件检测

根据传播事件的用户真实性或者事件源头的数据真实性，我们可以完成对前两类"虚假"热点事件的检测，但是无法检测正常用户传播的真实事件。由于事件本身是实际发生的并且传播的用户是正常用户，因此在舆情爆发之前检测该类事件的难度较大。在社交网络时代，在舆论事件发展的早期及时探知，具有十分重要的研究和实践价值。

新兴事件检测的核心在于事件的早期发现，传统的基于聚类、主题模型、神经网络等技术的方法需要大规模的语料才能保证新兴事件检测的性能，如何在稀疏的样本下完成该任务是一个巨大的挑战。按照解决新兴事件的发现角度不同，目前的研究方法分为两类：一类是基于内容特征的突发性分析方法；另一类是基于信息传播特征的流行度预测方法。

1. 基于内容特征的突发性分析方法

基于内容特征的方法主要是通过观察话题的内容特征随时间的变化趋势，识别特征突变的时间点。根据处理内容的不同，可以分为基于文本特征的方法和基于非文本特征的方法，但流程通常采用数据采集、突发特征检测、突发特征聚类和趋势分析四个步骤。

(1) 基于文本特征的方法，是指利用消息中的文本内容等特征随时间的变化来检测新兴事件。该类方法的研究重点在于文本特征的定义和抽取、垃圾文本特征的过滤、外部知识库的融合以及话题的发展趋势预测等方面。按照话题定义，基于文本特征的方法可以分为基于突发关键词的方法和基于主题模型的方法。例如：通过在微博等社交媒体中检测特定话题，在每个时间窗口计算话题数目，来检测突发话题，预测新兴事件。

(2) 基于非文本特征的方法，是指利用社交网络的非媒体内容，如图像、视频、URL

等丰富的用户关系数据，来进行新兴事件的检测。例如：除考虑微博等平台发布内容外，加入事件中用户数量增长率、组织关键用户中高影响力用户的比例等因素。

基于内容特征的方法需要检测到内容特征的突变，即观测值和期望值之间的背离，也就是说社交网络中对某一事件产生了一定数量的转发和评论，并且已经达到了显著的水平。这在客观上造成了新兴事件被检测出的时间较大地滞后于事件实际发生的时间。另外，基于内容特征的方法也不能预测事件的参与者以及最终事件传播的范围，在需要预测事件参与者和爆发规模的场景中，可以采用基于信息传播模型的事件发现方法。

2. 基于信息传播特征的流行度预测方法

从信息传播的角度考虑，事件之所以流行，是因为有大量的用户转发了相关消息，引起了广泛的关注和评论。因此，如何将信息传播模型运用于社交网络的新兴事件检测是目前新兴事件检测研究的热点之一。其方法大致可以分为两类，即基于关键节点的检测方法和基于消息初始传播动态的检测方法。

在不同的研究领域，研究人员提出了各种各样的传播模型，例如疾病传播的 SIS 模型等。对于社交网络，由于其具有显式的网络结构，在具体实践中归纳出了以下两种基本的传播模型：独立级联模型 IC 和线性阈值模型 LT。这两种模型都将时间离散化并且所有激活节点的传播过程是同步的。后续 Satio 等人进一步打破了上述两种模型中的假设，提出考虑传播中时间延迟影响的 CTIC 和 CTLT 模型以及考虑传播中异步性的 ASIC 和 ASLT 模型。

(1) 基于关键节点的检测方法指通过选取社交网络中的关键节点集合来检测新兴事件。因此能否尽可能早地检测到事件流行或爆发的时间，关键在于网络中关键节点的选取、传播模型的建模以及模型中传播概率的学习。

(2) 基于消息初始传播动态的检测方法是假设已经检测到某个事件被前 k 个节点转发，预测事件之后是否可能爆发。真实的社交网络中，用户和用户间的传播影响力存在很大的差异，事件是否爆发往往取决于传播用户的影响力大小。因此，为了在真实的社交网络中利用消息的初始传播动态来检测新兴事件，需要准确估计用户的传播影响力。在网络结构的影响力评估方面，研究人员提出了一系列算法如 PageRank、LeaderRank 算法等；在基于话题的影响力估计方面，有利用因子图联合建模用户节点的话题分布和结构来计算社会网中的用户影响力的 TAP 模型。

基于传播模型方法的性能很大程度上取决于传播模型的好坏和用户间传播影响力的计算，在这点上，学术界目前的研究还没有能很好地和新兴事件发现应用结合起来。此外，该类方法需要丰富的历史传播数据进行模型的训练，这对数据的采集和处理也提出了较高的要求。

6.2 事件状态评估

事件状态评估的具体流程是，综合设计影响事件发生发展的各级影响因素，通过层次分析法、模糊分析法、主成分分析法等方法为各因素赋予权值，得到事件当前状态的综合等级指标。针对突发事件、电信诈骗事件、舆情事件建立影响因素的指标体系。以舆情事件为例，使用层次分析法对各层级指标赋予权值，最终得到事件状态的总体评估。

6.2.1　突发事件分析

突发事件是指突然发生，造成或者可能造成严重社会危害，需要采取应急处置措施予以应对的自然灾害、事故灾难、公共卫生事件和社会安全事件。具体来说，四类突发事件主要包括以下内容。

(1) 自然灾害：主要包括水旱灾害、气象灾害、地震灾害、地质灾害、海洋灾害、生物灾害、森林草原火灾等；

(2) 事故灾难：主要包括工矿商贸等企业的各类安全事故、交通运输事故、公共设施和设备事故、环境污染和生态破坏事件等；

(3) 公共卫生事件：主要包括传染病疫情、群体性不明原因疾病、食品安全和职业危害、动物疫情以及其他严重影响公众健康和生命安全的事件；

(4) 社会安全事件：主要包括恐怖袭击事件、经济安全事件、涉外突发事件等。

一般依据突发事件可能造成的危害程度、波及范围、影响力大小、人员及财产损失等情况，由高到低划分为特别重大(Ⅰ级)、重大(Ⅱ级)、较大(Ⅲ级)、一般(Ⅳ级)四个级别，并依次采用红色、橙色、黄色、蓝色加以表示。

突发事件是舆情产生的基础，属诱导因素，是网民情感释放的导火索；网络媒体是舆情产生的载体，属条件因素，是信息发布和公众情绪宣泄的平台；网民是舆情产生的主体，属推动因素，是网络信息的接收者也是传播者。突发事件状态评估指标围绕突发事件网络舆情产生的载体、主体和事件三者的作用力进行分析。指标体系包括网络媒体作用力、突发事件作用力和网民作用力三个维度。突发事件状态评估的指标体系如表 6.1 所示。

表 6.1　突发事件状态评估的指标体系

总目标	一级指标	二级指标
突发事件状态评估	突发事件作用力	突发事件敏感度
		突发事件持续时间
		突发事件危害性
		次生灾害发生可能性
	网络媒体作用力	突发事件网媒平台数量
		突发事件新闻报道次数
		报道内容全面性
	网民作用力	网上行为强度
		网下行为强度
		负面回帖总数

6.2.2　电信诈骗分析

电信诈骗是指通过电话、网络或短信方式，编造虚假信息，设置骗局，对受害人实施远程、非接触式诈骗，诱使受害人打款或转账的犯罪行为。电信诈骗通常冒充他人及仿冒各种合法外衣和形式或伪造形式以达到欺骗的目的，如冒充公检法、商家/公司/厂家、国家机关工作人员、银行工作人员、各类机构工作人员，以招工、刷单、贷款、手机定位、招嫖等各种形式进行诈骗。

根据 2016 年 8 月 360 手机卫士用户"吐槽信息"的统计分析：在用户接到的所有诈骗电话中，虚假的金融理财诈骗类最多，占 43.2%，此类诈骗在北上广深等大城市尤为盛行；其次是身份冒充诈骗类，占 25.2%。各类虚假的业务推销电话也是被用户大量吐槽的一类诈骗电话，其中推销违法业务诈骗类占 10.2%，推销假冒伪劣商品类占 8.4%，推销假医假药保健品类占 2.4%。此外，还有虚假中奖诈骗类占 3.3%，充值优惠诈骗类占 2.8%，其他类型占 4.5%。

表 6.2 给出了部分典型电信诈骗类型和诈骗方式。

表 6.2　典型电信诈骗类型和诈骗方式

诈骗类型		诈 骗 方 式
金融理财诈骗		以高额的理财回报为诱饵，诱骗受害者在钓鱼网站或以直接转账的方式购买基金、股票等金融理财产品，从而进行诈骗
身份冒充诈骗	冒充运营商	冒充运营商，谎称办理有关业务骗取银行卡密码、短信验证码，从而进行盗刷
	冒充领导	冒充领导，多以给客户、领导红包为借口要求转账进行诈骗
	冒充快递	冒充快递人员，以购物货款未付，需先付货款再提货为由进行诈骗
	冒充医保社保机构	冒充医保社保机构工作人员，以发放医保金、社保金为借口，诱骗受害者通过 ATM 转账来激活受领银行卡或缴纳保证金来进行诈骗
	冒充有关部门	冒充政府、企业机构，以办理相关业务为借口进行诈骗
	冒充商家客服	冒充购物网站等客服人员进行退款等操作从而诈骗
	冒充银行	冒充银行客服人员，以积分兑换、额度提升等方式进行诈骗
	冒充公检法	冒充公安局、检察院、法院人员，以受害者涉嫌洗钱、诈骗等刑事案件，需要缴纳保证金、资金打入安全账户为借口等进行诈骗
	冒充学校	冒充学校的领导、老师，以发奖学金为借口诱骗学生转账，进行诈骗
	冒充亲友	冒充亲友，以没钱治病、发生意外事故等借口骗取钱财
办理违法业务诈骗		多以提供代开发票、色情服务、查询隐私数据等违法违规业务为借口进行诈骗
推销假冒伪劣商品		以较低的价格销售假冒伪劣商品，从而进行诈骗
虚假中奖诈骗		谎称用户参加某活动中奖，以巨额奖金为诱饵，但需先支付保证金、手续费、税款等才能得到奖品来进行诈骗
充值优惠诈骗		增值业务服务商以打折、促销、优惠等借口骗取用户办理无用的扣费业务，造成用户话费损失
推销假医假药保健品		诈骗分子主要骗取老年人购买假药、保健品等无用产品，造成财产损失

电信诈骗事件的评估主要分为三个层次，一是用户被叫参与度，即用户作为被叫方被电信诈骗者进行拨号呼叫的参与程度，一般来讲用户被叫参与度越高，受骗的风险越大；二是用户主叫参与度，即用户经过诈骗者的一轮诱骗后，主动向诈骗者所诱导的同伙发起呼叫的参与程度，同理主叫参与度越高，受骗风险越大；三是用户交易风险强度，即用户经过前两轮诱骗后，即将或正在发起支付行为，该阶段对于用户而言是风险阻断的最后时

机，对诈骗者而言是获取非法所得的开始，直至用户察觉异常终止支付行为为止。电信诈骗事件状态评估的指标体系如表6.3所示。

表6.3　电信诈骗事件状态评估的指标体系

总目标	一级指标	二级指标
电信诈骗事件状态评估	用户被叫参与度	用户被叫频数
		用户被叫通话时长
		敏感词频数
		被叫呼叫突发性
		被叫呼叫参与率
	用户主叫参与度	用户主叫频数
		用户主叫通话时长
		敏感词频数
		主叫呼叫突发性
		主叫呼叫参与率
	用户交易风险强度	提供验证码
		提供付款码
		前往银行或ATM机
		未验货付款
		交易金额
		交易次数

6.2.3　舆情事件分析

近年来已经有许多学者开始研究网络舆情指标体系，并希望通过该体系的建立对舆情进行监测、评估或者预警。王静茹等人通过相关性分析和主成分分析相结合的方法对指标进行筛选，并基于BP神经网络设定各级指标权重来建立危机监测指标体系；宋余超等人根据数据立方体和雪花型模式，从舆情主题、舆情传播和舆情受众三个维度构建监测指标体系；聂峰英等人通过分析现有的网络舆情指标体系，并根据移动社交网络舆情的特殊性，建立了移动社交网络舆情预警的指标体系；陈新杰等人从网络舆情传播关系出发研究了网络舆情的发展演变过程，并基于此建立了包括发布主体在内的四维指标体系；兰月新以网络舆情作用机理和演变规则为基础，构建了网民反应、信息特征及事态扩散三个维度的突发事件网络舆情安全评估指标体系；张一文等人通过权重的计算来明确各个指标影响力的大小；戴媛等人将"舆情"与"网络"有机地契合，深入挖掘互联网上所体现的舆情演变规律，构建网络舆情信息在传播扩散、民众关注、内容敏感性以及态度倾向性四个维度的安全评估指标体系；曾润喜在向专家发放调查问卷的基础上，利用层次分析法设计了警源、警兆、警情三因素预警指标体系。覃玉冰等人根据我国网络舆情的实际情况，通过对网络舆情自身特点、作用机理以及演化规律的分析研究，并结合现有的网络舆情监测评估指标体系,利用层次分析法构建最小完备指标集,将网络舆情评估指标体系划分成为传播扩散、发布主体、内容要素以及舆情受众四个维度的网络舆情评估指标体系。

本小节以傅昌波等人[4]提出的指标体系为基础,采用层次分析法对事件当前状态进行评估。该体系将事件本体、事件主体、事件客体划分为一级指标,进一步细分为 7 个二级指标和 21 个三级指标。各级指标说明如下:

(1) 事件主体,包括事件性质和回应能力两个二级指标。事件性质是决定舆情风险的根本因素,根据国务院办公厅《关于在政务公开工作中进一步做好政务舆情回应的通知》(国办发〔2016〕61 号)所述,要求把握重点回应的政务舆情标准,并列举了需重点回应的舆情范围,即对政府及其部门重大政策措施存在误解误读的、涉及公众切身利益且产生较大影响的、涉及民生领域严重冲击社会道德底线的、涉及突发事件处置和自然灾害应对的、上级政府要求下级政府主动回应的政务舆情等。根据既往的经验来看,事件的公众利益相关性、事件的模糊性以及冲突性是舆情风险的重要影响因素。回应能力是决定舆情处置效果的关键因素,包括有专门的工作团队、成熟完善的回应机制以及多样化的发布平台等。

(2) 事件本体。舆情是一种矢量,对舆情测量的基本指标是强度(热度、关注度)和方向(态度、倾向性),在上述两个基本指标的基础上,还应该增加舆论增速指标,又可将其进一步细分为舆论强度增速和舆论方向增速。舆论强度、舆论方向两个二级指标又进一步细分为新闻媒体、社交媒体和境外媒体为载体的三级指标。

(3) 事件客体。在新互联网时代,舆情在新闻媒体、社交媒体、境外媒体等各类媒体的扩散程度也是判断舆情风险的重要指标;此外,辅助研判指标还包括:是否进入微博热搜榜、是否成为各类媒体分发平台(包括新闻网站、新闻客户端等)推荐新闻、是否成为网络讨论区论坛置顶、是否有网络推手活动迹象等。

具体的网络舆情事件评估指标体系如表 6.4 所示。

表 6.4　网络舆情事件评估指标体系

总目标	一级指标	二级指标	三级指标
事件当前状态层次分析结构模型	事件主体	事件性质	相关性
			模糊性
			冲突性
		回应能力	工作团队
			回应机制
			发布平台
	事件本体	舆论强度	新闻媒体热度
			社交媒体热度
			境外媒体热度
		舆论方向	新闻媒体态度
			社交媒体态度
			境外媒体态度

总目标	一级指标	二级指标	三级指标
事件当前状态层次分析结构模型	事件本体	舆论增速	舆论强度增速
			舆论方向增速
	事件客体	扩散程度	新闻媒体扩散度
			社交媒体扩散度
			境外媒体扩散度
		辅助研判	微博热搜
			媒体推荐
			论坛置顶
			网络推手迹象

6.2.4　事件状态评估的层次分析法

　　行为分析技术运用于事件状态评估，不仅可以支撑政府和媒体在事件发生初期迅速做出反应，减小网络事件破坏力，而且可以降低治理成本，提高治理效率。本书主要考察以网络为媒介的突发事件、舆情事件、电信诈骗事件的事件状态评估。采用层次分析法进行状态评估分析，主要基于事先划分好的事件状态评估的指标体系。以下主要以舆情事件评估为例，建立和求解层次分析结构模型。

　　利用层次分析法解决事件当前状态评估问题时，首先基于对事件状态影响因素的层次划分，分析各因素之间的相互作用，并将其转化为最底层各个因素对最高层(总目标)影响大小的两两比较问题，最终对事件当前状态给出综合量化评价。从社交平台到公开发布的内容监测对事件状态评估的流程图如图 6.2 所示。

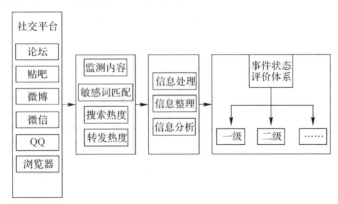

图 6.2　事件状态评估流程图

　　层次分析法主要分为四个步骤：首先建立层次分析结构模型，模型的建立往往需要监测媒体平台中获取的用户行为数据，如敏感词匹配、搜索热度、转发热度等，进而进行信息整理和分析，建立事件状态评价指标体系；其次构造判断矩阵；再次进行层次单排序及排序的一致性检验；最后进行层次总排序及排序的一致性检验。

1. 建立层次分析结构模型

对舆情事件状态评估建立的层次分析结构模型如表 6.4 所示。

2. 构造判断矩阵

对事件当前状态评估的层次分析法的量化依据，主要根据建立的层次分析结构模型，判断每一层次中各个因素的相对重要性，通过在一定尺度内对各因素重要性进行量化而得到判断矩阵。判断矩阵中的每个元素表示，针对上一层的某个因素，本层次各个因素之间重要性的关系比较。比如，针对上一层的一级指标舆情本体，本层的二级指标舆论强度、舆论方向、舆论增速之间的重要性是怎样的关系，也即二级指标之间进行比较，确定二级指标之间重要性的量化比例填入判断矩阵。一般而言，对各个因素的重要程度直接给出量化指标比较困难，因此层次分析法采用两两比较的方式构建判断矩阵。

设与上层因素 z 关联的本层级的 n 个因素分别为 x_1，x_2，$\cdots$，x_n，以 a_{ij} 表示因素 x_i 与 x_j 关于上层因素 z 的影响的比值，由此得到本层 n 个因素关于上层因素 z 的两两比较的判断矩阵：

$$A = \begin{bmatrix} a_{11} & a_{12} & \cdots & a_{1n} \\ a_{21} & a_{22} & \cdots & a_{2n} \\ \vdots & \vdots & & \vdots \\ a_{n1} & a_{n2} & \cdots & a_{nn} \end{bmatrix} \tag{6.1}$$

为便于分析，Satty 提出使用 1～9 及其倒数的标度来表示判断矩阵，如表 6.5 所示。

表 6.5　判断矩阵的九级表示方法

a_{ij} 取值	含　　义
1	x_i 与 x_j 同样重要
3	x_i 比 x_j 稍重要
5	x_i 比 x_j 重要
7	x_i 比 x_j 非常重要
9	x_i 比 x_j 极其重要
2,4,6,8	介于上述判断之间
倒数	若 x_i 与 x_j 的重要性之比为 a_{ij}，则 x_j 与 x_i 的重要性之比为 $a_{ji} = \dfrac{1}{a_{ij}}$

容易看出，A 矩阵中对于任意的 i、j 有：$a_{ij} > 0$，$a_{ji} = \dfrac{1}{a_{ij}}$，$a_{ii} = 1$，称具有这样元素的 A 矩阵为**正互反矩阵**。

3. 层次单排序及一致性检验

根据判断矩阵，可以得出该层次中各因素重要性的权值。由于判断矩阵表示各个因素之间重要性的比较关系，若将重要性权值定义为：某个因素的重要性等于与之相关的其他因素重要性的加权和，则可使用判断矩阵的最大特征值对应的归一化特征向量中的元素作为各因素的权值。使用特征向量作为重要性权值的解释与主成分分析、节点的特征向量中心性的解释类似：特征值越大表示该维度能够解释各因素之间更多的变异性，因此其对应的特征向量是最具代表性的一组重要性权值，计算公式如下：

$$Aw = \lambda w \tag{6.2}$$

为了得到合理的归一化特征向量，在求取最大特征值与特征向量之前，需要对判断矩阵的一致性进行检验。判断矩阵的一致性，即判断各因素的重要性之比从"传递性"的角度上是否存在矛盾。例如，x_i 比 x_j 强烈重要，x_j 比 x_k 强烈重要，那么 x_i 应该比 x_k 强烈重要甚至极其重要，倘若判断矩阵中出现 x_k 比 x_i 重要，则在"传递性"的角度上存在矛盾。一致性检验主要是检验判断矩阵是否存在重要性不一致的矛盾，进而判断矛盾是否在可接受的范围之内。

根据这一思想，给出一致性矩阵 A 的定义：设 A 为 n 阶正互反矩阵，对任意 i、j、k 有：$a_{ik} \times a_{kj} = a_{ij}$，则称 A 为一致性矩阵。满足以上定义的判断矩阵具有严格的一致性。显然，一阶、二阶正互反判断矩阵是一致性矩阵。可以证明，对于一致性矩阵 A，A 的最大特征值等于 A 的阶数 n。由于具体问题的复杂性和模糊性，实际判断矩阵未必严格满足一致性的条件，实际应用中只需判别其满足广义一致性即可。判别的依据是 A 的最大特征值偏离阶数 n 的程度，具体判别方法为判断矩阵 A 的一致性指标与平均随机一致性指标的比率小于给定阈值。

一致性检验的步骤如下：

(1) 计算判断矩阵的最大特征值 $\lambda_{\max}$。

(2) 计算一致性指标 CI：

$$CI = \frac{\lambda_{\max} - n}{n - 1} \tag{6.3}$$

(3) 查表得到 A 矩阵对应阶数的平均随机一致性指标 RI。

平均随机一致性指标由随机试验法求得。计算方法为：给定矩阵阶数 n，随机地使用九级表示方法构造正反矩阵并求其最大特征值，按此法重复计算 N 次(N 足够大)，由这 N 个最大特征值 $\lambda_1, \lambda_2, \cdots, \lambda_N$ 求得随机一致性指标：

$$RI = \frac{\frac{1}{n}(\lambda_1 + \lambda_2 + \cdots + \lambda_n) - n}{n - 1} \tag{6.4}$$

按 $N = 1000$ 得到的平均随机一致性指标如表 6.6 所示。

表 6.6　平均随机一致性指标

矩阵阶数	3	4	5	6	7	8	9	10	11	12	13
RI	0.58	0.90	1.12	1.24	1.32	1.41	1.45	1.49	1.51	1.54	1.56

计算一致性比率 CR：

$$CR = \frac{CI}{RI} \tag{6.5}$$

一般地，当 CR<0.1 时认为判断矩阵 A 有较好的一致性；当 CR≥0.1 时认为判断矩阵不具有较好的一致性，需要进行修正。

4. 层次总排序及一致性检验

层次单排序的一致性检验主要检验上层某一因素对下层各因素之间判断矩阵的一致性，也即该层次下各因素权重的合理性。而层次总排序的一致性检验是检验最底层因素相对于总目标权值的合理性。根据层次单排序所确定的各层次的权值分配，我们容易求得最底层因素相对于总目标的权值，即从最底层起，各层次权值相乘。层次总排序一致性检验的主要思想是，按最底层因素相对于总目标的权值，求得底层一致性指标的加权平均，并与底层平均随机一致性指标加权平均相除，得到 CR^* 指标，再比较 CR^* 是否超过阈值判断一致性。

在实际应用中，整体一致性检验常常被省略，原因是若层次单排序通过一致性检验而总排序未通过检验，则需要从整体上重新调整各层次的判断矩阵，直到单排序和总排序一致性检验均通过为止。但在实际使用中较为困难，且未必能得到二者均通过检验的判断矩阵。因此层次分析法的主要步骤为：建立层次分析结构模型；构造判断矩阵 A；求矩阵 A 的最大特征值和对应的特征向量并归一化；进行层次单排序一致性检验，若通过检验，则权重设置结束，若未通过检验，则需修改判断矩阵重新检验，直到通过检验为止，得到各层级因素的权重。

总目标对一级指标的判断矩阵如表 6.7 所示。

表 6.7　总目标对一级指标的判断矩阵

总目标	F1 事件主体	F2 事件本体	F3 事件客体
F1 事件主体	1	3	1
F2 事件本体	1/3	1	1/2
F3 事件客体	1	2	1

根据公式(6.2)，w 为 A 的最大特征值 $\lambda_{\max} = 3.0183$ 对应的特征向量

$$w = (0.443,\ 0.169,\ 0.387)^{\mathrm{T}}$$

根据公式(6.3)，则

$$CI = \frac{3.0183 - 3}{3 - 1} = 0.0092 \tag{6.6}$$

查表得 RI = 0.58，根据公式(6.5)，则

$$CR = \frac{CI}{RI} = \frac{0.0092}{0.58} = 0.0159 < 0.1 \tag{6.7}$$

一级指标对二级指标的判断矩阵如表 6.8～表 6.10 所示。

表 6.8　一级指标对二级指标的判断矩阵(1)

F1 事件主体	F11 事件性质	F12 回应能力
F11 事件性质	1	3
F12 回应能力	1/3	1

$\lambda_{\max} = 2$，对应的特征向量为

$$w = (0.75,\ 0.25)^{\mathrm{T}} \tag{6.8}$$

表 6.9　一级指标对二级指标的判断矩阵(2)

F2 事件本体	F21 舆论强度	F22 舆论方向	F23 舆论增速
F21 舆论强度	1	1/3	3
F22 舆论方向	3	1	5
F23 舆论增速	1/3	1/5	1

$\lambda_{\max} = 3.0385$，对应的特征向量为

$$\boldsymbol{w} = (0.258, 0.637, 0.105)^{\mathrm{T}}$$

同样根据公式(6.3)，则

$$\mathrm{CI} = \frac{3.0385 - 3}{3 - 1} = 0.0192 \tag{6.9}$$

查表得 $\mathrm{RI} = 0.58$，根据公式(6.5)，则

$$\mathrm{CR} = \frac{\mathrm{CI}}{\mathrm{RI}} = \frac{0.0192}{0.58} = 0.0331 < 0.1 \tag{6.10}$$

表 6.10　一级指标对二级指标的判断矩阵(3)

F3 事件客体	F31 扩散程度	F32 辅助研判
F11 扩散程度	1	5
F12 辅助研判	1/5	1

$\lambda_{\max} = 2$，对应的特征向量为

$$\boldsymbol{w} = (0.833, 0.167)^{\mathrm{T}} \tag{6.11}$$

同理可得二级指标对三级指标的判断矩阵和三级指标权值，此处不再细述。按照层次分析法，通过上述步骤可得出总目标对三级指标的权值分配，如表 6.11 所示。

表 6.11　总目标对三级指标的权值分配

总目标	一级指标权值	二级指标权值	三级指标权值	相对总目标权值
事件当前状态层次分析结构模型	事件主体 0.443	事件性质 0.75	相关性 0.405	0.13456
			模糊性 0.480	0.15948
			冲突性 0.115	0.03821
		回应能力 0.25	工作团队 0.405	0.04485
			回应机制 0.480	0.05316
			发布平台 0.115	0.01274
	事件本体 0.169	舆论强度 0.258	新闻媒体热度 0.633	0.02776
			社交媒体热度 0.260	0.01140
			境外媒体热度 0.106	0.00465
		舆论方向 0.637	新闻媒体态度 0.090	0.00975
			社交媒体态度 0.354	0.03833
			境外媒体态度 0.556	0.06021

续表

总目标	一级指标权值	二级指标权值	三级指标权值	相对总目标权值
事件当前状态层次分析结构模型	事件本体 0.169	舆论增速 0.105	舆论强度增速 0.250	0.00446
			舆论方向增速 0.750	0.01339
	事件客体 0.387	扩散程度 0.833	新闻媒体扩散度 0.115	0.03707
			社交媒体扩散度 0.703	0.22663
			境外媒体扩散度 0.182	0.05867
		辅助研判 0.167	微博热搜 0.211	0.01364
			媒体推荐 0.381	0.02462
			论坛置顶 0.056	0.00362
			网络推手迹象 0.353	0.02281

以上通过层次分析法所得的事件当前状态评估对各个底层因素的权值不是一成不变的，可根据具体情况调整各层级的判断矩阵，因此所得的各底层因素的权值可能随之改变。

由层次分析法得到事件状态的估计评分后，再对历史各类典型突发事件、舆论事件等按同样指标体系计算得到的事件状态评分进行比较，从而预估当前事件的风险等级。

本 章 小 结

本章针对网络事件的检测与评估做了系统阐述，其中第一节主要列举并分析了现有网络事件中的图像/文本等虚假信息、水军账号、新兴事件等舆情事件中重点信息的检测方法；第二节分析了相关舆论事件的状态评估体系与方法。网络事件检测与状态评估是网络治理中的重要组成部分，相关结果是舆论事件治理的重要基础和治理方案确立的前提，对网络事件进行检测、治理、跟进与分析是网络治理方式不断进步的必由之路。随着硬件技术与人工智能技术的不断发展，各种检测手段与评估方法也在不断进步，网络治理的效果必将更好、更智能。

本 章 参 考 文 献

[1] SHU K，SLIVA A，WANG S，et al. Fake News Detection on Social Media: A Data Mining Perspective[J]. ACM SIGKDD Explorations Newsletter，2017，19(1)：22-36.

[2] 付常辉. 数字图像篡改鉴别技术在网络舆情监视中的应用研究[D]. 长沙：国防科学技术大学，2016.

[3] 胡瑞娟. 网络舆情中的同源视频检测[D]. 天津：中国民航大学，2014.

[4] 傅昌波，郭晓科. 基于层次分析法的舆情风险评估指标体系研究[J]. 北京师范大学学报(社会科学版)，2017(6):150-157.

第 7 章　网络事件溯源

现如今，随着互联网的飞速发展，线上社交网络对线下社会生活的影响力不容忽视，"星星之火，可以燎原"，有些网络传言和信息会带来极大的正面或者负面影响，群体性事件的爆发往往也是由最初的某个人发布的一段文字、一张图像或者一个视频引起的。信息溯源是信息传播的逆过程，追溯信息的源头，不论信息是好还是坏，从任何角度来讲都是必要的。及时控制信息传播，并寻找信息的源头，在实现信息溯源和治理的同时，也实现了对用户行为的溯源和治理。因此，分析信息传播过程、定位信息发布源头对于把握舆论方向，掌握舆论主动权，起着至关重要的作用，这是开展信息内容安全管理和网络群体性事件治理的前提基础，是维护社交网络环境稳定的重要一环，在网络空间治理中占有重要的地位。

7.1　图像视频理解

目前，很多网络事件的传播依赖于图像或视频。相比于单纯的文字传播，图像或视频的表达更为直观，传播更为广泛，其煽动、操纵民意的能力也更强。那么，能否以图像或视频为突破口，通过理解图像及视频，追溯网络事件的起因？

图像理解技术在事件溯源方面具有非常广阔的实际应用前景。譬如，随着互联网的快速发展以及智能手机等各种便携数字化设备的全面普及，网络上的数字图像资源急剧膨胀，如今每一秒都有数百万张图像通过各种渠道上传到各种大规模存储设备中，因此，满足人们对图像的高效准确检索的需求显得十分迫切。在实际应用中，人们最常获取的事件信息往往是基于文本的，如果想根据事件信息进行图像搜索，就要使用基于文本的图像检索方法。该方法需要给每幅图像标注描述性的关键词，并建立关键词和图像之间的索引数据库，在检索时通过比较用户输入的查询词与数据库中的关键词之间的语义相似度来确定查询结果，然后将对应的图像返回给用户，从而完成图像检索的过程。然而人工标注的关键词或描述字段存在一定的主观性，效率低、开销大且难以充分表达图像的丰富内容，使检索能力受到了较大的限制。将图像描述生成技术应用于跨模态检索(即基于文本的图像检索)中，自动为海量图像生成语义丰富的描述性句子，可以帮助用户在海量相关图像中更快速准确地检索到与跟踪事件密切相关的图像，并能减少大量的人工标注所需的劳动力。

图像理解技术将计算机视觉任务和自然语言处理任务相结合，搭建了视觉和语言之间的桥梁，同时也具有很大的挑战性。目前，图像理解技术已取得了很多成果。由于图像描述生成技术具有显著的多模式、跨领域特性，因此它的发展将有助于推动对事件的追溯。

目前主要存在两种图像视频理解方法，即基于特征的经典方法和端到端的深度学习方法。其中，经典的图像视频理解方法首先从图像中提取特征，然后根据特征对图像或视频进行内容分析，识别物体、动作等。近年来，随着计算机性能与容量的指数增长，以深度学习为代表的端到端方式得以广泛应用。其中，图像描述生成与视频描述生成分别可根据输入图像和输入视频生成对应的文字描述，进而在无需手动提取特征的前提下，直接生成针对输入图像的文字描述。

由于视频的本质是多帧图像，所以视频理解方法与图像理解方法存在诸多相似之处。因此，本节主要介绍图像理解方法，对视频理解方法仅做简单介绍：本节将在 7.1.1 小节介绍常用的图像理解方法，在 7.1.2 小节介绍基于深度学习的图像描述生成方法，在 7.1.3 小节介绍行人身份识别方法，在 7.1.4 小节简单介绍视频理解方法。

7.1.1　基于特征的图像理解方法

1. 词袋模型

"词袋"一词源于文本。在信息检索领域中，针对某些文档，词袋模型将其包含单词的词频进行统计，转化成一个词的集合。在转化过程中，词袋模型忽略了词之间的顺序和语法，仅统计其出现的次数。词袋模型将文档中的每个词按照一定的次序输入一个字典，并按照字典的顺序，将文档转化成一个表示词频的向量。

例如，有如下两个文档：

A black bird and a red bird fly to the forest.

A bird in the forest is singing.

词袋模型基于这两个文档构造一个词典：

Dictionary= {1: 'a', 2: 'black', 3: 'bird', 4: 'and', 5: 'red', 6: 'fly', 7: 'to', 8: 'the', 9: 'forest', 10: 'in', 11: 'is', 12: 'singing'}

这个词典共包含 12 个不同的单词。利用词典的索引号，以上两个文档均可表示为 12 维的向量：

A black bird and a red bird fly to the forest. →1 2 3 4 1 5 3 6 7 8 9

A bird in the forest is singing.→1 3 10 8 9 11 12

若采用二进制向量表示则向量中每个元素表示词典中对应元素在文档中出现的次数。

词袋模型也可以应用于图像表示。为表示一幅图像，可将图像看作由若干个"视觉词汇"组成的集合，如图 7.1 所示。

因此，首先需要从图像中提取相互独立的视觉词汇，这通常需要以下三个步骤：

(1) 特征检测。

(2) 特征表示。

(3) 单词本的生成。

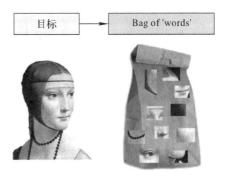

图 7.1　词袋模型应用于图像表示

从图 7.2 中可以看出，同一类目标的不同实例间有共同之处。例如，每辆自行车都有一个把手、两个轮子和一个车座。我们可以将同一类目标的不同实例之间的共同部位提取出来，作为识别该类目标的视觉词汇。

图 7.2　图像中提取的视觉词汇

尺度不变特征变换(Scale-Invariant Feature Transform，SIFT)算法是提取图像中局部不变特征时应用最广泛的算法，我们可以用 SIFT 算法从图像中提取不变特征点，作为视觉词汇，并构造单词表，用单词表中的单词表示一幅图像。以图 7.3 中的人脸、自行车和吉他为例，下面详细说明将图像表示成数值向量的方法。

图 7.3　从每类图像中提取视觉词汇

(1) 利用 SIFT 算法，从每类图像中提取视觉词汇，将所有的视觉词汇集合在一起，如图 7.3 所示。

(2) 利用 K-Means 算法构造单词表。K-Means 算法是一种基于样本间相似性度量的聚类算法，需要给出类的个数 K。算法将数据中的 n 个对象划分为 K 类，使得每一类内所有对象的相似度较大，类间相似度较小。在步骤(1)中，已经通过 SIFT 算法将图像表示成了视觉词汇。图像中可能有若干个视觉词汇，为减少词汇数量，可用 K-Means 算法对视觉词汇向量进行聚类，对视觉词汇进行合并，将其作为单词表中的基础词汇。若设定 $K=4$，那么单词表的构造过程如图 7.4 所示。

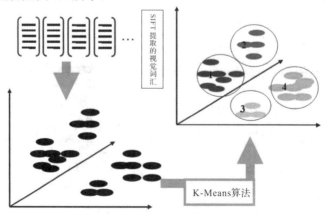

图 7.4　单词表的构造

(3) 利用单词表中的词汇表示图像。通过统计单词表中每个单词在图像中出现的次数，可以将图像表示成一个 K 维数值向量。

通过合并，词汇表中只包含了 K 个视觉单词。根据直方图中出现次数最高的单词，就能实现对图像中物体的识别。每幅图像的直方图表示如图 7.5 所示。

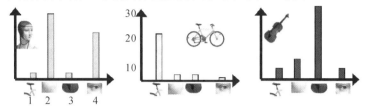

图 7.5　每幅图像的直方图表示

此类方法可用于事件溯源中关键物体的识别。首先根据已有数据提取若干关键词，然后识别已有资料图像中的物体，从而对关键词进行补充；或根据已有数据，从备选图像中选出与事件相关度高的图像，最后对选中图像进行进一步解析。

2. Part-based 模型

上面所述的词袋模型仅考虑了特征间的共生关系而忽略了空间关系，因此在目标识别上有一定的缺陷。若将目标细分为若干个部分，充分考虑每个部分对应的特征块之间的空间关系，就能为目标识别提供更有效的知识信息。Part-based 模型就是根据上述思想设计出来的。其中，星群模型是 Part-based 模型的典型应用。星群模型将图像视为视觉检测算子的向量集合，对这些特征进行概念分析，把它们归于某个 part，而不是词袋模型中简单的聚类，因此该特征属于中高层。融入空间关系的特征分析更接近人的认知和理解过程。

星群模型输入为 $\{x,s,d\}$，其中 x 为图像中特征的位置信息，s 表示特征区域的半径尺度，d 为描述空间的特征向量。第 i 幅图像包含 N_i 个特征，特征类型为 t，X、D、S 为所有图像中所有检测算子下所有类型特征的表述。

星群模型根据目标训练样本学习到 P 个部分的参数 θ_{fg}，背景样本遵循固定统一参数 θ_{bg} 分布，测试样本(N 个注视特征 X^i, D^i, S^i)由类别后验概率比判断是否包含指定目标，即

$$
\begin{aligned}
R &= \frac{p(\text{Object}\,|\,X^i,D^i,S^i)}{p(\text{NoObject}\,|\,X^i,D^i,S^i)} = \frac{p(X^i,D^i,S^i\,|\,\text{Object})p(\text{Object})}{p(X^i,D^i,S^i\,|\,\text{NoObject})p(\text{NoObject})} \\[2mm]
&\approx \frac{p(\text{Object})\int p(X^i,D^i,S^i\,|\,\theta)p(\theta\,|\,\text{Object})\mathrm{d}\theta}{p(\text{NoObject})\int p(X^i,D^i,S^i\,|\,\theta')p(\theta'\,|\,\text{Object})\mathrm{d}\theta'} \\[2mm]
&\approx \frac{p(X^i,D^i,S^i\,|\,\theta_{\text{fg}})p(\text{Object})}{p(X^i,D^i,S^i\,|\,\theta_{\text{bg}})p(\text{NoObject})}
\end{aligned}
\tag{7.1}
$$

星群模型依次通过对各项的概率密度分析得到各项的计算公式，进行目标判断和目标识别。每个 part 中的特征属于目标的同一概念子体。

3. 基于特征的图像理解方法的应用

基于特征的图像理解方法适用于先验知识丰富或带标签数据较少的情况。若先验知识丰富，就可根据其设计合理的特征提取方法，从而快速高效地完成物体和动作的识别。若未获得相关领域大量图像及图像的对应描述，则深度学习模型将没有足够的训练数据，进而无法训练出合理的模型。

例如，基于特征的图像理解方法可用于解决图像理解中的行人计数问题。热点事件往往伴随着较大的人流量，人流密度可作为判断追踪热点事件的准则之一。具体地，图像中的人数统计大致可分为以下三个步骤[1]：

(1) 图像分割。为得到目标的头部轮廓，需要通过图像分割去除背景图像。通过比较头部大小和头发灰度的阈值确定人体目标，计算后获得大量黑色连通区域。

(2) 人体识别。计算场景中不同位置的黑发团所占面积。在图像中的不同位置，人体头部大小可能不同，因此要事先估计图像各部分的头部大小，然后根据上一步产生的黑色连通区域，确定黑发团面积。

(3) 场景理解。根据人口密度等级估算人数，并进一步通过不同地区的密度等级来确定现场情况，估算人员密度。

7.1.2　深度学习方法生成图像描述

目前，以深度学习为代表的人工智能技术已经越来越多地渗透到各个领域。深度学习端到端的处理方式使得原始数据可以不经过特征工程就生成目标数据。在图像理解领域，图像描述生成就是实现将图像转化成文字描述的一类算法的总称。如图 7.6 所示，就是利用最新的深度学习技术实现自动生成图像描述文字。图像描述生成是视觉和语言的集合。不同于图像分类、识别、目标检测这类独立标签式的粗粒度的图像理解任务，图像描述生成研究的是用通顺连贯的自然语言描述图像的内容。图像描述生成以图像为对象，用具有一定结构和语法规则的语句呈现图像的内容，包括图像展示的场景，场景中的物体，物体的动作、属性以及物体之间的关系，使机器拥有人类理解图像的能力，进而实现人与机器的自然交流。

（a）一只戴着红色墨　　　（b）几辆汽车和一辆摩托车在一条　　　（c）几个人坐在椅子上和一个小孩
西哥宽边帽的狗　　　　　　冰雪覆盖的街道上　　　　　　　　看一个人在吹小号

图 7.6　图像描述生成的例子

1. 基于视觉输入的图像描述生成

基于视觉输入的图像描述生成方法，首先通过分析给定图像的视觉内容来预测其最可能的含义，然后生成一个反映该含义的句子。这种类别的图像描述生成模型的大致实现流程如下：

(1) 利用计算机视觉技术对场景类型进行分类，检测图像中出现的对象，预测对象与属性之间的关系，并识别对象之间的动作。

(2) 生成阶段，将检测器输出转换为单词或短语。然后，使用自然语言生成技术将单词或短语结合起来，生成图像的自然语言描述。

本小节介绍的模型直接将图像映射为对应的描述。表 7.1 所示是对现有图像描述生成方法的归纳。基于视觉输入的方法不仅依赖于预定义的场景、对象、属性和动作，而且假设每个语义检测器是精确的。上述假设未必成立，因此此类方法准确性相对较差。

表 7.1　图像描述生成方法归纳

文　献	基于视觉输入	从视觉空间中检索	从多模空间中检索
Farhadi et al. (2010)			√
Kulkarni et al. (2011)	√		
Li et al. (2011)	√		
Ordonez et al. (2011)		√	
Yang et al. (2011)	√		
Gupta et al. (2012)		√	
Kuznetsova et al. (2012)		√	
Mitchell et al. (2012)	√		
Elliott and Keller (2013)	√		
Hodosh et al. (2013)			√
Gong et al. (2014)			√
Karpathy et al. (2014)			√
Kuznetsova et al. (2014)	√		
Mason and Charniak (2014)		√	
Patterson et al. (2014)		√	
Socher et al. (2014)			√
Verma and Jawahar (2014)			√
Yatskar et al. (2014)	√		
Chen and Zitnick (2015)	√		√
Donahue et al. (2015)	√		√
Devlin et al. (2015)		√	
Elliott and de Vries (2015)	√		
Fang et al. (2015)	√		
Jia et al. (2015)	√		√
Karpathy and Fei-Fei (2015)	√		√
Kiros et al. (2015)	√		√
Lebret et al. (2015)	√		√
Lin et al. (2015)	√		
Mao et al. (2015a)	√		√
Ortiz et al. (2015)	√		
Pinheiro et al. (2015)			√
Ushiku et al. (2015)			√
Vinyals et al. (2015)	√		√
Xu et al. (2015)	√		√
Yagcioglu et al. (2015)		√	

　　直接生成图像描述的方法适用于事件溯源中的图像分析部分。这种方法需要利用带有文字描述的图像进行训练，使用模型时直接将图像输入模型，即可得到对应的文字描述。若已知与事件相关的图像，可利用该方法将图像转换为文字，对已知事件信息进行补充。

2. 基于视觉空间检索的图像描述生成

　　基于视觉空间检索的图像描述生成是指通过检索与待描述图像类似的图像，自动生成图像描述的过程。此类方法利用视觉空间中的相似性检索与原图相似的图像，被检索的图像本身自带文字描述，从而将描述生成问题转化为相似图像查询问题。与直接生成描述的模型相比，检索模型通常需要大量的训练数据才能提供相关描述。

　　基于视觉空间检索的方法通常遵循以下三个主要步骤：

　　(1) 通过特定的视觉特征表示给定的查询图像。

　　(2) 基于所使用的特征空间中的相似性度量从训练集中检索候选图像集。

　　(3) 通过进一步利用包含在检索集中的视觉或文本信息来重新排列候选图像的描述，或者根据某些规则或方案组合候选描述的片段。

　　此类方法的好处在于，将图像描述生成问题转化成了图像相似度对比问题。此外，其不仅可以通过在数据库中检索与待描述图像相似的图像，进而生成待描述图像的文字描述；还可以通过文字检索到对应的图像。在事件溯源中，该方法可以进行图像与文字的相互转换，便于对信息的掌控，从而对溯源过程进行辅助。

3. 基于多模空间检索的图像描述生成

　　基于多模空间检索的图像描述生成是在多模空间中将图像描述生成作为检索问题来研究，此类模型的动机如图 7.7 所示。所谓的多模空间是指，将图像和文字描述编码后映射到同一空间。如图 7.7 所示，通过多模空间，模型既可以根据输入图像找到对应的文字描述，也可以根据文字描述找到对应的图像。

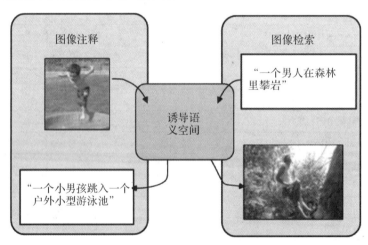

图 7.7　基于多模空间检索的图像描述生成的动机

　　基于多模空间检索的图像描述生成模型的主要步骤如下：

　　(1) 使用一组训练图像描述对，学习视觉和文本数据的通用多模空间。

　　(2) 给定查询，使用联合表示空间执行跨模态(图像-句子)检索。

在基于视觉空间检索的图像描述生成模型中，首先检索单峰图像，然后将检索到的描述进行排序。而此方法首先将图像和句子特征投影到共同的多模空间中，然后在多模空间中检索给定图像的描述。这种方法的优点在于它允许双向模型的实现，也就是说，公共的多模空间也可以用于为输入的文字描述检索最合适的图像。

4. 图像描述生成方法的应用

基于深度学习的图像描述生成方法适用于先验知识较少，或训练数据充足的情况。基于特征的图像理解方法通过特征识别物体和物体的行为，再将关键词填入句子模板；而基于深度学习的方法直接根据输入图像生成对应的句子，形式更为灵活。

上述图像理解方法可用于解决搜索热点事件对应图像的问题。热点事件往往伴有大量图像，如果能将图像转换为对应文字，就能在海量数据中找到事件对应的图像，进而补充热点事件的信息。为达到这一目的，首先应将可能对应的图像转换为文字。具体的转换过程大致可分为以下三个步骤：

(1) 利用卷积神经网络(Convolutional Neural Network，CNN)提取原始图像中的特征信息。

(2) 将特征转换为向量形式。由于图像以矩阵的形式呈现，因此提取出的特征也呈矩阵形式，而输出的文字是向量形式。为使图像信息与输出相统一，将特征矩阵逐行排列，转化为向量。

(3) 用长短期记忆(Long Short-Term Memory，LSTM)网络生成图像对应的文字描述。

在生成当前图像的文字描述后，可通过文字的聚类和关联搜索进行跨模态溯源。例如，若图像的对应描述为一群人在游行，就可以在现有文字数据中以"游行"为关键词进行检索，进而锁定可能的事件。

此外，图像描述生成还可与其他技术结合，互为补充。例如，若图像中有文字信息或典型的标志物信息，可通过光学字符识别(Optical Character Recognition，OCR)技术对文字进行识别，通过标志识别技术对特定标志物进行识别，联合图像描述生成的结果和文字信息，进行联合事件溯源。

7.1.3　行人身份识别

如果在事件溯源的过程中，相关图像中含有人的信息，那么对人身份的准确识别是溯源的关键技术之一。行人身份识别可以对事件溯源起到很大的帮助。例如，通过人脸识别系统，警方在张学友演唱会上多次抓获逃犯。2019 年 4 月，机场通过自动识别技术捕获了已经潜逃三年之久的北大弑母嫌疑人吴谢宇。上述嫌疑人的追捕归功于人脸识别技术的进步与公安系统数据的完善和同步。然而，当图像中的人脸不清楚或没有人脸时，人脸识别技术对行人身份的识别不再有效。此时，我们可以通过行人重识别技术，利用行人的身体特征对其身份进行识别。因此，行人重识别技术可以与人脸识别技术互为补充，在智能安防、智能寻人系统和智能商业领域发挥作用。

下面将分别介绍行人重识别和人脸识别技术。

1. 行人重识别

当图像中的人脸清晰度不高，或没有拍摄到人脸时，可以利用行人重识别技术对人的身份进行识别。此类方法适用于已知部分先验信息的情况。如，已将目标锁定于几个人，并有嫌疑目标的其他图像信息，就可以利用行人重识别技术确定嫌疑人。公安系统对犯罪行为进行溯源时，调出的监控录像往往像素低且不能拍到人的正脸，在这种情况下可利用该技术将监控中的信息与入库嫌疑人进行比对，实现对犯罪行为的溯源。

1) 基于表示学习的行人重识别方法

基于表示学习的行人重识别方法的重点在于设计鲁棒可靠的行人图像特征表示模型，即能够区分不同行人，同时能够不受光照和视角变化的影响。基于表示学习的行人重识别方法主要分为以下几类。

(1) 底层视觉特征：这种方法的主要思想是将图像划分成多个区域，对每个区域提取多种不同的底层视觉特征，组合后得到鲁棒性更好的特征表示形式。其中，最常用的模型是颜色直方图。多数人的衣服颜色结构简单，因此颜色表示是一个有效的特征。通常，模型使用 RGB、HSV 直方图表示。把 RGB 空间的图像转化成 HSL 和 YCbCr 颜色空间，观察对数颜色空间中目标像素值的分布，颜色特征在不同光照或角度等行人识别的不适环境中具有一定的不变性。提取形状特征的方法包括：方向梯度直方图(Histogram of Oriented Gradients，HOG)以及局部特征，尺度不变特征变换(Scale-Invariant Feature Transform，SIFT)，SURF 和 Covariance 描述子 ELF(Ensemble of Localized Features)方法，结合 RGB、YCbCr、HSV 颜色空间的颜色直方图，具有旋转不变性的 Schmid 和 Gabor 滤波器计算纹理直方图。

(2) 中层语义属性：可以通过语义信息来判断两张图像中的行人是否属于同一人，比如二者身上的颜色、衣服以及携带的包等信息。相同的行人在不同视频拍摄下，语义属性很少变化。Layne 等人采用 15 种语义来描述行人，包括鞋子、头发的颜色和长短、是否携带物品等，使用 SVM 分类器定义每幅行人图像的以上语义属性，结合语义属性重要性加权以及与底层特征融合，最终描述行人图像。

(3) 高级视觉特征：利用特征选择技术对行人再识别的识别率性能进行提升，如 Fisher 向量编码；提取颜色或纹理直方图，预先定义块或条纹形状的图像区域；或者利用编码区域特征描述符来建立高级视觉特征。有学者运用某种描述符对密集轨迹、纹理、直方图进行编码，突出重要信息。受到多视角行为识别研究和 Fisher 向量编码的影响，有学者提出捕获软矩阵的方法，即 DynFV(Dynamic Fisher Vector)特征和捕获步态和移动轨迹的 Fisher 向量编码的密集短轨迹时间金字塔特征。Fisher 向量编码方法是用来解决大尺度图像分类的方法，也能改善模型行为识别的性能。此外有学者将行人 n 幅图像的每幅图像分成 6 个水平条带，在每个条带上计算纹理和颜色直方图，在 YCbCr、HSV、白化的 RGB 颜色空间计算直方图建立颜色描述符，并用 Local Fisher Disrciminant Analysis(LFDA)降维。运用学习出的矩阵把特征转换到新的空间，LFDA 能在嵌入过程中使特征的局部结构适用于图像遮挡、背景变化和光照变化的情况，最后把计算变换空间中的特征向量的均值作为这个行人最终的特征向量表示。通过运用 GOG(Gaussian Of Gaussian)模型，把一幅图像分成水平条带和局部块，每个局部块用一个高斯分布建模。每个条带看作一系列这样的高斯分布，然后用一个单一的高斯分布总体表示。GOG 特征提取方法的优点在于用像素级特征的一个局部高斯分布来描述全局颜色和纹理分布。此外，GOG 是局部颜色和纹理结构的分层模型，可以从人像信息的某些部分得到。

此外，深度学习也被应用于行人重识别的特征提取中，基于表示学习的方法是一类非常常用的行人重识别方法。这主要得益于深度学习，尤其得益于卷积神经网络(CNN)的快速发展。由于 CNN 可以自动从原始的图像数据中根据任务需求自动提取出表示特征，所以有些研究者把行人重识别问题看作分类问题或者验证问题：① 分类问题是指利用行人的 ID 或者属性等作为训练标签来训练模型；② 验证问题是指输入一对(两张)行人图像，让网络来学习这两张图像是否属于同一个行人。

通过运用分类损失和验证损失来训练网络。网络输入为若干对行人图像，包括分类子网络和验证子网络。分类子网络对图像进行 ID 预测，根据预测的 ID 来计算分类误差损失。验证子网络融合两张图像的特征，判断这两张图像是否属于同一个行人，该子网络实质上等于一个二分类网络。经过足够数据的训练，再次输入一张测试图像，网络将自动提取出一个特征，这个特征被用于行人再识别任务。

仅靠行人的 ID 信息不足以学习出一个泛化能力足够强的模型，因此，研究人员在工作中额外标注了行人图像的属性特征，例如性别、头发、衣着等属性。通过引入行人属性标签，模型不但要准确地预测出行人 ID，还要预测出各项正确的行人属性，这大大增加了模型的泛化能力。实验表明，这种方法通过结合 ID 损失和属性损失能够提高网络的泛化能力。

2) 基于度量学习的行人重识别方法

由于摄像机的视角、尺度、光照、分辨率不同以及存在遮挡，不同摄像头间可能会失去连续的位置和运动信息，使用欧氏距离、巴氏距离等标准的距离度量来度量行人表观特征的相似度不能获得很好的重识别效果。因此，研究者们提出通过度量学习的方法来识别行人。该方法获得一个新的距离度量空间，使得同一行人的不同图像的特征距离小于两张不同行人图像的距离。距离度量学习方法一般是基于马氏距离(Mahalanobis Distance)进行的。此外运用以马氏距离为基础的度量学习算法，根据样本的类别标签，将具有相同标签的样本组成正样本对，反之组成负样本对，并以此作为约束训练得到一个马氏矩阵，通过这样学习到的距离尺度变换，使得相同的人的特征距离减小，而不同的人的特征距离增大，以此开创了行人重识别中距离度量学习的先河。

目前在行人重识别研究中有一些普遍用于比较的度量学习算法。有学者提出的 LMNN 算法，通过学习一种距离度量，使得在一个新的转换空间中，对于一个输入 x_i 的 k 个近邻属于相同的类别，而不同类别的样本与 x_i 保持一定大的距离。此外对 LMNN 进行改进提出了 LMNNR 方法，用所有样本点的平均近邻边界来代替 LMNN 中不同样本点所采用的各自近邻边界，相较于 LMNN 方法具有更强的约束效果。在 RankSVM 算法中，将重识别问题抽象为相对排序问题，学习到一个子空间，在这个子空间中相匹配的图像具有更高的排名。

在 PRDC 算法中，将相同人的图像组成同类样本对，不同行人目标之间组成异类样本对，获得度量函数对应的系数矩阵，优化目标函数使得同类样本对之间的匹配距离小于异类样本对之间的距离，对于每一个样本，选择一个同类样本和异类样本与其形成三元组，在训练过程中通过最小化异类样本距离减去同类样本距离的和,得到满足约束的距离度量矩阵。算法的基本思想在于增加正确匹配之间拥有较短距离的可能性。2013 年,有学者在 PRDC 的基础上提出了一种相对距离比较算法 RDC,RDC 采用 AdaBoost 算法来减少对标注样本的需求。

KISSME 算法认为所有相似样本对和不相似样本对的差向量均满足一个高斯分布,因此可以通过相似和不相似训练样本对分别大致计算出均值向量和协方差矩阵。给定两个样本组成的样本对,有学者分别计算了该样本对属于相似样本对的概率和该样本属于不相似样本对的概率,并用其比值表示两个样本之间的距离,把该距离变换成马氏距离的形式,而马氏距离中的矩阵正好等于相似样本对高斯分布协方差矩阵的逆减去不相似样本对高斯分布协方差矩阵的逆。因此,该方法无须迭代优化过程,适用于大尺度数据的距离度量学习。

在 LFDA 算法中进行度量学习。该方法在进行特征提取的时候,首先提取不同特征的主要成分,然后拼接成特征向量。在距离度量学习上,该方法考虑不是对所有样本点都给予相同的权重,而是考虑到了局部样本点,应用局部 Fisher 判别分析方法为降维的特征提供有识别能力的空间,提高度量学习的识别率。Liao 等人提出了 XQDA 算法,这是 KISSME 算法在多场景下的推广。XQDA 算法对多场景的数据进行学习,获得原有样本的一个子空间,同时学习一个与子空间对应的距离度量函数,该距离度量函数分别用来度量同类样本和非同类样本。

度量学习是广泛用于图像检索的一种方法。不同于表征学习,度量学习旨在通过网络学习出两张图像的相似度。在行人重识别问题上,具体为同一行人的不同图像相似度大于不同行人的不同图像。最后网络的损失函数使得相同行人图像(正样本对)的距离尽可能小,不同行人图像(负样本对)的距离尽可能大。常用的度量学习损失方法有对比损失(Cls)、三元组损失(Tri)、四元组损失(Quad)、难样本采样三元组损失(TriHard)、边界挖掘损失(MSML)。

有学者将行人再识别描述为具有孪生网络结构的二元分类问题。将两幅图像输入网络,确定它们是否匹配,该方法缓解了训练样本不足的问题,达到了当时的最先进水平。该算法的关键部分是如何度量两幅输入图像的相似性。该算法通过计算水平条纹的乘积,保证了相似性。

比较注意网络专门针对行人再识别的任务而定制。比较注意网络学习在对它们进行识别并自适应地比较它们的外观之后,将重点选择性地聚焦在人物图像对的部分上。比较注意网络模型能够判断哪些图像部分与识别人员相关,并自动整合来自不同部分的信息以确定一对图像是否属于同一个人,通过设计一个四重损失函数来实现识别任务。与三重损失相比,四重损失函数可以使模型输出具有更大的类间变化和更小的类内变化。因此,该模型具有更好的泛化能力,可以在测试集上实现更高的性能。

相关学者在上述研究基础上提出了一种新的度量学习损失,称为边界挖掘损失,与其他度量学习损失(如三重损失)相比,可以获得更好的准确性。在特征嵌入空间中,它可以最大限度地减小正样本对的距离,同时使负样本对的距离最大化。

对以上几种方法在 Market1501 数据集上进行对比试验,采用目标检测中经典的评价指标:全类平均正确率 mAP(mean Average Precision)、Rank-1(得分第 1 的图像可以正确匹配的概率)、Rank-5(得分前 5 的图像可以正确匹配的概率),结果见表 7.2。

表 7.2　不同距离度量方法结果对比

方　　法	mAP	Rank-1	Rank-5
Cls	41.3%	65.8%	83.5%
Tri	54.8%	75.9%	89.6%
Quad	61.1%	80.0%	91.8%
TriHard	68.0%	83.8%	93.1%
MSML	69.6%	85.2%	93.7%

3) 基于局部特征的行人重识别方法

早期的行人重识别研究的主要关注点在于全局特征，即根据整张图像得到一个特征向量进行图像检索。然而，全局特征有其固有的瓶颈，因此，基于局部特征的行人重识别方法开始盛行。局部特征方法中，常用的提取局部特征的思路主要有图像切块、利用骨架关键点定位以及姿态矫正等。

(1) 图像切块。图像切块是一种很常见的提取局部特征的方式。将图像垂直等分为若干份，因为垂直切割更符合我们对人体识别的直观感受，所以行人重识别领域很少用到水平切割。将被分割好的若干图像块按照顺序送到一个长短时记忆网络，最后的特征融合了所有图像块的局部特征。但是这种方法的缺点在于对图像对齐的要求比较高，如果两幅图像没有上下对齐，那么很可能出现头和上身对比的现象，反而使得模型判断错误。

(2) 利用骨架关键点定位。为了解决图像不对齐情况下手动图像切片失效的问题，可利用一些先验知识将行人进行预对齐，这些先验知识主要是预训练的人体姿态和骨架关键点的模型。首先利用姿态估计模型估计出行人的关键点，然后用仿射变换将相同的关键点对齐。一个行人通常被分为 14 个关键点，这 14 个关键点把人体结构分为若干个区域。为了提取不同尺度上的局部特征，设定三个不同的姿态 Box 组合，如图 7.8 所示。之后这三个姿态 Box 矫正后的图像和原始未矫正的图像一起送到网络里去提取特征，这个特征包含了全局信息和局部信息。特别地，这种仿射变换可以在进入网络之前的预处理中进行，也可以在输入到网络后进行。如果是后者的话，需要对仿射变换做一个改进，因为传统的仿射变换是不可导的。为了使得网络可以训练，需要引入可导的近似仿射变换。

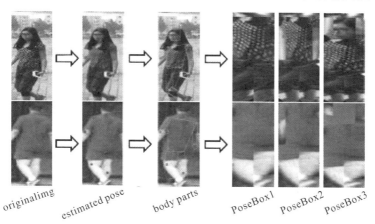

图 7.8　仿射变换流程示意图

Spindle Net 网络也利用了 14 个人体关键点来提取局部特征。与上述方法不同的是，Spindle Net 并没有用仿射变换来对齐局部图像区域，而是直接利用这些关键点来抠出感兴趣的区域(Region Of Interest，ROI)。

(3) 姿态矫正：全局-局部对齐特征描述器(Global-Local-Alignment Descriptor，GLAD)可解决行人姿态变化的问题，其算法流程示意图如图 7.9 所示。与 Spindle Net 类似，GLAD 利用提取的人体关键点把图像分为头部、上身和下身三个部分。之后将整图和三个局部图像一起输入到一个参数共享 CNN 网络中，最后提取的特征融合了全局和局部的特征。为了适应不同分辨率大小的图像输入，网络利用全局平均池化(Global Average Pooling, GAP)提取各自的特征。和 Spindle Net 略微不同的是，四个输入图像各自计算对应的损失，而不是融合为一个特征计算一个总的损失。

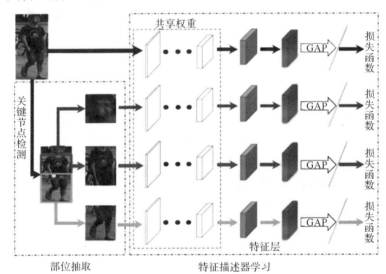

图 7.9　GLAD 算法流程示意图

以上所有的局部特征对齐方法都需要一个额外的骨架关键点或者姿态估计的模型。而训练一个可以达到实用程度的模型需要收集足够多的训练数据，其代价是非常大的。为了解决以上问题，相关研究学者提出了基于 SP 距离的自动对齐模型，在不需要额外信息的情况下自动对齐局部特征。而采用的方法就是动态对齐算法，或者也叫最短路径距离。这个最短距离就是自动计算出的局部特征距离。如图 7.10 所示为该算法分别计算两张图像中局部特征对的距离。

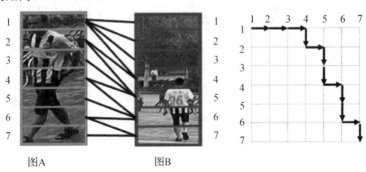

图 7.10　计算两张图像中局部特征对的距离

上述局部特征距离可以和任何基于全局特征距离的方法结合起来。如选择以 TriHard Loss 作为 baseline 实验，最后整个网络的结构如图 7.11 所示。

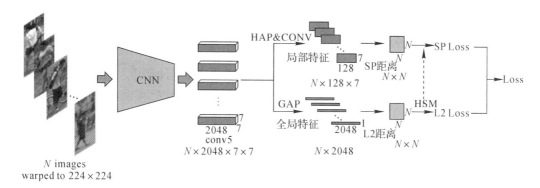

图 7.11　结合局部与全局特征距离的方法

4) 基于视频序列的行人重识别方法

通常单帧图像的信息是有限的，因此有很多利用视频序列来进行行人再识别方法的研究。基于视频序列的方法最主要的不同点就是这类方法不仅考虑了图像的内容信息，还考虑了帧与帧之间的运动信息等。

研究者们将行人重识别分为 single-shot 和 multi-shot 两种。single-shot 行人重识别是指每个行人在每个场景中只有一幅图像，而 multi-shot 行人重识别主要是指每个行人在一个摄像机场景中对应一个视频或者图像序列中每个行人在每个场景有多幅图像或图像序列。与 single-shot 相比，该类方法可利用的信息较多，同时研究工作也更具有挑战性：一方面，multi-shot 包含较多冗余信息，如何提取行人图像序列的关键部分是该类问题的难点；另一方面，如何有效地利用行人序列特征设计度量模型，也是该类问题需要考虑的。下面将介绍基于视频序列的 multi-shot 行人重识别的方法。

基于单帧图像的方法主要思想是利用 CNN 来提取图像的空间特征，而基于视频序列的方法主要思想是利用 CNN 来提取空间特征的同时利用递归循环网络(Recurrent Neural Network，RNN)来提取时序特征。网络输入为图像序列。每张图像都经过一个共享的 CNN 提取出图像空间内容特征，之后这些特征向量被输入到一个 RNN 网络去提取最终的特征。最终的特征融合了单帧图像的内容特征和帧与帧之间的运动特征，这个特征用于代替前面单帧方法的图像特征来训练网络。

累计运动背景网络(AMOC)的输入包括原始的图像序列和提取的光流序列。通常提取光流信息需要用到传统的光流提取算法，但是这些算法计算耗时，并且无法与深度学习网络兼容。为了能够得到一个自动提取光流的网络，首先训练一个运动信息网络。这个运动网络输入为原始的图像序列，标签为传统方法提取的光流序列。网络有三个光流预测的输出，分别为 Pred1、Pred2、Pred3，这三个输出能够预测三个不同尺度的光流图。最后，网络融合了三个尺度上的光流预测输出得到最终的光流图。通过最小化预测光流图和提取光流图的误差，网络能够提取出较准确的运动特征。

AMOC 的核心思想在于网络除了要提取序列图像的特征外，还要提取运动光流的运动特征。AMOC 拥有空间信息网络和运动信息网络两个子网络。图像序列的每一帧图像都被输入到空间信息网络来提取图像的全局内容特征，而相邻的两帧将会送到运动信息网络来提取光流图特征，之后空间特征和光流特征融合后输入到一个 RNN 来提取时序特征。通过 AMOC 网络，每个图像序列都能被提取出一个融合了内容信息、运动信息的特征。网络采用了分类损失和对比损失来训练模型。融合了运动信息的序列图像特征能够提高行人再识别的准确度。

此外，可从另外一个角度展示多帧序列弥补单帧信息不足的作用。目前大部分基于视频序列的方法没有直观解释多帧信息的作用。而上述方法很明确地指出，当单帧图像遇到遮挡等情况的时候，可以用多帧的其他信息来弥补，直接促使网络对图像进行质量判断，降低质量差的帧的重要度。在遮挡较严重的情况下，遮挡区域的特征会丢失很多。该方法对每帧进行一个质量判断，着重考虑那些比较完整的帧，使得注意力图比较完整。而关键的实现就是利用姿态估计网络，当姿态不完整的时候就证明存在遮挡。利用姿态估计网络对每帧进行一个权重判断，给高质量帧对应的特征图打上高权重，最后将所有特征图进行线性叠加，这样得到的特征图完整性会有保证。

5) 基于 GAN 造图的行人重识别方法

行人重识别有一个非常大的问题就是数据获取困难，截至 2018 年，最大的行人重识别数据集大约有几千个 ID、几万张图像(序列假定只算一张)。因此，在利用生成对抗网络(GAN)生成图像的技术出现之后，就有大量基于 GAN 的行人重识别工作涌现了。

相关学者运用 GAN 做行人重识别，这种方法生成的图像质量还不是很高。此外，由于图像是随机生成的，因此图像没有对应的标签(label)。为了解决这个问题，提出了一种标签平滑的方法，即将标签向量的每一个元素都取相同值，满足和为 1。将生成的图像作为训练数据加入到训练中，训练结果表明，行人重识别效果提升明显。

行人重识别有个问题就是不同的摄像头存在着偏差(bias)，这个偏差可能来自光线、角度等各个因素。为了克服这个问题，可以利用 GAN 将一个摄像头的图像迁移到另外一个摄像头。与以前方法不同的是，这种方法生成的图是可以控制的，也就是说 ID 是明确的。于是标签平滑也做了改进，公式如下：

$$qLSR(c) = \begin{cases} 1-\varepsilon+\dfrac{\varepsilon}{c} & (c=y) \\ \dfrac{\varepsilon}{c} & (c \neq y) \end{cases} \tag{7.2}$$

其中：c 是 ID 的数量；ε 是手动设置的平滑参数。

除了摄像头的偏差，行人重识别存在的另一问题就是数据集存在偏差，这个偏差很大一部分原因是环境造成的。为了克服这个偏差，可以运用 GAN 把一个数据集的行人迁移到另外一个数据集。为了实现这个迁移，为 GAN 设计了两个损失(Loss)：一个是前景的绝对误差损失，另一个是正常的判别器损失。判别器损失用来判断生成的图属于哪个域，前景的损失为了保证行人前景尽可能逼真不变。图像的前景是由使用 PSPNet 模型得到的，效果如图 7.12 所示。

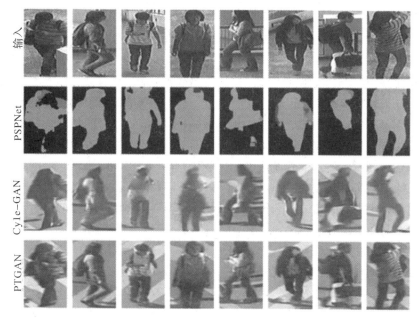

图 7.12　算法生成图像示意图

　　行人重识别的其中一个难点就是行人的姿态各不相同。为了克服这一问题，运用 GAN造出了一系列标准的姿态图像，从中提取 8 个姿态。如图 7.13 所示，这 8 个姿态基本涵盖了各个角度。每一张图像都生成这样标准的 8 个姿态，那么姿态不同的问题就得到了解决。最终用这些图像的特征进行一个平均池化，得到最终的特征，这个特征融合了各个姿态的信息，很好地解决了姿态偏差问题。无论从生成图还是从实验的结果来看，该工作的效果都有很大提升。

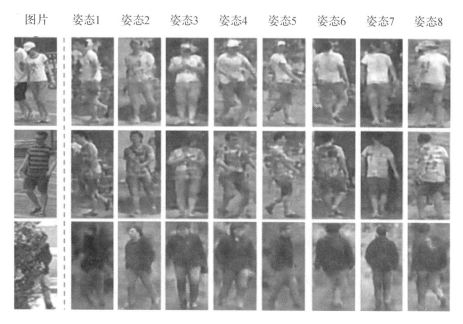

图 7.13　模型生成的标准姿态图像

总的来说，用 GAN 生成图像都是为了从某个角度上解决行人重识别的困难，以弥补现有数据的缺陷。

2. 人脸识别

公安系统中含有大量清晰的人脸，因此，当事件中的待识别图像中含有人脸时，可利用人脸识别技术对其进行身份识别，从而在事件溯源中锁定目标。

人脸识别是指能够从图像、视频中识别或验证主体(人)身份的技术。第一个人脸识别算法开始于 20 世纪 70 年代早期。此后，人脸识别的准确度一直在不断提高，目前人脸识别的生物识别方法常常比其他传统成熟的生物识别(例如指纹识别、虹膜识别)更受欢迎，这是因为人脸识别有着其独特的优点。人脸识别不涉及隐私侵犯的问题，比如，指纹识别需要识别对象把手指放到指纹识别传感器上，虹膜识别需要识别对象的眼睛距离摄像机很近，声音识别需要识别对象的声音足够响亮，而现在的人脸识别系统仅要求识别主体在摄像机的视野范围内即可。

在事件溯源的过程中，要求被识别者主动留下特征信息是不现实的。因此，人脸识别成为了一个可行的用户友好型生物识别方法。这意味着人脸识别拥有更广泛的应用前景，它可以被部署在用户不愿意主动配合的地方，如视频监控系统。此外，人脸识别在门禁系统、安检系统、身份识别、社交媒体等方面也有着广泛的应用。

非限制条件下的人脸识别是最具挑战的生物识别方法之一，这种部署在现实生活中的人脸识别拥有很高的可变性。这些变化通常包括头部姿势、年龄、遮挡、光照和表情等，如图 7.14 所示。

（a）头部姿势　　　　　　　　　　　（b）年龄

　　　　　　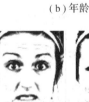

（c）光照　　　　　　　　　　　　（d）表情

（e）遮挡

图 7.14　几种典型的自然脸

近年来，人脸识别技术有了很大的发展。传统的人脸识别技术有基于手工提取特征的边界、纹理描述器，与机器学习相结合的主成分分析(Principal Component Analysis，PCA)、线性判别分析(Linear Discriminant Analysis，LDA)和支持向量机(Support Vector Machine，SVM)等。在非限制条件下产生的变化使得人工提取特征非常困难，以至于研究人员只能针对某种具体的变化设计专门的方法，比如年龄不变性方法、姿势不变性方法、光照不变性方法等。最近，传统的人脸识别方法已经被基于 CNN 的深度学习方法所取代。深度学习的主要优点是它可以通过一个很大的数据集学习到一个最好的特征表示。这种包含现实变化的自然脸可以通过互联网来进行大规模的收集。使用这些数据训练出来的基于 CNN 的人脸识别方法已经获得了很高的精确度，这是因为它们可以通过训练的现实人脸图像学习到稳定的特征。另外，随着 CNN 被用于解决许多其他的计算机视觉难题，深度学习方法在计算机视觉上的应用也同样加快了人脸识别技术的研究，比如物体的检测、识别和分割，光学字符识别，表情分析和年龄估计等。

人脸识别系统通常由图 7.15 展示的几部分组成。

图 7.15　人脸识别系统的组成部分

(1) 人脸检测(face detection)。使用人脸检测器在图像中检测出脸的位置，如果检测到就用边框标记出来，返回边框的位置坐标，如图 7.16(a)所示。

(2) 人脸对齐(face alignment)。人脸对齐是使用一组参考点来定位图像中的固定的几个位置来完成人脸图像的缩放和裁剪。在简单的 2D 人脸对齐中，通常需要使用人脸标志(landmark)检测器来找出一组人脸的标志位置与参考点相配合以找出最好的仿射变换(affine transformation)。图 7.16(b)表示使用一组参考点来实现人脸的对齐。更为复杂的 3D 人脸对齐算法可以实现人脸的转正，即可以改变人脸的位置使之面向正前方。

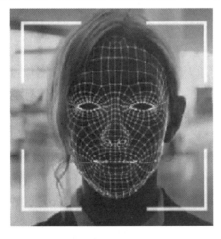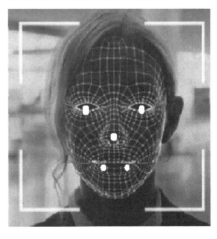

(a)　用人脸检测器圈出人脸　　　　　(b)　参考点实现人脸对齐

图 7.16　人脸识别

(3) 人脸表征(face representation)。在人脸表征阶段，人脸图像的像素值被转换成一个紧凑可判别的特征向量，也称作模板。事实上同一个主体的不同人脸图像应该映射成相似的特征向量。

(4) 人脸匹配(face matching)。在人脸匹配环节，通过比较两个人脸模板来获得一个表示属于同一主体的可能性的值。人脸表征可以认为是人脸识别系统中最重要的部分。

早期的人脸识别关注的方法是使用图像处理技术来匹配简单描述的人脸几何特征，即使这些方法只能在非常苛刻的条件下才能工作，但是它们显示出了使用计算机实现人脸自动识别的可能性。之后，像主成分分析 PCA 和线性判别分析 LDA 等统计子空间方法变得越来越流行，这些方法因为使用整个面部区域作为输入而称作整体方法。同时，计算机视觉领域的进步促进了局部特征提取器的发展，它可以描述一幅图像中不同区域的纹理，这种通过匹配人脸图像的局部特征来实现的人脸识别称作基于特征的人脸识别方法(feature-based method)。整体方法和基于特征的方法得到进一步的发展，然后又结合起来形成了混合方法。直到深度学习出现并成为计算机视觉应用包括人脸识别的主要方法以前，基于混合方法的人脸识别系统依然代表着人脸识别的最高水平。接下来，将对前面提到的几种方法进行简要概述。

1) 基于几何的方法

Kelly 和 Kanade 于 20 世纪 70 年代早期发表的文章被认为是最早关于自动人脸识别的研究工作。他们提出使用专门的边界和轮廓探测器来找出一系列的人脸标志，再测量它们之间的相对位置和距离。早期系统的精确度较差，仅在很小的数据库上演示。这里将一种基于几何的方法与另一种把人脸图像描述为梯度图像的方法做了比较，结果表明梯度图像的方法比基于几何的方法识别准确度好，但是基于几何的方法速度更快，内存使用更少。他们详尽地研究了使用人脸标志和它们之间的几何关系进行人脸识别的方法，具体提出了一种基于测量两组人脸标志之间的普鲁克距离(Procrustes Distance)方法和另一种基于测量人脸标志之间距离比例的方法。虽然其他能够提取更多信息的方法(如整体方法)可以达到更高的精确度，但是该方法速度更快而且可以和其他方法结合成混合方法。由于在 3D 标志中编码了深度信息，因此基于几何的 3D 人脸识别方法效率更高。

基于几何的人脸识别在早期的人脸识别研究中是至关重要的，它可以作为本小节后面所描述方法的替代方法，或通过融合加快其他方法。

整体识别方法利用整个人脸区域的信息来描述人脸特征，通常是把人脸图像投射到一个低维空间来过滤掉不相关的细节和其他影响识别的变量。其中，一个比较流行的方法是使用主成分分析法(PCA)。首先将 PCA 应用于一组训练的人脸图像，以获得可以表示数据分布差异的本征向量，该本征向量与人脸的相似性通常也叫作本征脸，如图 7.17 所示。PCA方法通过把被识别对象的人脸图像投射到由本征脸构成的子空间中来获取本征脸线性组合的权重。一种方法是通过比对识别对象的权重和数据存储的权重来输出人脸识别的结果；另一种方法提出了基于概率的版本，即使用贝叶斯算法来分析图像差异，这种方法使用两个本征脸集合分别构造了对象内部(intra-person)和对象之间(inter-person)的变量模型。在原始的本征脸方法的基础上还提出了很多变体版本，例如提出的基于核方法的非线性扩展的 PCA(即核 PCA)，独立成分分析(ICA)(有学者提出的一种可以捕捉像素间的高阶相关性的 PCA 泛化)，基于 2D 图像矩阵的二维 PCA(而不是 1D 向量)。

图 7.17　从 ORL 人脸数据库中计算出的本征脸按差异从大到小排序的前 5 个

支持向量机(SVM)的方法常常被用于整体人脸识别中。通过运用图像差异来训练 SVM，把人脸识别转变成二分类的问题来处理，即两个包含同类中不同图像的差异和不同类之间的差异的集合(这种公式与提出的基于概率的 PCA 很相似)。另外，还可以对传统 SVM 公式增加一个参数来控制整个系统的操作点。

2) 基于特征的方法

基于特征的人脸识别方法提取并放大人脸图像不同区域的特征差异。与计算脸部特征几何关系的基于几何的人脸识别不同，基于特征的人脸识别的关注重点是提取人脸的特征差异而不是计算特征的几何关系(从技术上讲，基于几何的方法可以看作基于特征方法的一个特例，因为许多基于特征的方法也放大提取特征的几何关系)。当人脸图像出现表情、光照等局部变化时，基于特征的方法比整体方法更具有优势。比如，同一个人的两张人脸图像，一张是张开眼睛的，另一张是闭着眼睛的，在基于特征的人脸识别中仅仅与眼睛相关的特征向量的系数不同，然而在整体人脸识别中所有的特征向量系数都可能不同。另外，在基于特征的方法中，很多描述器针对不同的变化(如缩放、旋转和平移)都被设计成不变的。

3) 混合方法

混合方法结合了整体和基于特征方法的技术。在深度学习流行之前，大多数最高水平的人脸识别系统都是基于混合方法的。一些混合方法仅仅使用了两种不同的技术，这两种技术根本不做什么互动。例如之前提到的模块化本征脸，有学者使用本征脸和本征特征相结合的表示方法进行实验，结果比使用任何单一的一种方法达到的准确度都高。然而最流行的混合方法都是提取局部特征(如 LBP、SIFT)并把它们投影到低维空间或判别子空间(使用 PCA 或 LDA)，如图 7.18 所示。

图 7.18　典型的混合人脸表示

4) 基于深度学习的方法

深度学习人脸识别最常用的方法是卷积神经网络(CNN)。深度学习的主要优点是它可以通过使用大量的训练数据来学习到一个稳定的、适用各种变化的人脸模型。对于光照、姿势、表情、年龄等变化，CNN 通过大量的训练数据就能够很好地识别出来，缺点是它需要包含各种变化的数据来训练以便能归纳出未知的样本。幸运的是几个包含自然脸图像的大规模人脸数据库最近被发布到公共领域供 CNN 模型训练使用。神经网络除了可以学习判别特征外，还可以用来降低维度，被训练成一个分类器或用作度量学习方式。CNN 是点对点的训练系统，不需要与其他具体的方法结合使用。

CNN 人脸识别模型可以通过不同的方法训练出来。其中一个就是把识别作为分类问题来处理，每一张人脸对应一个类。训练之后，这个模型可以通过丢弃分类层或使用先前层作为人脸表示来识别不在训练集出现的人脸。在深度学习文献中，通常这些特征称作瓶颈(bottleneck)特征。通过第一阶段的训练之后，可以使用其他技术优化瓶颈特征来进一步训练该模型，比如使用联合贝叶斯建模或者使用不同的损失函数来微调 CNN 模型。另一种常用学习人脸模型的方法是通过优化两张脸或三张脸之间的距离度量来直接学习瓶颈特征。

7.1.4　视频理解

1. 视频理解方法简介

相比于图像理解，视频理解增加了时间序列信息。目前，视频描述生成作为将视频转换为文字的一种手段，所受关注日益增多。视频描述生成是给定一个输入视频，自动生成一个完整的用自然语言表达的句子的过程，句子中包含了视频的主要信息。在事件溯源过程中，有些事件的产生与发酵取决于一个特定的视频。因此，将相关视频转换为文字，并与已有文字信息进行统一处理与转化，是了解事件源头、挖掘事件本质的关键因素。下面首先介绍视频描述生成的基本模型，随后介绍几个具体的视频描述生成算法。

视频描述生成任务可以理解为将视频图像序列转换为文本序列。近年大部分文章都使用了长短期记忆网络(LSTM)来构造编码-解码结构，即使用 LSTM 编码器来编码视频图像序列的特征，再用 LSTM 解码器解码出文本信息。此类模型结构如图 7.19 所示。

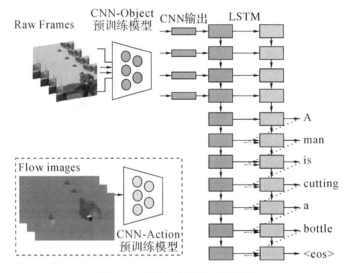

图 7.19　早期视频描述生成模型

基于图 7.19 中的结构，构造一个编码-解码结构的模型主要包括以下几个关键点。

(1) 输入特征：即提取视频中的特征信息。很多方法都使用了多模态特征，主要包括如下几种：

① 基于视频图像的特征，包括简单地用卷积神经网络(CNN)提取图像特征，用行为分类模型提取视频动态特征。

② 基于声音的特征，对声音进行编码，包括 BOAW(Bag-Of-Audio-Words)、FV(Fisher Vector)等。

③ 先验特征，如视频的类别，这种特征能提供很强的先验信息。

④ 基于文本的特征，从视频中提取一些文本的描述，再将这些描述作为特征进行视频描述生成。

(2) 编码器-解码器构造：大部分编码器和解码器都基于 LSTM 构造，但各个方法间的具体配置存在着一定的差异。

(3) 输出词汇的表达：主要分为使用词向量表示和直接使用词袋法表示。

2. 视频理解的应用

在事件溯源的过程中，视频理解技术可应用于大数据预警。具体地，可构造人像—警务—社会数据研判网络，以对高危人员进行研判。

(1) 根据视频收集人像数据，包括人脸信息、身份信息、穿着信息和携物信息。

(2) 将获取的数据与警务人像库进行比对。警务人像库中包括在逃人员、涉毒人员、前科人员、重点人员、敏感人群和案底信息。

(3) 输入社会数据作为高危人员判断的辅助证据。社会数据包括医疗数据、快递数据、酒店旅馆数据以及网吧数据等。

7.2　单一自媒体事件信息溯源

网络信息溯源技术是指确定发布信息者的身份并还原信息传播的过程。单一自媒体溯源是指在某一个孤立媒体中借助该媒体中自有的各类有效信息追溯某一个事件传播的源头。随着互联网技术的快速发展以及人们观念的更新，各种在线社交媒体深刻地影响着人们的日常生活，尤其是微博已经成为一种重要的舆论传播途径。本节以微博网络为例，对单一媒体事件信息溯源的概念、原理以及各种方法进行详细介绍。

7.2.1　微博类信息溯源的概念

当前，微博已经成为重要的网络舆情生成平台，微博信息溯源成为研究热点[3]。微博信息溯源是微博信息传播领域中的重要研究内容，是微博信息筛选、传播态势分析、微博舆情监控、政府舆情引导等很多相关领域的重要基础。

微博信息溯源也就是找到微博事件传播的源头[4]。直观分析可知，最早发布的微博更可能是事件源头，但这种定义并不严谨，也不可称为科学。事件源头还应该和发起微博的用户的影响力有关。某事件的第一条微博，如果是由不知名用户首先发起的，则可能并不会引来评论、转发和关注，即使发布时间较早，也难让事件得到广泛传播和形成轰动，反而是后期的知名用户续写跟进的微博，更可能使事件得到微博普通用户的关注和传播，让整个事件在微博中得以蔓延甚至是蹿红。所以，研究定义微博事件源头为微博事件数据中发布时间较早的，由影响力较大的用户所发布的微博消息[5]。

7.2.2　影响力计算及意见领袖发现

影响力，从字面意义理解就是影响他人的思想及行为并使之产生变化的能力。在目前类似于 Twitter 和新浪微博等社交平台上，影响力研究主要分为两大类：一是从节点属性特征分析影响力强度；二是基于社会网络的拓扑结构分析和计算影响力的强度。常用的方法是在微观的用户节点层面，从不同角度对微博网络中的信息影响力进行分析并定量计算其强度。早期研究采用用户的粉丝数作为度量影响力的指标(如图 7.20 中月光祭夏童话的微博粉丝数是 88)，但是只计算粉丝数作为衡量影响力的方法过于直接、简单，在多数情况下并不准确。后期，研究者们将用户粉丝数、被转发数和被评论数作为衡量指标，因为粉丝数只是代表了用户的被关注度，而被评论和被转发的数量才是真正从信息扩散的角度代表了用户发布内容的价值，才能引发更多的人们参与并传播话题[6]。基于信息传播的速度、范围和距离特征为度量影响力的标准，将用户的粉丝数、转发数、评论数等基本属性细化，以用户参与话题的时间为分割点判断由该用户带来的参与话题人数的变化情况，采用统计中回归分析的方法证明具体哪些属性组合对用户的影响力起决定作用。

图 7.20　月光祭夏童话的微博

另外，从在线社会网络的结构分析用户影响力的这种方法通常借鉴链接分析中的某些理论，直接利用 PageRank 方法，根据邻接矩阵和设定初始值，通过迭代循环不断收敛，计算节点的影响力[7]。PageRank 即网页排名，又称网页级别，是 Google 创始人拉里·佩奇和谢尔盖·布林于 1997 年构建早期的搜索系统原型时提出的链接分析算法。自 Google 在商业上获得空前的成功后，该算法也成为其他搜索引擎和学术界十分关注的计算模型。目前很多重要的链接分析算法都是在 PageRank 算法基础上衍生出来的。PageRank 是 Google 用于标识网页的等级/重要性的一种方法，是 Google 用来衡量一个网站的好坏的唯一标准。其计算公式如下：

$$\text{PageRank}(p_i) = \frac{1-q}{N} + q \sum_{p_j \in M(p_i)} \frac{\text{PageRank}(p_i)}{L(p_j)} \tag{7.3}$$

其中：$p_1, p_2, \cdots, p_N$ 是被研究的页面；$M(p_i)$ 是 p_i 链入页面的数量；$L(p_j)$ 是 p_j 链出页面的数量；N 是所有页面的数量。

此外，可以综合考虑网络结构、用户转发行为和其兴趣度对 PageRank 算法进行改进，使得影响力计算的准确性有所提升。有研究者对 Top1000 新加坡 Twitter 用户及其关注和粉丝列表进行研究，发现关注关系是高度对称的，于是他们开发了一种类 PageRank 方法，称为 TwitterRank[8]。该方法对主题内容敏感，并且认为用户的影响力是其所有粉丝影响力的总和，但是该方法的缺点也很明显，就是仅依靠网络结构，使得某些节点能够采用增加虚假粉丝的手段提高影响力。后续又有学者设计了一种节点影响力的分布式计算机理对此进行改进，采用贝叶斯模型和半环模型综合计算影响力。

7.2.3　微博类信息传播模型

信息传播作为社会网络的一个重要作用，其与用户节点的特点是分不开的。信息的传播基本存在两种途径：信息扩散和信息传递。信息扩散是指用户发布消息被其相邻节点看到；消息传递是指用户发布的消息不仅被看到，而且其相邻节点对此感兴趣并向下转发出去得到更多人的关注。这两种方式的交替作用使得信息在社会网络中传播得异常迅速。

通常可以用图论的方法将社会网络表示为一个有向图 $G(V,E)$。V 表示网络中的节点集合，E 表示节点之间具有的关系。每个节点有两种状态：未激活态和激活态，节点 i 以概率 W_{ij} 使节点 j 转变为激活态。从未激活态到激活态转变的节点数量越大越表明该节点具有较大的影响力，故研究如何确定 W_{ij} 非常关键。从现有研究来看，信息传播模型主要有两种：独立阈值模型和线性级联模型。独立阈值模型是一个概率模型，节点一旦被激活即变为激活态，具有不可逆性；线性级联模型的不同之处在于，只有当邻近节点的激活概率大于阈值时才能激活这一节点，该过程同样不可逆。

社会网络中信息的传播问题从全局角度来看还可以比作复杂网络的疾病传染问题，并加入动力学分析。传染病研究存在两种经典模型：SIS 和 SIR。Reed 和 Frost 于 1920 年最先提出 SIR 模型，模型中共有三类人群：健康者但易染病、患病者且具有传染能力、被治愈者且具有免疫能力。但事实上一些病人在感染某些病毒后即使被治愈也不能终生免疫，因此人群被分为健康者但易染病、患病者且具有传染能力、被治愈者但不能免疫，此时的研究模型称为 SIS 模型。

7.2.4　微博类信息溯源的方法分类

目前，基于微博的信息溯源的研究不是很多。造成对微博信息溯源的研究不足有以下原因。一方面，微博网络结构复杂，信息传播不再基于简单网络的环境，由此反映出的传播特性更加模糊。另一方面，对参与信息传播的用户来说，不同的个体在信息传播中所起的作用也不同，在进行溯源时要结合微博用户特性。有些个体在微博信息传播中充当"源头节点"，他的行为促使了信息在微博中的广泛传播，还有的个体是"核心节点"，他们比一般的个体更具有传播能力。因此，不同用户会对微博信息传播产生不同的作用。

在信息溯源方面，国内外的研究较少，只有一些关于特定社会网络的间接溯源工作在展开。微博属于社会化媒体网络，因此该领域的信息溯源和传播面分析的相关研究，都可作为本研究的参考。社会化媒体网络特定信息溯源技术是通过对社会化媒体网络公开信息的采集，使用自动或人工的方式，对特定信息加以追踪从而找出其公开环境下的首发站点或者个体，并且厘清传播脉络的一种技术手段。

按照可获取到的信息种类、信息转发方式以及溯源难度，微博类信息溯源的方法大致可以分为两类：最简单明了的显式传播路径下的转发规则回溯法，和较为复杂的隐式传播路径下的基于传播概率模型的溯源法[4,9]。

1. 显式传播路径下的微博话题溯源方法

微博源头用户所发布的必定是原创微博。本小节所讨论的是按照新浪微博中的链接转发规则进行的转发评论过程，即主要依据微博的原创性进行信息溯源。目标微博是否具有原创性是根据新浪微博的转发标识符来识别的，也就是用户 a 直接在用户 b 的微博下方点击"转发"按钮转发到用户 a 的个人主页中，转发时可以在原微博的"//@"符号前添加自己的分享心得，但是之前转发过该微博的用户昵称以及分享心得默认不删除。这种转发方式在微博中显示为"用户 a+分享心得@用户 b"，表示用户 a 转发的是用户 b 的微博，用户 b 是时间更早的转发者或原创微博作者。

在这种转发关系下，特定微博原创博文的传播是层层递进的，原创微博用户可以看作根节点，经过第一层节点用户的转发到达第二层用户，而且原创微博用户还可以转发其子节点所转发的微博，从而构成复杂的微博转发树。

2. 隐式传播路径下的微博话题溯源方法

用户 U_A 通过用户 U_B 的某条微博内容了解相关的信息后，不是上面所描述的直接按照微博转发规则进行转发，而是在原有信息的基础上进行了增加、减少或修改，发布了与该微博主题一样的原创微博，句式结构完全不同但所表达的内涵一致。此类信息传播就属于隐式传播的范畴。这种隐含转发方式无法通过现有的基于微博链接的可视化分析工具按照时间优先性进行源头发现，这就需要利用信息的深层次关系[4]。

信息之间的隐式传播路径，是指通过信息结构无法判断出信息之间的传播关系，需要利用信息的深层次关系，例如文本含义、信息发出者之间的关系等这些属性，来衡量信息之间的传播关系，构建出隐式传播途径。因此，需进行信息内容的深层挖掘，发现与信息传播有关的属性。隐式转发研究是信息溯源技术的研究重点也是研究难点，其溯源思路如下：

(1) 利用 Web 网页爬虫技术爬取特定关键词下的所有相关微博。

(2) 利用正则表达式进行微博数据预处理。

(3) 利用适用于微博的短文本相似度算法对不同微博信息文本的相似度进行逐节点计算，并结合微博发布的时间以及引入微博转发概率这一概念进行事件信息路径回溯。

(4) 构造隐式微博传播路径。

下面讨论几个与微博隐式传播路径构建相关的属性。

1) 文本相似度

某个特定事件在微博上传播时，关于事件描述的文本内容，可能会在传播的过程中发生改动，某用户可以对微博信息转变描述方式后进行发表，从文本内容上看，两微博内容不同，但其实都是同一个事件。因此在对微博进行溯源时，必须考虑文本内容相似的微博，微博文本相似度衡量是微博溯源的一个很重要的参考。

　　微博文本，由于其字数的限制，以及用户的使用习惯，具有区别其他文本的特点。图 7.21 展示的是三条不同的微博，但从文本内容来看，描述的是同一个微博事件。同时，我们可以看出微博文本的几个特点：① 内容简洁。微博文本字数限制在 140 个字符内，因此在微博中描述一个事件，会尽量使用关键词，不会有冗余信息。② 相似文本修改幅度不大。在微博信息传播过程中，文本内容的修改一般仅限于简单的删除或是添加某些词语、调整句子的顺序等，不会有较大的变动。因此，在进行微博文本内容相似度计算时，要结合微博文本的特点，设计适合的文本相识度计算方法。

安徽省教育厅 V
#聚焦两会教育# 【庞丽娟代表：全面提升乡村教师综合待遇，才能增强乡村教师职业吸引力】待遇水平是教师普遍关心的问题。对于提高乡村教师待遇，全国人大常委会委员、民进中央副主席、北京师范大学教授@北京师范大学 庞丽娟在接受中国教育报记者专访时表示，'全面提升乡村教师综合待遇，才能增强乡村教 展开全文∨

宿州市教育局 V
【刘秀云代表：#建议提高乡村教师福利待遇# 提高农村教师职业认同感】全国人大代表、安徽省宿城一中副校长刘秀云建议，要建立农村教师编制动态调整机制，加快农村教师人事制度改革，在加强薄弱学校师资队伍的建设过程中，提高农村教师福利待遇非常重要。刘秀云建议，建立农村中小学教师激励机制，落实 展开全文∨

央视新闻 V
#两会# 【乡村教师支月英：大力提高乡村教师待遇 让山里的孩子放飞梦想】人大代表支月英提出，乡村教师的工作生活环境还是比较艰苦，职业吸引力依然不够好。希望更大力度提高他们的待遇，让他们安心从教、舒心从教，让山里的孩子和城里的孩子一样放飞梦想，让更多优秀青年投入乡村教育，助力乡村全面振 展开全文∨

图 7.21　微博示例

　　基于句匹配的段落文本相似度计算结合了编辑距离方法，可以较好处理微博文本字符的删除或添加的修改方式以及句子的顺序调整等，方法步骤如下：

　　(1) 段落 A 根据标点断句后变成一个句子的集合 $\{a_1, a_2, a_3, \cdots, a_m\}$，其中 $a_i (i \in [1, m])$ 为第 i 个句子。同理，段落 B 对应的集合为 $\{b_1, b_2, b_3, \cdots, b_n\}$。

　　(2) 基于编辑距离的文本相识度计算公式为

$$\text{Sim}(d_i, d_j) = 1 - \frac{\text{levenshtein}(d_i, d_j)}{\max(\text{size}(d_i), \text{size}(d_j))} \tag{7.4}$$

其中：d_i、d_j 为两个文本；$\text{levenshtein}(d_i, d_j)$ 为文本 d_i 和 d_j 的编辑距离；$\text{size}(d_i)$ 为文本 d_i 的大小。运用该公式计算段落 A 中的每个句子和段落 B 中的每个句子的相似度 $\text{Sim}(d_i, d_j)$，其表示 A 中的第 i 句与 B 中第 j 句的文本相似度，得到一个 $m \times n$ 的相似度矩阵 $\boldsymbol{S}$。

　　(3) 根据相似度矩阵 $\boldsymbol{S}$，找出每个句子对应的最相似的句子。比较句子 a_p 与段落 B 中的每个句子的相似度，找出相似度最大的句子 b_q，得到一个最佳相似对。按此方法找出所有的 $m+n$ 个最佳相似对。

　　(4) $[a_p, b_q]$，$[b_q, a_p]$ 为最佳相似对，并且 $[a_i, b_q] (i \in [1, m]$ 但 $i \neq p)$，$[b_j, a_p] (j \in [1, n]$ 但

$j \neq q$)都不属于最佳相似对，则定义[a_p, b_q]，[b_q, a_p]为绝对相似对。按照此定义找出所有绝对相似对。

(5) 在非绝对相似对中，找出待合并句子。如[a_i, b_q]，[a_j, b_q]都属于最佳相似对，则(a_i, a_j, …)为对于 b_q 的待合并句子。将所有待合并句子找出，选择总长度最小的一组待合并句子进行合并，整合成新的句子 a_{ij}…，替换掉句子(a_i, a_j, …)。

(6) 将 A、B 对应的集合中某组待合并句子替换后，再除去绝对相似对中的句子，构成新的两个集合，再从步骤(2)开始执行，直到 A、B 对应的集合为空。

(7) 最终匹配出所有绝对相似对，则段落 A、B 的相似度计算公式为

$$\text{Sim}(A,B) = \sum \text{Sim}(a_i, b_j) \times \frac{\text{size}(a_i + b_j)}{\text{size}(A + B)} \tag{7.5}$$

此方法对微博文本的相似度计算方法优于典型的文本相似度计算方法，通过计算相似度可以找出相同文本内容的微博。

2) 微博发布时间

在微博平台中，用户更倾向于关注最新的消息，因此，特定事件下的两个微博，时间间隔越短，认为两者之间越有可能有直接信息传播关系，而较长的间隔时间，信息很有可能是通过其他微博传播过来的，直接的信息传播关系概率较小。因此要对所有相关微博的发布时间进行分析。

表示信息发布时间紧凑度 $T(A, B)$ 的计算方法为

$$T(A,B) = 1 - \frac{|t_A - t_B|}{t_{\max} - t_{\min}} \tag{7.6}$$

其中：t_A、t_B 表示微博 A、B 的发布时间；$|t_A - t_B|$ 表示两个微博发布时间的间隔；$t_{\max}$ 为这系列微博中发布最晚的微博的时间；$t_{\min}$ 为发布最早的微博的时间。在这一系列微博中，时间相隔越紧密，则紧凑度越高，时间相距越远，则紧凑度越低。$T(A, B) \in (0, 1)$。

3) 用户之间信息传播关系

从用户行为分析方面，可以分析用户的发帖特征，分析用户之间的转发模式。如计算某一用户对另一用户的转发率，转发率越高，说明两用户之间的信息传播概率越高。两用户之间的相似程度也可影响他们之间的转发情况，如两用户无关注关系，而且相似程度很低，则可认为信息传播的可能性也极低。U_A、U_B 为微博 A、B 的用户，结合用户之间的相似度和历史信息传播情况，求得用户间信息传播紧密度 $M(U_A, U_B)$。

无明显信息传播关系的微博，若要构建信息传播路径，需进行信息传播概率的计算。信息传播概率，是指微博信息之间可能存在信息传播的概率。例如，两个无明显信息传播关系的微博 A、B，根据微博的相关属性，推断出的微博 B 的信息是由微博 A 传播而来的可能性，即为微博 A 到微博 B 的信息传播概率。对所有无明显信息传播关系的微博，可以计算任两个微博之间的信息传播概率，计算公式为

$$P = a \times \text{Sim}(A,B) + b \times T(A,B) + c \times M(U_A, U_B) \tag{7.7}$$

其中，a、b、c 为三个指标的权重调节参数，$a+b+c=1$，初始时设置为 $a=b=c=\dfrac{1}{3}$。

因此，使用该信息传播概率计算公式，能对一些无明显信息传播关系的微博进行传播概率计算。

7.3 多源媒体事件信息溯源

7.3.1 多源媒体信息溯源的概念

随着 Web 2.0 技术的发展，时效性、即时性成为了新媒体背景下信息发布的显著特点，用户在任何时间、任意地点上传的一张图像、一段视频即可成为一条发布在社交网络上的信息。现实网络中往往充斥着文本、图像、音频、视频等多类复杂媒体对象，各类媒体对象形成复杂的关联关系和组织结构，具有不同模态的媒体对象跨越媒介或平台高度交互融合。目前，很多网络事件的传播依赖于图像或视频。相比于单纯的文字传播，图像或视频的表达更为直观，传播更为广泛，其煽动/操纵民意的能力也更强。传统的图像或视频理解方式是提取特征，进而根据特征对图像或视频进行内容分析。近年来，随着计算机性能与容量的指数增长，以深度学习为代表的端到端方式得以广泛应用。其中，图像描述生成与视频描述生成分别可根据输入图像和输入视频，直接生成针对输入的文字描述。如何协同综合处理多种形式(文本、音频、视频、图像等)的信息，在单媒体溯源基础上跨媒体分析与推理，成为了追溯网络事件起因的必备条件。通过"跨媒体"能从各自的侧面表达相同的语义信息，能比单一的媒体对象及其特定的模态更加全面地反映特定的内容信息，从而更好地帮助重建事件信息的传播路径，为信息源头的回溯提供多维化的有力支撑。由于相同的内容信息跨越各类媒体对象交叉传播与整合，所以只有对这些多模态媒体进行融合分析，才能尽可能全面、正确地理解这种跨媒体综合体所蕴含的内容信息。

7.3.2 多源媒体信息的统一表达

多媒体的数据结构性不高，基于内容的多媒体内容分析都是用底层特征来表示的。不同类别媒体的特性完全不同，没有可比性，媒体与媒体内容之间存在"鸿沟"。"跨媒体内容鸿沟"可定义为：因不同类别的媒体数据分别使用不同维数、不同属性的底层特征进行表示，使不同类别的媒体之间无法直接根据特征来计算其相关性，而造成的彼此之间的异构性和不可比性。

跨媒体信息由于形式不同，其底层特征完全不同，所以一个基本的问题是：针对跨媒体信息，如何学习一种统一的表达？

一种简单的学习方法是：建立一个共享空间，然后将所有数据投影到该空间。比如早期的典型相关分析方法 (Canonical Correlation Analysis，CCA)，也可简称为 CCA 方法，通过线性函数尽可能地将成对出现的图像和文本数据投影到共享空间的同一位置，如图 7.22 所示。通过改进投影方式以及变换投影空间，CCA 方法可以轻易扩展到多种媒体形式的联合分析。

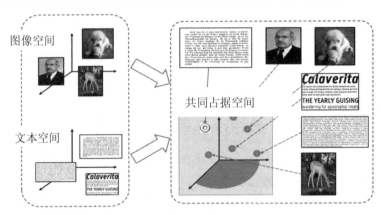

图 7.22　多模态数据统一表征方法示例

7.3.3　多源媒体信息的联合溯源方法

借鉴多媒体信息检索中的相关技术，采用跨媒体数据优选算法，首先将跨媒体数据即文本和图像映射在同一个表达空间中，然后采用有效的排序算法选择既有相关性又富含多样性的图像集合作为最终的数据优选结果，最后利用 7.2.4 节的传播路径还原方法实现事件信息溯源。本小节以联合文本与图像内容为例，详细介绍如何实现多源媒体信息的联合溯源。

1. 多源媒体信息的特征提取

(1) 文本数据：对于文本数据，利用 LDA(Latent Dirichlet Allocation)模型提取文本内容的话题分布作为特征向量。其中将 LDA 模型中的话题个数定为 n，便可得到大小为 n 维的特征向量作为文本数据的特征。

(2) 图像数据：对于图像数据，我们首先利用 SIFT 算法从图像中提取特征点，然后使用 K-Means 聚类算法对特征点进行聚类以得到词袋模型的单词表。将 K-Means 的聚类个数定为 k，可以得到大小为 k 的单词表，基于该单词表对于每一张图像我们可以获得一个 k 维的 TF-IDF 词向量作为图像数据的特征。

2. 多源媒体信息的数据关联

多媒体检索即用文本搜索相关图像，或者用图像搜索相关文本，然而，图像和文本属于不同的表达空间。因此，需要首先把它们映射到同一个表达空间中才可以进行相似性的度量。这就是跨媒体数据关联，多媒体检索中最关键的一步。跨媒体数据关联的基本思想就是学习一个映射函数，最佳的映射函数会保持不同媒体间原始的相似性，以及相同媒体内原始的相似性。

在大部分多媒体检索相关文献中都采用了哈希映射，因为其最终得到的映射结果由哈希编码表示，不仅存储空间小，而且在计算相似度时可以使用位运算使计算变得快速有效。

3. 多源媒体信息的优质数据选择

在得到文本数据与图像数据的特征后，首先将文本数据和图像数据映射到同一个哈希空间中，然后计算其海明距离作为度量相似性的标准。最后，采用了一种有效的排序方法，进行优质数据选择[7]。多源媒体数据优选算法(Multi-media Data Selection，MDS)中涉及的主要符号如表 7.3 所示。

表 7.3　MDS 算法涉及的主要符号

符号	维度	描　　述
$c(\mathrm{SG}_i^{\mathrm{cid}})$		检索线索 cid 在阶段 i 的所有代表性微博
x	$I \times N$	文本特征向量
y_i	$I \times P$	图像特征向量
I	$M \times I$	$\mathrm{SG}_i^{\mathrm{cid}}$ 内的所有图像，M 为图像个数
O	$R \times I$	最终优选得到的图像集合，R 为优选的图像个数

多源媒体优质数据选择算法 MDS 如表 7.4 所示，MDS 的输入包含一个文本特征向量，一组图像 I 以及 I 对应的一组图像特征。文本特征向量为基于 $\mathrm{SG}_i^{\mathrm{cid}}$ 内的所有文本内容利用 LDA 生成的 n 维向量，其中 $\mathrm{SG}_i^{\mathrm{cid}}$ 代表线索 cid 在阶段 i 的代表性微博。I 为 $\mathrm{SG}_i^{\mathrm{cid}}$ 内的所有图像，M 是 I 中包含图像的个数。MDS 的输出为一组优选图像数据，这组图像既有相关性又具有多样性。为了确保输出结果的多样性，首先将图像聚为 r 个簇，r 的大小即为最终输出结果包含的图像数；然后基于提取的文本特征及图像特征，利用 SCM-seq 算法计算文本数据和图像数据的哈希编码。在 SCM-seq 算法中，为了刻画文本数据和图像数据在相同语义空间中的对应关系，需要有从新闻网站中提取的标签的文本-图像对用于训练模型，以提高训练质量。在计算得到哈希编码后，可以用哈希编码计算每一幅图像与文本间的海明距离，利用该海明距离度量其相似性。为了确保输出结果的相关性，在每一个簇中选择与输入的文本数据海明距离最近的图像组成最终的输出结果。

表 7.4　多源媒体优质数据选择算法 MDS

算法：多源媒体优质数据选择算法 MDS
1. 输入：$c(\mathrm{SG}_i^{\mathrm{cid}})$ 的文本特征向量 $\boldsymbol{x}$，候选图像集合 $I = \{i_1, i_2, \cdots, i_m\}$，候选图像特征集合 $Y = \{y_1, y_2, \cdots, y_m\}$
2. 输出：优质图像集合 O
3. $C = \mathrm{KMeans}(Y, R)$
4. $\mathrm{Hashcode}_t = \mathrm{SCM} - \mathrm{seq}(x)$
5. for $c_i \in C$ do
6. 　　Min = INITIALVALUE
7. 　　for $y_m \in c_i$ do
8. 　　　　$\mathrm{Hashcode}_v = \mathrm{SCM} - \mathrm{seq}(y_m)$
9. 　　　　dis = HammingDistance($\mathrm{Hashcode}_t$, $\mathrm{Hashcode}_v$)
10. 　　　　if dis > 16 then 转至步骤 7
11. 　　　　if dis < min then
12. 　　　　　　min = dis
13. 　　　　　　inx=m
14. 　　　　end if
15. 　　end for

| 16. $O = O \bigcup i_{inx}$ |
| 17. end for |
| 18. 返回 O |

完成优质数据抽取的工作后，找出更多相关的跨媒体信息，丰富了信息传播路径，并有效地把多源媒体信息统一到一个表征空间中，之后利用 7.2 节介绍的单一自媒体事件信息溯源的方法，即可实现多源媒体事件信息溯源。

本 章 小 结

网络快速发展的当下，信息的来源不再单一，登录网络，扑面而来的各类信息让人眼花缭乱。信息广泛且飞速传播的时代，网络舆情事件从产生到发酵到高潮再到结尾消退，可能每个环节都十分短暂。综合利用各种技术手段，充分利用各类媒体信息资源，才能更好地实现快速准确的网络舆情事件信息溯源。

此外，除了技术层面，对于网络媒体事件的溯源措施还应该在治理层面的各个环节分别入手。在控制分析方面，传播者要加强把关，将真实性作为传播信息的第一要义，并主动标注信息来源，进行信息公开；在渠道分析方面，媒体运营方可以加强信息准入政策与信息传播路径跟踪的把控，对于内容的真伪进行审核，对于用户传播信息的行为进行记录；在受众层面，提升普通受众的媒介素养是首要大事，这样才能从根本上防止被不法分子的舆论操控。

本章参考文献

[1] 郝林倩，黄金凤. 图像理解技术在交通视频分析中的应用研究[J]. 电脑编程技巧与维护，2018(3)：144-147.

[2] 陈凯. 基于视觉信息分析的图像和视频理解及检索[D]. 上海：复旦大学，2013.

[3] 李城. 微博敏感信息追踪溯源关键技术研究[D]. 北京：中国人民公安大学，2018.

[4] 董圆. 一种基于话题影响力的微博话题溯源方法[D]. 哈尔滨：哈尔滨工程大学，2015.

[5] 金晓玲，金可儿，汤振亚，等. 微博用户在突发事件中转发行为研究：基于信息源的视角[J]. 情报学报，2015(8):809-818.

[6] 杨静，周雪妍，林泽鸿，等. 基于溯源的虚假信息传播控制方法[J]. 哈尔滨工程大学学报，2016(12)：1691-1697.

[7] WENG J，LIM E P，JIANG J，et al. TwitterRank: Finding Topic-Sensitive Influential Twitterers[C]//WSDM'10：Proceedings of the third ACM international conference on Web search，2010.

[8] 陈卫哨. 微博突发事件检测及溯源技术研究[D]. 哈尔滨：哈尔滨工程大学，2014.

[9] 时国华. 微博信息溯源及传播面分析技术的研究与实现[D]. 长沙：国防科学技术大学，2012.

第8章　网络用户行为预测

　　预测是对尚未观察到的现象的预言，预测是理论的试金石。在网络行为分析领域，能否根据用户行为数据刻画用户的行为规律，从而进行行为预测，是行为分析技术有效性的重要反映。从应用角度看，网络用户行为预测可分为网络用户或对象的链接关系预测、用户消费行为预测和消息精准推送等。

　　网络用户或对象的链接关系预测即链路预测，在多类网络应用场景中发挥着核心作用。该技术可为指导生物蛋白质网络构建、食物链网络分析、电子商务市场营销、社交网络好友推荐、电信用户通联关系挖掘、资源贸易协调等提供重要方法，通过链路预测可对大量的网络信息做出筛选，降低数据冗余，节约实验成本。在学术科研领域，链路预测还适用于学者寻找学术合作伙伴等。随着大数据时代的到来，面对数据量的增多和数据质量的下降，链路预测还发挥着维护数据完整性的作用。

　　消费行为预测和消息精准推送在电子商务、社交网络、新闻媒体应用中发挥着重要作用。网络中用户对信息的浏览、选择、评价等行为在一定程度上体现着用户个体对信息的过滤，根据网络行为数据预测出用户的消费行为模式和关注的信息，从而实现个性化业务推送，是此类网络应用平台的主要功能之一。消费行为预测和消息精准推送的关键技术是协同推荐技术，通过分析大规模用户群体的历史行为数据来为当前用户推荐可能感兴趣的对象。协同推荐也应用于大多数音视频网站、基于位置的服务网站等。作为一种信息过滤技术，协同推荐还能依据群体用户行为，分析网页的性质，从而有效发挥网络舆情的监控作用。

8.1　链路预测技术

　　链路预测在多类网络应用场景中发挥着核心作用。例如，社交网络中常用来预测该网络中现在未结识的用户中哪些是朋友；很多生物网络如新陈代谢网络和蛋白质相互作用网络，节点之间是否存在相互作用是需要通过大量实验进行推断的。目前已知的实验结果仅仅揭示了真实网络的极小部分，以蛋白质相互作用网络为例，酵母蛋白质之间80%的相互作用仍然是未解之谜。而在已知的结构基础上进行蛋白质拓扑关系预测，就可以有效缩小实验范围，降低高昂的实验成本，从而大大加快探寻此类网络真实面目的步伐。恐怖袭击严重威胁了人们的生命财产安全，拓扑预测技术在打击恐怖势力方面也可以发挥巨大的作用。根据已知的恐怖分子和他们之间的联系，可以得到一些隐含的边和节点信息，从而为识别潜在的恐怖人员和犯罪团伙提供线索。

　　链路预测的基本研究内容是根据已知的网络结构或属性信息，推断网络中未连边的两个节点之间产生连接的可能性。这种推断包括两层含义：对未知连接(网络中真实存在但是未被检测到的连边)的发现和对未来连接(网络中现在不存在，但是未来很有可能存在的连边)的预测。近年来，不同领域的研究人员从不同的角度提出了多种链路预测方法，下面对链路预测方法进行概述。

8.1.1　链路预测方法概述

链路预测是指根据已知的网络结构(或属性)信息，推断网络中未连边的节点对间产生连边的可能性。链路预测是在对网络的理解和建模的基础上从预测连边的角度对网络科学的实践。以图 8.1 所示的含有 12 个节点(节点 A~L)和 14 条边(图中的黑色实线)的网络为例，根据现有的连边信息，基于共同邻居原理的算法预测网络中还可能存在 BE、EG 两条连边。

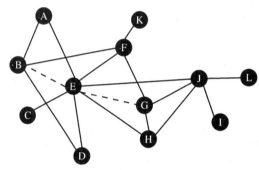

图 8.1　链路预测示例

起初，链路预测作为数据挖掘的一个分支，在计算机领域得到了较早的研究，如层次结构模型对多种生物网络中的链接关系进行了分析，基于多种有监督学习算法对科学家的合作关系进行了预测。而后由于属性信息获取存在难度，基于网络结构的链路预测方法受到更多的关注，这类方法普遍关注链路预测及复杂网络的物理本质。随着基于网络结构特征的相似性测度的研究深入，涌现出大量相似性测度的融合方法(这与机器学习的发展十分类似，后期产生了 AdaBoost、随机森林等分类器的组合方法[1])。

近年来由于深度学习等技术的发展，网络深度特征的提取方法随之产生，基于节点属性、结构信息融合的方法又重新受到重视。纵观链路预测方法螺旋式上升的发展过程，这些方法本质上又有着很强的一致性，如基于分类思想的链路预测方法、相似性测度融合方法、结构属性信息的综合方法等都属于链路预测的组合方法。

由于链路预测广阔的应用前景和巨大的理论价值，其受到了生物学、统计物理学、社会学、信息科学等多个领域的广泛关注，各种预测算法相继被提出。以是否考虑时间信息为标准，链路预测算法可以分为静态链路预测算法和时序链路预测算法两大类。静态链路预测是时序链路预测的基础。本小节将系统地对这两类算法进行阐述。

1. 基于静态信息的链路预测方法概述

在无权无向静态网络的链路预测研究中，按照经典的分类方式，现有链路预测的静态方法主要分为基于节点相似性的链路预测方法、节点相似性的指标融合方法、基于机器学习的链路预测方法以及基于似然分析的链路预测方法等四类。充分研究现有的链路预测方法，概括起来，上述四类方法从是否使用多维度信息或是否直接定义多维度信息之间关系的角度，可以分为链路预测的单机制方法和组合方法。

链路预测的单机制方法使用单一维度的网络信息，如共同邻居指标 CN 仅使用节点对的共同邻居数，偏好连接指标 PA 仅使用节点的度等；或直接、明确地定义多维度信息之间的关系，如资源分配指标 RA，定义节点对的共同邻居节点度的倒数和节点对的相似性。

链路预测的组合方法利用多维度的网络结构信息，但多维度网络信息的组合方式和物理意义并不明确，往往使用组合规则或是通过数据的优化拟合，不同于单机制方法直接给出多维度信息之间的关系和明确的定义方式。

1) 链路预测的单机制方法

链路预测的单机制方法从网络演化的某一演化机理出发，直接构造节点对间的相似性测度，基于节点对的共同邻居数、路径数、节点度及其加权变换，综合网络中节点附近的局部结构信息或网络的全局信息，得出相似性评分，并根据评分大小次序确定链路存在与否。单机制方法具有理论简洁、效率较高的优点。不加区分地考虑节点对的共同邻居，可得到经典的共同邻居数 CN 指标；基于网络中资源传输过程的基本机制对共同邻居加权可得到共同邻居加权的资源分配指标、局部加权路径指标、局部拓扑信息加权的相似性指标等；考虑到网络的社区信息，可以利用社区信息对经典相似性指标加权，提升链路预测准确度。典型的链路预测单机制方法的公式表达式及其含义如表 8.1 所示。

表 8.1　典型的链路预测单机制方法的公式表达式及其含义

相似性指标名称	公式表达式	相似性指标的描述及含义
CN	$s_{CN}(i,j) = \|\Gamma(i) \cap \Gamma(j)\|$ $= (A^2)_{ij}$	$\Gamma(i)$ 表示节点 i 的邻居节点组成的集合；$\|\cdot\|$ 表示集合的势；A 为网络的邻接矩阵；CN 指标表示节点对 ij 的共同邻居数
AA	$s_{AA}(i,j) = \sum_{z \in \Gamma(i) \cap \Gamma(j)} \dfrac{1}{\log k_z}$	k_z 表示节点 z 的度；AA 指标将节点对 ij 的共同邻居节点赋予权重，权重为共同邻居节点度对数的倒数
RA	$s_{RA}(i,j) = \sum_{z \in \Gamma(i) \cap \Gamma(j)} \dfrac{1}{k_z}$	RA 指标同样将节点对 ij 的共同邻居节点赋予权重，权重为共同邻居节点度的倒数；AA 指标与 RA 指标在网络的平均度较小时差别不大，平均度较大时差别较大
ERA	$s_{ERA}(i,j) = \sum_{z \in \Gamma(i) \cap \Gamma(j)} \dfrac{2 + \sigma(n_{zj} + n_{zi})}{k_z} +$ $\sum_{z \in \Gamma'(ij)} \dfrac{\sigma(n_{zj} + n_{zi})}{k_z}$	ERA 指标表示节点对 ij 的资源交互相似性，相比 RA 的单向资源计算，ERA 考虑了资源双向传输。$\Gamma'(ij)$ 表示节点对 ij 的虚拟共同邻居集合，即 $\Gamma'(ij) = (\Gamma(i) \cup \Gamma(j))/(\Gamma(i) \cap \Gamma(j))$；$n_{zi}$ 表示节点对 zi 的共同邻居数；$\sigma \geqslant 0$ 调节不同网络中长路径传输资源占比，当 $\sigma = 0$ 时，ERA 指标退化为 RA

相似性指标名称	公式表达式	相似性指标的描述及含义
PA	$s_{PA}(i,j) = k_i k_j$	PA 指标表示节点对 ij 的偏好连接相似性，其基本假设为节点对产生连接的概率与节点的度成正比
LNB	$s_{LNB}(i,j) = s^{-1} \prod_{w \in \Gamma(i) \cap \Gamma(j)} s\tilde{R}_w$	LNB (Local Naïve Bayes) 考虑了节点不同共同邻居的角色差异，通过节点周围的连接信息引入各个共同邻居 w 的角色函数 $\tilde{R}_w$。s 为常数。当不考虑角色差异，即 $\tilde{R}_w = 1$ 时，LNB 退化为 CN 指标
LwCN	$s_{LwCN}(i,j) = \sum_{z \in \Gamma(i) \cup \Gamma(j)} \frac{a_{iz} \cdot lw_{iz} + a_{zj} \cdot lw_{zj}}{2}$ $lw_{ij} = \frac{n_{ij}^2}{k_i k_j}$	LwCN 考虑了节点对周围局部拓扑信息的不同。类似集聚系数的概念，根据节点对 ij 间的二阶路径以及节点 i 和 j 的度定义局部拓扑加权值 lw 对 CN 指标的各个共同邻居加权。a_{iz} 表示邻接矩阵 A 的对应元素。通过 lw 加权的方式同样可改进 AA、RA 等相似性指标
Katz	$s_{Katz}(ij) = \left[\lim_{n \to \infty} \sum_{m=1}^{n} (\alpha A)^m \right]_{ij}$ $= [(I - \alpha A)^{-1} - I]_{ij}$	Katz 指标为全局相似性指标，α 为控制路径权重的可调参数，I 为单位阵。Katz 指标考虑了网络中的所有长度的路径，其含义可以用"迭代式"定义等价地表示为 i 与 j 的相似性，定义为 i 的邻居节点与 j 的相似性的和

2) 链路预测的组合方法

随着网络结构信息研究的不断深入，许多链路预测的单机制方法被相继提出，多维度的网络信息被充分挖掘，但单机制方法在某一类网络中表现较好，而在其他类网络上表现一般，即在不同网络数据集上的算法鲁棒性不理想。为进一步提高单机制方法的准确性和鲁棒性，研究者从不同角度提出链路预测的组合方法。组合方法是将多种单机制方法或不同参数下的某种单机制方法，通过变换函数得到综合指标的链路预测方法。组合方法主要分为组合规则法、网络模型法及拟合学习法。

(1) 组合规则法。

组合规则法对多种单机制方法按照规则策略如多数投票、乘积规则、和式规则等进行加权组合得到综合指标[1]。例如选取 CN、AA、PA 等相似性指标的单机制方法，求其归一化得分并使用和式叠加规则，即可得到融合后的综合得分。但是这种组合方法容易得到中庸的结果——融合得分的预测准确性介于各单机制方法预测准确性之间，其原因可简单概括为：组合规则没有针对准确性评价指标对各个单机制方法进行权值定向分配，是一种无监督的融合方法。

(2) 网络模型法。

链路预测的网络模型法从宏观上对网络产生连边的机制进行建模，求得模型在各个参数下各节点对产生连边的概率，再对每种参数下的网络生成形式赋予权重，用各个参数下节点对产生连边概率的加权组合确定最终链路预测得分。典型的方法有随机分块模型和层次结构模型。网络模型法阐释了网络的生成演化机制，但最终链路预测得分的确定则需根据组合规则，组合函数是最简单的线性函数。

(3) 拟合学习法。

拟合学习法通过设置目标函数根据训练集中正负例样本的实际数据分布对组合函数的非线性关系或组合系数进行反馈调节，典型方法有 OWA(Ordered Weighted Averaging)算子融合法、模糊积分融合法、基于逻辑回归的融合方法、基于稀疏矩阵分解的融合方法[2]以及基于 AdaBoost 的融合方法等[3]。基于机器学习分类思想的链路预测方法将各种单机制相似性或其他特征输入分类器，对有无连边两类样本进行训练，按照分类器的输出做判决，即将链路预测问题转化为机器学习的二分类问题，因此朴素贝叶斯、逻辑回归、随机森林、支持向量机等多种分类器均可应用，其本质上也属于多种单机制方法经分类器输出融合的拟合学习法。

近年来，随着深度学习技术的发展，产生了大量的网络表示学习方法或深度特征提取方法，比较典型的有：将神经网络语言模型(Word2vec)引入网络科学领域，提出 Node2vec、Struc2vec 等算法，将节点的路径信息、局部结构信息作为输入，学习节点的向量表示；此外，也可以将网络的结构和属性信息向量拼接，通过神经网络学习得出带有结构和属性信息的节点向量表示。节点的向量表示同样需要通过拟合学习等方法得到节点对间的一维化得分用于链路预测。

2. 基于时序信息的链路预测技术概述

真实网络是动态变化的，随着时间的推移，新的节点和连边会不断出现，旧的节点和连边也会不断消失。时序链路预测将随时间变化的网络按照合适的时间间隔分成多个快照，根据历史快照中的网络信息来预测未来某个时间间隔内所有节点对的连边可能。静态链路预测是时序链路预测的基础，因此，许多时序链路预测算法是从静态链路预测算法中演变得来的，但与静态链路预测不同，高精度的时序链路预测算法不仅要抓住网络的静态特征，还要能把握住网络的演化规律。常见的时序链路预测算法可以分为三类：基于网络特征分析的算法、基于矩阵和张量分解理论的算法、基于概率模型的算法。

基于网络特征分析的算法不仅需要考虑单个快照中网络特征对链路形成的影响，还需要考虑网络特征的变化规律。网络特征有结构特征和属性特征两种，有的算法只考虑了方便易得的网络结构信息，有的算法则综合考虑了网络结构信息和属性信息。一般而言，只考虑网络结构信息的算法适用范围广，能用于不同领域的网络的链路预测中；综合考虑网络结构信息和属性信息的算法能得到更高的预测效果。二者都有研究的必要。

很多只考虑网络结构特征的时序链路预测算法是对结构相似性指标的改进，它们在原有指标的基础上，加入了时间因素对链路形成的影响。有学者认为节点对的关系强度会随时间发生变化，如果近期两个节点和它们的共同邻居间存在链接，那么未来这两个节点间发生连边的概率也会变大。基于此，该学者提出了一种时间分指标：

$$TS(x, y) = \sum_{c_i \in \Gamma(x) \cap \Gamma(y)} \frac{H_m^i \beta^{k_i}}{|t_1^i - t_2^i| + 1} \tag{8.1}$$

其中：c_i 表示节点 x 和 y 的共同邻居；t_1^i 表示 x 和 c_i 之间最近一次链接的时间标签；t_2^i 表示 y 和 c_i 之间最近一次链接的时间标签；β 是阻尼参数（$0 < \beta < 1$），k_i 表示 t_1^i 和 t_2^i 中离要预测时刻最近的时间标签和要预测时刻的时间标签 t_c 的差值，即 $k_i = t_c - \max(t_1^i, t_2^i)$；$H_m^i$ 表示在 c_i 的基础上，x 和 y 共同发生的频率的调和平均数。

有的基于网络结构特征的算法则采用时间序列分析模型来抓住网络结构的变化，已有科研工作者提出了一种混合时序链路预测算法，它首先计算了节点对的结构相似性指标，然后利用 ARIMA(Auto Regressive Integrated Moving Average)模型分析了节点对连边次数随时间变化的规律，最后将这两种结果进行线性合并得到了未来可能出现的连边；还有学者计算了每个时间间隔中未连边节点对的结构相似性指标，通过对这些指标进行时间序列分析来得到预测结果。

综合考虑网络结构特征和属性特征的算法同静态链路预测中基于分类思想的算法基本类似，首先对特征进行选择和抽取，然后采用机器学习中经典的分类算法进行预测。比如，采用 Logistic 回归模型在微博网络中进行预测，并将结构特征和属性特征分为三类，可研究不同类别特征在链路预测中的作用；此外，还有学者提出了一种给不同网络结构特征和属性特征分配权重的进化算法，并根据权重融合各种特征，得到最后的预测结果。

许多时序链路预测算法是以矩阵和张量分解理论为基础的，这类算法的基本思路为：首先将每个网络快照的邻接矩阵合并为张量；然后对此张量进行分解，挖掘各因子间的潜在结构和时间因子的变化规律，最后再将各因子合并，得到未来快照中可能存在的连边。基于矩阵和张量分解的算法能有效抓住网络的演化规律，该算法在很多网络中得到了广泛的应用。最后一类算法是基于概率模型的，它们在静态算法的基础上向模型中加入时间信息，但此类算法仍然存在模型复杂、计算量较大的缺点。

3. 数据集划分方式

1) 静态链路预测数据集划分方式

为了比较不同算法的性能，需要将实验数据集分为训练集和测试集。静态链路预测中数据集的划分方式有很多种，如随机抽样、滚雪球抽样、k-折叠交叉检验、熟识者抽样等。选取应用广泛的随机抽样法作为数据集划分方式，其步骤为：首先设定训练集和测试集的划分比例为 p，随机从 E 条边中选择 pE 条边构成训练集，得到一个预测精度；然后将上述步骤重复 N 次，算法的预测精度就是 N 个预测精度的平均值。随机抽样算法可以保证每条边被选为测试集的概率相同，有时也会根据需求给出一些限制条件，如保证训练集中的网络具有连通性等。

2) 时序链路预测数据集划分方式

对于时序链路预测，当算法参数需要调优时，抽出前 N 个快照用于调优，被抽出的快照不能再用于计算算法的预测精度。计算算法预测精度时，采用如图 8.2 所示的方法确定训练集和测试集。首先选取网络中前 ΔT 时刻的快照作为训练集，以第 $\Delta T + 1$ 时刻的网络快照为测试集，得到一个预测精度；然后将时间窗口顺次移动一个步长，重新计算预测精度，循环 N 次后，对 N 个预测精度求平均作为对应时间窗口 ΔT 的精度值。

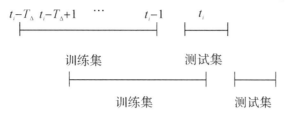

图 8.2　时序链路预测中训练集与测试集选取方案

4. 评价指标

为了评估算法的准确性，要对网络的连边集合 E 进行训练集 E^{T} 和测试集 E^{P} 的划分，且满足 $E = E^{\mathrm{T}} \bigcup E^{\mathrm{P}}, E^{\mathrm{T}} \bigcap E^{\mathrm{P}} = \varnothing$。链路预测算法只允许运用训练集 E^{T} 的信息进行预测。一般用 AUC(Area Under the Receiver Operation Characteristic Curve)准确度和 Precision 精确度衡量。

AUC 不受有无连边两类样本非平衡性的影响(链路预测中无连边的节点对数量远大于有连边的节点对数量，称为样本非平衡性)，AUC 可以理解为在测试集中随机选择一条边的分数值比随机选择一条不存在的边的分数值高的概率。即每次从测试集中随机选择一条边，再从不存在的边中随机选择一条边，若前者高则加 1 分，若相等则加 0.5 分，这样独立比较 n 次。若有 n' 次测试集得分高，有 n'' 次二者相等，则 AUC 定义为

$$\mathrm{AUC} = \frac{n' + 0.5n''}{n} \tag{8.2}$$

Precision 精确度定义为前 L 个预测边中预测准确的比例。若前 L 个预测边中有 m 条边在测试集中，则

$$\mathrm{Precision} = \frac{m}{L} \tag{8.3}$$

8.1.2　基于静态信息的链路预测技术

结构相似性指标是应用最广泛的一类静态链路预测算法。近年来，不同的相似性指标在不断地被提出，受网络资源分配过程的启发，已有学者提出了一种资源分配指标(Resource Allocation Index)；还有学者认为两节点间路径中节点的度越小则这两个节点越相似，并据此提出了一种显著路径指标(Significant Path Index)。但是，该文献中的实验结果指出，结构相似性指标的预测精度在不同网络中有较大差异，此类算法的鲁棒性较差。这是因为结构相似性指标的预测精度取决于该种结构相似性的定义能否很好地抓住目标网络的结构特征，而不同的网络间存在结构上的差别，这种定义和网络结构特征之间的关系也不明朗。因此，在对某个实际网络进行链路预测时，如何提高结构相似性指标的稳健性、避免采用对目标网络预测效果较差的相似性算法，是亟待解决的问题。

此外，有学者提出可以尝试采用合理的方式将各个独立的相似性算法进行融合，以得到更高、更稳定的预测精度。受其启发，一些学者对融合算法展开了研究，采用三种不同的 OWA(Ordered Weighted Averaging)算子对九种基于局部信息的结构相似性指标进行融

合；还有学者提出了一种基于 AdaBoost 的链路预测算法。在对不同结构相似性指标的理论机理及预测结果进行详细分析时发现：不同指标的预测结果有一定重叠(但不同指标的预测结果也不完全相同)，而造成重叠的原因却并不明确。因此，在对不同指标进行融合时，存在指标间相互作用不好评估的问题。但是，现有的融合算法大都没有考虑到这一难点。

基于上述分析，可提炼出一种基于 Choquet 模糊积分的链路预测算法。该算法引入数学中模糊测度和模糊积分的概念，在考虑不同指标的重要性和指标交互作用的基础上，对指标进行融合，提高结构相似性指标在不同网络中的预测精度。模糊测度可以反映指标的重要程度及其交互作用，而模糊积分过程也就成为各指标的预测结果关于指标重要程度和交互作用的融合。模糊测度和模糊积分理论在 3.3.2 小节已进行详细介绍。本小节同样采取粒子群算法(Particle Swarm Optimization，PSO)计算被融合的各个结构相似性指标的模糊密度；再通过 Choquet 模糊积分，根据各指标为网络中所有未连边节点对赋予的分数值，计算每对未连边节点对的连边概率。

1. 基于模糊积分理论的组合链路预测方法

1) 使用 Choquet 模糊积分融合结构相似性指标

对于一个有限离散集 $M = \{m_1, m_2, \cdots, m_n\}$，$h(m)$ 是定义在集合上的非负函数，如果该非负函数满足条件：$h(m_1) \leqslant h(m_2) \leqslant h(m_3) \leqslant \cdots \leqslant h(m_n)$，$C_i = \{m_i, m_{i+1}, \cdots, m_n\}$，则 Choquet 模糊积分的离散形式为

$$e(h) = \sum_{i=1}^{n} [h(m_i) - h(m_{i-1})]g_\lambda(C_i) = \sum_{i=1}^{n} h(m_i)\delta_i(g_\lambda) \tag{8.4}$$

其中，

$$g_\lambda(C_i) = \begin{cases} g_\lambda(\{m_n\}) = g^n & (i = n) \\ g^i + g_\lambda(C_{i+1}) + \lambda g^i g_\lambda(C_{i+1}) & (1 \leqslant i < n) \end{cases} \tag{8.5}$$

式(8.4)与式(3.43)的含义完全相同，且必须满足条件：

$$h(m_0) = 0, \quad g_\lambda(C_{n+1}) = 0 \tag{8.6}$$

$h(m_i)$ $(i = 1, 2, \cdots, m)$ 表示被融合的第 i 个指标给出的某个未连边节点对的预测结果。由式(8.4)可知，Choquet 模糊积分是结构相似性指标的预测结果关于指标本身重要程度及其相互作用的非线性合成。

构建一个包含所有待融合的结构相似性指标的集合，记为 $M = \{m_1, m_2, \cdots, m_n\}$。在 M 的幂集上定义模糊测度，就可以通过该模糊测度衡量不同相似性指标在融合过程中的重要程度和交互作用，而各指标为每对未连边节点对赋予的分数值关于模糊测度的积分，就等于综合考虑各种结构相似性指标得到的所有未连边节点对的连边可能。利用 Choquet 模糊积分进行结构相似性指标融合的模型示意图如图 8.3 所示。

图 8.3 中，$h(m_i)$ 是输入，它表示所要融合的第 i 个指标为某个未连边节点对赋予的分数值；输出表示综合考虑各种结构相似性指标得到的该未连边节点对的连边可能，即各分数值关于模糊测度的模糊积分。在得到模糊密度及对应的模糊测度后，就可以采用该模型计算最后的融合结果了。

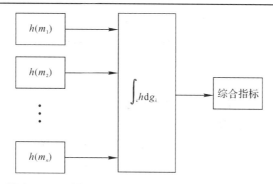

图 8.3   利用 Choquet 模糊积分进行结构相似性指标融合的模型示意图

对于网络中某个未连边节点对 xy，为得到正确的融合结果，首先需要将各个相似性指标的预测结果进行归一化：

$$\text{snorm}_{xyl} = \frac{s_{xyl}}{\max(S_l)} \tag{8.7}$$

其中：S_l 表示所要融合的第 l 个指标的所有预测结果；S_{xyl} 表示第 l 个指标为节点对 xy 赋予的分数值；snorm_{syl} 表示该分数的归一化值。然后利用公式(8.4)，可以得到 xy 的融合结果。特别地，在这一过程中，需要将所有指标的预测结果按值的大小进行排序；最后的融合结果就是所有指标的预测结果关于模糊测度的非线性叠加。下面举例对此进行说明。

对于某个未连接节点对 xy，有三种结构相似性指标对该节点对的连边可能进行了预测，归一化后的预测结果分别为 $h(x_1) = 0.6$，$h(x_2) = 0.5$，$h(x_3) = 0.7$。使用 PSO 算法得到这三种结构相似性指标的模糊密度分别为 $g^1 = 0.2$，$g^2 = 0.5$，$g^3 = 0.7$，根据各相似性指标的模糊密度及 g_λ 模糊测度的性质，可以得到对应的模糊测度如表 8.2 所示。最后，根据公式(8.4)可以得到综合考虑三种结构相似性指标后，该节点对的连边可能：

$$
\begin{aligned}
\text{Score} &= \int_c h \mathrm{d}g_\lambda \\
&= h(x_2)[g_\lambda(\{x_1, x_2, x_3\}) - g_\lambda(\{x_1, x_3\})] + h(x_1)[g_\lambda(\{x_1, x_3\}) - h(x_3)[g_\lambda(\{x_3\}) - 0] \\
&= 0.6496
\end{aligned} \tag{8.8}
$$

其中，$\int_c$ 表示 Choquet 积分。可见，利用 Choquet 积分进行指标融合本质上也是一种改进了的加权平均，但这种平均是由模糊测度决定的，它考虑了相似性指标的重要性及其交互作用。使用模糊积分对相似性指标进行融合时，相似性指标的预测结果表达了该指标对融合后的预测结果的支持程度，而各指标的模糊测度则衡量了指标对于最后结果的重要程度。

表 8.2   三种结构相似性指标的模糊测度

集　合	模糊测度	集　合	模糊测度
∅	0	$\{m_3\}$	0.7
$\{m_1\}$	0.2	$\{m_1, m_3\}$	0.7959
$\{m_2\}$	0.5	$\{m_2, m_3\}$	0.9398
$\{m_1, m_2\}$	0.6256	$\{m_1, m_2, m_3\}$	1

2) 算法整体流程

基于模糊积分的结构相似性指标融合算法称为 FLP(Fusion link prediction)算法。FLP 算法的执行步骤如下：

(1) 选择用于融合的结构相似性指标；

(2) 利用标准粒子群算法确定各个指标的模糊密度；

(3) 根据模糊密度计算对应的 g_λ 模糊测度；

(4) 以模糊测度为依据，使用模糊积分将各指标计算得到的预测值进行融合，得到最后的预测结果。

2. 实验结果和分析

在六个不同领域的真实网络数据集上对算法进行评估分析，它们的基本结构参数如表 8.3 所示，这六种真实网络数据集分别是：① 科学家合作网络(Net Science，NS)，网络中的节点是在网络科学领域发表过论文的科学家，连边表示科学家的合作关系；② 政治家博客网络(Politicians Blog Network， PB)，原数据是有向网络，节点为博客网页，边表示网页之间的超链接；③ 爵士音乐家合作网(Jazz musician cooperation network，Jazz)，网络中的节点为爵士音乐家，连边表示音乐家的合作关系；④ 线虫的神经网络(Caenorhabditis Elegans，CE)，节点表示线虫的神经元，边表示神经元突触；⑤ 美国航空网络(USAir)，网络中的每个节点对应一个机场，连边表示两个机场之间有直飞的航线；⑥ 蛋白质相互作用网(Yeast)，网络中的每个节点表示一种蛋白质，边表示蛋白质间的相互作用关系。在实验之前，去除真实网络中边的权值、方向以及网络中出现的自环，使其变为无向无权无环网络。为了评价算法的好坏，采取随机抽样的方式，在保证训练集连通的前提下，将每一个数据集中 80% 的连边作为训练集，剩余的 20% 作为测试集。

表 8.3 中，$|V|$ 表示网络中节点的个数，$|E|$ 表示边的数量，$\langle k \rangle$ 表示网络的平均度，$\langle d \rangle$ 表示网络平均距离，C 表示网络簇系数，r 表示结合系数，H 表示度的分布熵。

表 8.3 静态网络数据集拓扑特征参数表

网络	$|V|$	$|E|$	$\langle k \rangle$	$\langle d \rangle$	C	r	H
NS	1461	2742	3.75	5.82	0.878	0.461	1.85
PB	1222	16717	27.36	2.51	0.360	−0.221	2.970
Jazz	198	2742	27.7	2.24	0.633	0.02	1.4
CE	453	2025	8.94	2.66	0.655	−0.225	4.49
USAir	332	2128	12.81	2.74	0.749	−0.208	3.36
Yeast	2370	10904	9.2	5.16	0.378	0.469	3.35

使用 AUC 值精确衡量各个算法的预测精度。取 10 次独立计算的平均值作为最后的预测结果，每次计算前重新随机划分训练集和测试集，根据预测结果和测试集中的连边信息，可以得到各个算法在六种不同数据集中的 AUC 值，如表 8.4 所示。Katz 指标的参数固定为 0.01。

FLP 算法在六个真实网络数据集中的表现都优于其他指标。这六种真实网络来自不同的领域，具有不同的网络拓扑特征，因此，可以说明 FLP 算法在不同种类的网络中可以有比较好的表现，FLP 算法可以有效提高结构相似性指标的鲁棒性。

表 8.4　FLP 算法和各结构相似性指标在数据集中的 AUC 值

指标	NS	PB	USAir	CE	Jazz	Yeast
CN	0.9657	0.9225	0.9490	0.8248	0.9514	0.9082
PA	0.7400	0.9093	0.9134	0.7507	0.7674	0.8649
AA	0.9658	0.9238	0.9598	0.8408	0.9591	0.9084
Katz(0.01)	0.9800	0.9329	0.9502	0.8493	0.9409	0.9697
FLP	0.9990	0.9590	0.9752	0.9103	0.9730	0.9790

通过分析 FLP 算法和四种结构相似性指标可以发现，四种指标是基于不同的连边机理提出的，因此，它们在不同的网络中表现不同。如 PA 指标在 Jazz 网络中表现优秀，而在 NS 网络中表现非常一般；Katz 指标虽然考虑了全局路径信息，但在所有网络中的表现也不是最好的，它在 USAir 网络中的表现与 AA 指标有一定差距；而 FLP 算法合理融合了四种指标，因此在所有网络中都有比较好的表现。值得注意的是，FLP 算法提供的是一种融合指标框架，它也可以用于融合其他的相似性指标以获得更好的表现，因此不再选取其他指标进行比较。

FLP 算法选取的四种结构相似性指标中，CN、PA、AA 属于局部结构相似性指标，Katz 指标属于全局结构相似性指标。前三种指标时间复杂度较低，但预测精度一般没有全局指标高；Katz 指标的精度一般较高，但是时间复杂度也较高。基于上述分析，采用模糊积分来融合局部相似性指标，比较其与 Katz 指标的优劣。将融合了三种局部结构相似性指标的算法称为 FLP_3 算法，表 8.5 列出了 Katz 指标、FLP_3 算法和 FLP 算法的 AUC 值。

表 8.5　Katz 指标、FLP_3 算法和 FLP 算法在数据集中的 AUC 值

算法	NS	PB	USAir	CE	Jazz	Yeast
Katz(0.01)	0.9800	0.9329	0.9502	0.8493	0.9409	0.9697
FLP_3	0.9820	0.9420	0.9720	0.8855	0.9720	0.9206
FLP	0.9990	0.9590	0.9752	0.9103	0.9730	0.9790

从表 8.5 可以看出，FLP 算法在六个真实网络数据集中的表现优于 Katz 指标和 FLP_3 算法；在大多数网络中，FLP_3 算法也优于考虑了全局信息的 Katz 指标。但在 Yeast 网络中，Katz 指标要优于 FLP_3 算法，这是因为 CN、PA、AA 指标在 Yeast 网络中的表现和 Katz 指标相比有较大差距，即使采用模糊积分对这三种局部结构相似性指标进行融合后预测精度有所提升，但是提升效果受到这三种指标的预测精度的限制。这也说明融合算法并不是万能的，它只能在一定范围内提升算法的精度和鲁棒性。

3. 组合链路预测的理论极限

本小节主要介绍静态链路预测的组合方法。概括起来，链路预测的组合方法可以抽象为以下问题：组合方法将多个单机制方法的链路预测指标 s_i 输入一个融合函数 $l(x)$，得到综合指标 s，使得对于任意给定网络，综合指标都体现出优于单机制方法的预测准确性。图 8.4 所示是链路预测的组合方法示意图。

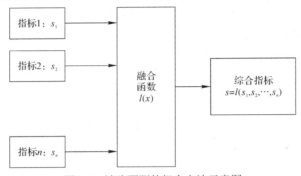

图 8.4　链路预测的组合方法示意图

理论研究表明，链路预测的组合方法存在理论极限。链路预测组合方法的理论极限问题可以给出如下数学描述：设随机向量 $\boldsymbol{X} = (X_1, X_2, \cdots, X_n)^{\mathrm{T}}$ 表示 n 个结构相似性指标给出的有连边节点对的得分值，服从 $f(\boldsymbol{x}) = f(x_1, x_2, \cdots, x_n)$ 的联合分布，随机向量 $\boldsymbol{Y} = (Y_1, Y_2, \cdots, Y_n)^{\mathrm{T}}$ 表示 n 个结构相似性指标给出的无连边节点对的得分值，服从 $g(\boldsymbol{x}) = g(x_1, x_2, \cdots, x_n)$ 的联合分布。求变换函数 $l(\boldsymbol{x})$，使得综合得分 $X = l(\boldsymbol{X})$、$Y = l(\boldsymbol{Y})$ 的 AUC 值达到最大，即 $P\{X > Y\}$ 达到最大。根据该理论描述，可以得出以下定理：

定理(组合方法理论极限的充分必要条件)　设随机向量 $\boldsymbol{X} = (X_1, X_2, \cdots, X_n)^{\mathrm{T}}$ 服从 $f(\boldsymbol{x}) = f(x_1, x_2, \cdots, x_n)$ 的联合概率密度函数，随机向量 $\boldsymbol{Y} = (Y_1, Y_2, \cdots, Y_n)^{\mathrm{T}}$ 服从 $g(\boldsymbol{x}) = g(x_1, x_2, \cdots, x_n)$ 的联合概率密度函数，且 $m\{\boldsymbol{x}: f(\boldsymbol{x}) / g(\boldsymbol{x}) = C, g(\boldsymbol{x}) \neq 0, \forall C \in \mathbf{R}\} = 0$ (m 表示集合的测度)，则下面两条件等价：

(1) $l(\boldsymbol{x})$ 使得 AUC 达到最大值；

(2) 存在单调递增函数 $r(x)$，使得 $l(\boldsymbol{x}) = r[f(\boldsymbol{x}) / g(\boldsymbol{x})]$, $g(\boldsymbol{x}) \neq 0$, a.e. $\boldsymbol{x} \in \mathbf{R}^n$。

8.1.3　基于时序信息的链路预测技术

对未来可能产生的边进行预测的核心是对网络演化规律的把握。现有的基于网络结构特征分析的时序链路预测算法大都直接在边的尺度上对网络的演化规律进行分析。从边的层面对链路进行预测，这样虽然非常直观，但是忽略了其他网络的结构信息。模体是非常重要的一种网络结构，很多复杂网络的重要性质就是借助模体被发现的。网络模体演化作为网络微观演化的一种，是网络演化分析的重要组成部分。研究表明，网络模体演化规律可以从很大程度上描述网络结构特征的变化。因此，边的形成也可能是网络模体不断变化、相互作用的结果。研究模体演化与时序链路预测间的关系，进而根据模体的演化规律对链路进行预测具有重要的意义[4]。

相关研究工作直接从网络的微观演化入手，通过分析网络中经常出现的模式的时序演变来对链路进行预测。三元组是社会网络中非常重要的一类模体，三元组演化在动态社会网络分析中起到了非常重要的作用。目前，已有相关文献分析了 Enron 网络中相邻快照间的三元组模体转换概率，将转换概率的均值用于链路预测中。此外，还有研究者从多个方面对三元组进行衡量，并将之用于异质网络的时序链路预测中。但是，上述研究工作大都只对模体的变化进行了实验上的统计，缺乏对模体演化规律的进一步分析。基于上述分析，本小节引入非负张量分解和时间序列分析，对三元组模体的演化规律进行了深入研究，然后从链路预测角度提出一种三元组模体重要性指标，最后根据三元组演化规律、三元组重要性指标及三元组与链路间的关系对链路进行预测。

1. 基本概念

1) 三元组模体

这里对无向网络中三元组模体的变化规律进行深入分析，并将这种变化运用于链路预测中，以得到更高的预测精度。对三元组中的节点进行区分，对不同的节点进行编号，得到无向网络中的 8 种三元组，如图 8.5 所示，图中标识的三元组 ID 具有唯一性，并将在后文中得到应用。

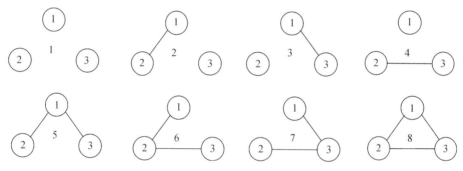

图 8.5　无向网络三元组

2) 非负张量分解

张量(Tensor)是矩阵在高维空间上的扩展，与矩阵相比，它能描述更多的因素，可以很自然地表达高维数据而不丢失信息，因而能在最大程度上保持数据的内在结构特性。一个三阶张量可以表示为 $\mathbf{Z} \in \mathbf{R}^{I_1 \times I_2 \times I_3}$，其元素为 $z_{ijk}, i \in I_1, j \in I_2, k \in I_3$。

张量分解可以挖掘张量的潜在结构及其不同维间的关联，一般可以分为 CanDecomp/ParaFac(CP)分解和 Tucker 分解两类，其中 CP 分解可以看作是矩阵奇异值分解的高阶扩展，在可解释性、解的唯一性方面具有优势。一个三阶张量的 CP 分解可以表示为

$$\hat{\mathbf{Z}} = \sum_{r=1}^{R} \lambda_r a_r \circ b_r \circ c_r = [\lambda; \mathbf{A}, \mathbf{B}, \mathbf{C}] \tag{8.9}$$

其中：符号。表示外积；被加数 $\lambda_r a_r$、b_r、c_r 表示一个组件，设 $\|a_r\| = \|b_r\| = \|c_r\| = 1$；$\lambda_r$ 表示第 r 个组件的权重；R 表示组件的个数；$[\lambda; \mathbf{A}, \mathbf{B}, \mathbf{C}]$ 是 CP 分解的缩写形式，其中，$\mathbf{A} \in \mathbf{R}^{I_1 \times R}$，$\mathbf{B} \in \mathbf{R}^{I_2 \times R}$，$\mathbf{C} \in \mathbf{R}^{I_3 \times R}$，都称作因子矩阵，表示张量在各个维度上的主成分。CP 分解过程如图 8.6 所示。

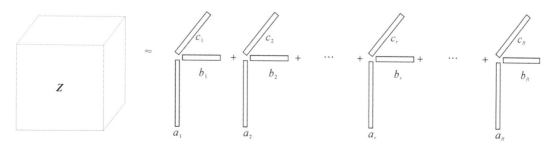

图 8.6　CP 分解过程

更特别地，非负 CP 分解的目标是将非负张量 $Z \in \mathbf{R}_+^{I_1 \times I_2 \times I_3}$ 分解为非负因子之和：

$$Z \approx \sum_{r=1}^{R} \lambda_r a_r \circ b_r \circ c_r \tag{8.10}$$

此分解可以通过求解最优化问题公式得到：

$$\begin{cases} \min \| Z - \sum_{r=1}^{R} \lambda_r a_r \circ b_r \circ c_r \| \\ \text{s.t.} \quad \lambda_r \geq 0, a_r \geq 0, b_r \geq 0, c_r \geq 0 (r = 1, 2, \cdots, R) \end{cases} \tag{8.11}$$

2. 基于模体演化的时序链路预测方法

这里根据三元组的演化规律对网络中节点对的连边可能进行预测。首先对前两个相邻快照之间的三元组进行统计，构成这两个快照间的三元组转换概率矩阵；以此类推，得到所有相邻快照间的三元组转换概率矩阵，并将其合并为三阶张量。然后对此三元组转换概率张量进行 CP 分解，对其中的时间因子 C 进行时间序列分析后合并各因子矩阵，得到 T 时刻到 $T+1$ 时刻的三元组转换概率矩阵。根据该三元组转换概率矩阵和 T 时刻的网络快照可以得到 $T+1$ 时刻各个三元组的生成概率；最后根据 $T+1$ 时刻中各个三元组的生成概率和不同三元组的重要性来预测 $T+1$ 时刻网络中节点对的连边可能。

1) 三元组转换概率预测

对网络中的历史信息进行统计，可以得到相邻快照之间不同三元组类型的转换概率。常用的统计算法是对网络中的节点进行遍历，但是时间复杂度很高。复杂网络具有稀疏性，以 Facebook 数据集为例，网络节点总数为 60 290，因此网络中可能产生的节点连边总数为 60 290 × (60 290 − 1)/2，但是每个时刻产生的连边的均值为 16 117，仅占可能产生的总边数的百万分之八。考虑到这种网络的稀疏性，这里介绍一种快速统计算法:算法的核心思想是先对含有连边的节点进行研究，即先统计第二至第八类型三元组的转换情况，此类转换情况也包含第二至第八类型三元组转换到第一类型的情况和第一类型三元组转换到第二至第八类型三元组的情况；然后用转换总数减去上述情况的转换数，得到第一类型到第一类型三元组的转换数；最后进行归一化，得到三元组各个类型之间的转换概率。快速统计算法只需要对相邻快照间存在连边的节点进行统计即可得到第二到第八类型三元组的转换情况。由网络稀疏性可知，网络中实际存在的边只占网络中可能存在的边的很小一部分，因此，此快速统计算法适用于大规模网络。

三元组的类型数为 8，因此，定义一个大小为 8 × 8 的矩阵来描述相邻时刻间不同三元组类型的转换概率，称为三元组转换概率矩阵(Triad Changement Matrix，TCM)。矩阵中各元素的值为

$$\text{TCM}_t(i,j) = P(\text{tr}_i[t] \to \text{tr}_j[t+1]) \tag{8.12}$$

其中：$\text{tr}_i[t]$ 表示 t 时刻第 i 类三元组；$\text{TCM}_t(i,j)$ 表示 t 时刻到 $t+1$ 时刻第 i 类三元组转换到第 j 类三元组的概率，即对应时刻 TCM 矩阵第 i 行第 j 列元素。

对三元组转换概率矩阵进行分析可知，三元组的演化是非线性的，不同三元组类型间也存在影响，因此，不能采用简单的如求均值的方式对三元组的转换概率进行预测。非负张量可以很自然地描述三元组的转换概率而不丢失信息，张量分解可以挖掘不同三元组转

换概率之间的潜在关系。大部分三元组转换概率表现出了周期性趋势或平稳趋势，时间序列分析可以很好地对这些趋势进行预测。因此，可采用非负张量分解和时间序列分析的方法对三元组转换概率进行进一步分析和预测。

构建三元组转换概率张量(Triad Changement Tensor，TCT)来描述所有相邻时刻间三元组的转换概率，张量中的元素为

$$\text{TCT}(i, j, t) = \text{TCM}_t(i, j) = P(\text{tr}_i[t] \to \text{tr}_i[t+1]) \tag{8.13}$$

该张量与 TCM 矩阵的关系可以表示为

$$\text{TCT} = \{\text{TCM}_1, \text{TCM}_2, \cdots, \text{TCM}_t, \cdots, \text{TCM}_T\} \tag{8.14}$$

不同的三元组转换概率间存在关联，同一三元组转换概率本身随时间变化时也存在关联，因此，采用非负 CP 分解对 TCT 张量进行分解，挖掘张量各维之间的潜在关系及各维数据自身的潜在结构。$\boldsymbol{AB}^{\text{T}}$ 衡量了不同类型三元组间的转换关系，而 $\boldsymbol{C}$ 中包含了这种关系随时间变化的信息；对时间因子矩阵 $\boldsymbol{C}$ 进行时序分析，得到 $c_{T+1,r}$ 后，可以得到 T 时刻到 $T+1$ 时刻的三元组转换似然矩阵(Triad Changement Likelihood Matrix，TCLM)：

$$\text{TCLM}_T(i, j) = \sum_{r=1}^{R} \lambda_r (a_{i,r} \Box b_{j,r} \Box c_{T+1,r}) \tag{8.15}$$

TCLM_T 矩阵包含了 T 时刻到 $T+1$ 时刻的三元组转换信息，但是不满足概率条件，因此，对 TCLM_T 矩阵按行进行归一化，得到 T 时刻到 $T+1$ 时刻的三元组转换概率矩阵 TCM_T。采用 MATLAB 工具箱 tensor toolbox 2.5 中的 cp_nmu 函数对 TCT 张量进行 CP 非负分解，算法源码由此工具箱提供，采用的时序分析模型是较为简单的指数衰减模型：

$$c_{T+1,r} = \alpha c_{T,r} + \alpha(1-\alpha)c_{T-1,r} + \alpha(1-\alpha)^2 c_{T-2,r} + \alpha(1-\alpha)^3 c_{T-3,r} + \cdots + (1-\alpha)^T c_{1,r}$$
$$(r = 1, \cdots, R, \ 0 < \alpha < 1) \tag{8.16}$$

其中：α 是平滑参数，设 $\alpha = 0.5$；$c_{t,r}$ 是对 TCT 张量进行 CP 分解后得到的时间因子矩阵 $\boldsymbol{C}$ 中的元素，表示第 r 个组件中 t 时刻的时间因子值。除指数衰减模型外，也可以采用 Holter-Winter 等其他时序分析方法来分析三元组转换概率随时间变化的潜在趋势，对未来的时间因子值进行推测。

2) 三元组重要性分析

一个节点对包含在不同的三元组中，如图 8.7 所示，节点对 AB 包含在 ABC、ABD、ABE 三个三元组中。每个包含该节点对的三元组的状态都为预测其连边可能提供了参考，但不同的三元组对预测的重要性不同，"活跃"的三元组往往能起到更加积极的作用。三

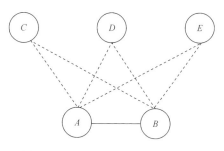

图 8.7　三元组与节点对关系示意图

元组的活跃度可以表现为两个方面，一方面是三元组内部各节点间连边的频率，频率越高，三元组越活跃；另一方面是三元组形成闭合的频率，网络演化中，三元组形成闭合的次数越多，说明该三元组内部节点间关系越紧密，对预测节点对的连边也越重要。此外，历史连边的产生时间距预测时刻点越远，则对预测时刻点的节点对产生的影响越小，这里用指数衰减模型描述这种影响。

　　基于上述分析，定义三元组重要性指标来描述三元组对于链路预测的重要性程度：

$$W_i = \beta \times \sum_{t=1}^{T} \theta_1^{T-t} l_{i,t} + \gamma \times \sum_{t=1}^{T} \theta_2^{T-t} \text{trc}_{i,t} + 1 \tag{8.17}$$

其中：W_i 表示三元组 i 的重要程度；$l_{i,t}$ 表示 t 时刻三元组 i 中各节点的连边个数；$\text{trc}_{i,t}$ 表示 t 时刻三元组 i 是否闭合，闭合为 1，不闭合为 0；β、γ 为调控参数；θ_1、θ_2 取值为 $(0,1)$，用来衡量历史连边的产生时间对链路预测的影响。

　　3) 根据 TCM 矩阵和三元组重要性指标进行链路预测

　　根据 TCM_T 矩阵和计算得到的三元组重要性指标，可以得到 $T+1$ 时刻网络中每个节点对的连边可能性，即

$$\text{score}_{i,j} = \sum_{m=1}^{M_{\text{tr}}} W_m \times \text{TCM}(m) \tag{8.18}$$

其中：M_{tr} 表示 $T+1$ 时刻所有包含连边 ij 的三元组总数，W_m 表示第 m 个三元组的重要程度；$\text{TCM}(m)$ 表示 $T+1$ 时刻包含连边 ij 的第 m 个三元组从时刻 T 到时刻 $T+1$ 的转换概率。

　　3. 实验结果和分析

　　采用三种社会网络数据集对算法进行评估分析。Condmat 网络包含了 1995 年到 2000 年间凝聚物理问题中共 19 464 次多机构合作记录，以年为单位划分网络快照。Enron 数据集包含了从 2001 年 1 月 1 日到 2002 年 3 月 31 日间，Enron 机构内部员工的邮件通信记录，以月为时间间隔建立快照。Facebook 数据集包含了从 2006 年 11 月到 2009 年 1 月，60 290 位用户"墙评论"形式的交流记录，以月为时间间隔建立快照。这些网络的参数信息如表8.6 所示。

表 8.6　Condmat、Enron 和 Facebook 数据集参数表

参数	Condmat	Enron	FaceBook
节点数	17 636	22 477	60 290
总边数	88 036	164 081	838 090
快照数	6	16	52

　　选取时间窗口为 5，三元组重要性指标中各参数都设定为 0.5，其他算法中各参数按原文默认值设定，得到的实验结果如表 8.7 至表 8.9 所示，对最佳值进行加粗表示。从表 8.7 至表 8.9 中可以看出，采用 AUC 值进行衡量时，TCM 算法在 Condmat 数据集中取得了很好的预测精度，但在 Enron 数据集中略低于 TS 算法，在 Facebook 数据集中也只略优于 TS 算法。但是当采用 Precision 值作为评价指标时，TCM 算法都取得了很好的预测效果，并且同其他算法相比，优势明显。例如，在 Condmat 数据集中，TCM 算法比 TS 算法提高了 30%。因此，提出的算法具有较高的预测精度。

表 8.7 Facebook 数据集中各算法预测精度表

指标	HPLP	TTM	TS	TCM
AUC	0.76	0.79	0.83	**0.84**
Precision	0.06	0.08	0.1	**0.13**

表 8.8 Enron 数据集中各算法预测精度表

指标	HPLP	TTM	TS	TCM
AUC	0.91	0.81	**0.92**	0.89
Precision	0.17	0.21	0.23	**0.30**

表 8.9 Condmat 数据集中各算法预测精度表

指标	HPLP	TTM	TS	TCM
AUC	0.68	0.76	0.81	**0.92**
Precision	0.25	0.22	0.25	**0.35**

8.2 消费行为预测和消息精准推送

消费行为预测和消息精准推送在电子商务、社交网络、新闻媒体应用中发挥着重要作用。网络中用户对信息的浏览、选择、评价等行为在一定程度上体现着用户个体对信息的过滤，根据网络行为数据预测出用户的消费行为模式和关注的信息，从而实现个性化业务推送，是此类网络应用平台的主要功能之一。消费行为预测和消息精准推送的关键技术是协同推荐技术，该技术通过分析大规模用户群体的历史行为数据来为当前用户推荐可能感兴趣的对象。协同过滤的本质是依据用户在网络中的历史行为给用户兴趣建模，从而为用户提供感兴趣的内容。

电子商务是协同过滤推荐系统发展的第一动力。在电商网络上，面对海量的商品，用户往往无所适从。协同推荐正是为解决这类问题发展而来的，它能够通过用户的行为日志分析出用户潜在的兴趣爱好，预测用户所喜爱的商品并主动为其推荐，从而大大减少用户筛选商品所用的时间，显著提升用户的依赖度与满意度。目前，协同过滤推荐系统已经成为大多数电子商务网站必不可少的组成部分，如淘宝、京东、亚马逊等。社交网络是协同过滤推荐系统发展的第二大动力，它的迅速兴起使用户逐渐成为网络的中心，用户在社交网络中展示着自己的真实信息，实时分享着日常生活中的方方面面。协同推荐正是利用这些反映着用户自身特征的数据，分析出用户之间的潜在关系，从而主动为用户推荐感兴趣的信息和志趣相投的好友。可以说，没有电子商务和社交网络这二者潜移默化的推动作用就没有协同过滤推荐系统的蓬勃发展。目前，除了电子商务、社交网络、新闻媒体应用等网络平台，协同推荐也应用于大多数音视频网站、基于位置的服务网站等，如 QQ 音乐、大众点评、高德地图等。同时，作为一种信息过滤技术，协同推荐还能够依据群体用户的行为，分析网页的性质，从而有效地进行网络舆情监控。对协同过滤推荐系统的深入研究具有诸多的现实意义。

8.2.1 消费预测和消息推送的协同推荐技术概述

基于邻域的协同过滤推荐算法可分为基于用户的协同过滤 (User-based Collaborative Filtering，UserCF)和基于项目的协同过滤(Item-based Collaborative Filtering，ItemCF)两大类。以下将具体阐述算法的基本流程。

1. 基于用户的协同过滤推荐技术概述

UserCF 算法的基本思想是：相似用户对同一项目的评分也相似。算法主要依据用户-项目评分信息衡量用户之间的相似性，接着以相似性为准则搜索目标用户的邻居用户集合，进而利用邻居用户的评分数据预测目标用户的评分，或将评分较高的项目推荐给用户。算法分为四个部分，基本流程如图 8.8 所示。本小节将详细描述各部分的相关计算。

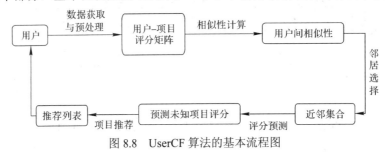

图 8.8 UserCF 算法的基本流程图

1) 数据获取与预处理

收集用户行为数据，构建评分矩阵 $R(m \times n)$。

2) 相似性计算

计算用户之间的相似性。相似性计算方法颇多，其中应用最广泛的主要有三种：余弦相似度(Cosine Similarity)、修正的余弦相似度(Adjust Cosine Similarity)和皮尔森相关系数(Pearson Correlation Coefficient)。

(1) 余弦相似度。

余弦相似度是将用户的评分视为一个多维向量，通过度量评分向量之间夹角的余弦值来表征用户间的相似度。

设用户 u、v 在 n 维空间上的评分向量分别使用 u 和 v 来表示，则用户 u、v 之间的相似度 $\mathrm{Sim}^{\cos}(u, v)$ 为

$$\mathrm{Sim}^{\cos}(u, v) = \cos(u, v) = \frac{u \cdot v}{\| u \| \times \| v \|} = \frac{\sum_{i=1}^{n} R_{u,i} R_{v,i}}{\sqrt{\sum_{i=1}^{n} R_{u,i}^2} \sqrt{\sum_{i=1}^{n} R_{v,i}^2}} \tag{8.19}$$

其中，$R_{u,i}$ 和 $R_{v,i}$ 分别表示用户 u、v 对项目 i 的评分。

(2) 修正的余弦相似度。

不同的用户可能有不同的评分尺度，而余弦相似度易受用户评分尺度的影响，导致计算结果存在偏差。然而，修正的余弦相似度可以利用减去用户评分均值的方法来改善这一缺陷。

设用户 u、v 评分的项目集合分别表示为 I_u 和 I_v，二者共同评分的项目集合为 I_{uv}，则

用户 u、v 之间的相似度 $\mathrm{Sim}^{\text{A-cos}}(u,v)$ 为

$$\mathrm{Sim}^{\text{A-cos}}(u,v) = \frac{\sum\limits_{i \in I_{uv}} (R_{u,i} - \overline{R}_u)(R_{v,i} - \overline{R}_v)}{\sqrt{\sum\limits_{i \in I_u}(R_{u,i} - \overline{R}_u)^2}\sqrt{\sum\limits_{j \in I_v}(R_{v,i} - \overline{R}_v)^2}} \tag{8.20}$$

其中，$\overline{R}_u$ 和 $\overline{R}_v$ 分别表示用户 u、v 的评分均值。

(3) 皮尔森(Pearson)相关系数。

皮尔森相关系数用于衡量用户间评分向量的线性相关程度，其取值范围为[−1, 1]，值越大表示相似度越高。用户 u、v 的皮尔森相似度 $\mathrm{Sim}^{\text{pcc}}(u,v)$ 计算公式如下：

$$\mathrm{Sim}^{\text{pcc}}(u,v) = \frac{\sum\limits_{i \in I_{uv}} (R_{u,i} - \overline{R}_u)(R_{v,i} - \overline{R}_v)}{\sqrt{\sum\limits_{i \in I_{uv}}(R_{u,i} - \overline{R}_u)^2}\sqrt{\sum\limits_{j \in I_{uv}}(R_{v,i} - \overline{R}_v)^2}} \tag{8.21}$$

3) 近邻选择

以相似度大小为准则，选取目标用户的最近邻居集合(Nearest-Neighbors Set，NNS)。典型的近邻选择方法有两种：k 近邻法和阈值法。其中，k 近邻法主要是以用户间的相似性为依据，选取与目标用户相似度最高的 k 个用户来构建 NNS；阈值法则是预先设定相似度阈值，选择出与目标用户相似度大于阈值的用户来组建 NNS。

4) 评分预测

预测目标用户对未知项目的评分，并构建推荐列表。基于加权平均的方法是最常见的评分预测算法。该方法主要是基于近邻集合中的用户与目标用户之间的相似性，以加权的方式计算目标用户对未知项目的评分，具体计算公式如下：

$$p_{u,i} = \overline{R}_u + \frac{\sum\limits_{v \in \mathrm{NNS}_u} [\mathrm{Sim}(u,v)(R_{v,i} - \overline{R}_v)]}{\sum\limits_{v \in \mathrm{NNS}_u} \mathrm{Sim}(u,v)} \tag{8.22}$$

2. 基于项目的协同过滤推荐技术概述

ItemCF 算法的基本思想是：同一用户对相似项目的评分也相似。该算法的基本流程如图 8.9 所示，由图可知，ItemCF 算法与 UserCF 算法的原理相同，不同的是 ItemCF 算法侧重于计算项目间的相似性，寻找与目标项目相似的项目来组建近邻集合，从而进行评分预测。

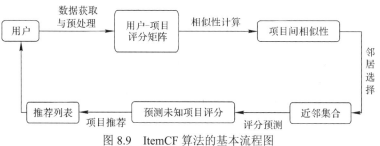

图 8.9　ItemCF 算法的基本流程图

　　与 UserCF 算法中的相似性计算方法相似，项目之间的相似性计算方法只是将评分向量视为项目评分向量。在 ItemCF 算法中，采用杰卡德相关系数(Jaccard Correlation Coefficient，JCC)计算相似性。该方法主要基于共同评分用户数来衡量项目间的相似性。设项目 i、j 评分的用户集合分别用 I_i 和 I_j 来表示，则项目 i、j 之间的相似度 $\text{Sim}^{\text{jcc}}(i,j)$ 定义为

$$\text{Sim}^{\text{jcc}}(i,j) = \frac{\left| I_i \bigcap I_j \right|}{\left| I_i \bigcup I_j \right|} \tag{8.23}$$

　　上述两种算法各具优势，并且都应用于许多领域。其中，ItemCF 算法主要在电子商务网站中发挥了极大的优势。原因在于：一是在这些网站中，用户的兴趣往往比较固定和持久，且用户的个性化程度较高，使得推荐系统的主要任务变成了帮助用户发现与其研究领域相关的物品；二是网站中用户的增长速度远大于物品的增长速度，使得维护物品相似度矩阵所需的代价小且易于实现。然而，UserCF 算法广泛应用于新闻、电影等推荐网站中，在这些网站中，用户兴趣的细化程度较低，绝大多数用户都喜欢热门物品，从而使推荐系统更加注重物品的热门性与时效性，而个性化相对于这两点略显次要。同时，网站中新用户的加入速度远小于物品的更新速度，使得维持用户相似度矩阵更加便捷。因此，需要分别以用户和项目为研究对象，从不同的角度展开研究，对 UserCF 和 ItemCF 算法进行改进。

3. 评价指标

　　随着推荐系统的发展，研究者们不断提出新的评价标准，其目的是为了全面衡量用户真实的体验。因此，为了综合评测推荐系统的性能，有时仅使用预测准确度评价指标往往是不够的，还应该运用覆盖率、多样性以及新颖性等评价指标。最近，朱郁筱等人对推荐系统的评价指标进行了全面的总结，下面将具体阐述一些常用的评价指标。

1) 预测准确度

　　预测准确度主要用于衡量算法的预测评分与真实评分之间的贴近度，贴近度越大表明算法的预测准确度越高。最常用的评价指标有平均绝对误差(Mean Absolute Error，MAE)、均方根误差(Root Mean Square Error，RMSE)以及标准平均绝对误差(Normalized Mean Absolute Error，NMAE)。

　　(1) 平均绝对误差 MAE。

　　MAE 定义为预测评分与真实评分之间绝对偏差的平均值，其定义式如下：

$$\text{MAE} = \frac{\sum\limits_{(u,i) \in N_t} \left| p_{u,i} - R_{u,i} \right|}{N_t} \tag{8.24}$$

其中：$p_{u,i}$ 和 $R_{u,i}$ 分别用于表述用户 u 对项目 i 的预测评分和真实评分；N_t 表示测试集。

　　(2) 均方根误差 RMSE。

　　RMSE 是对 MAE 中的每组绝对误差进行平方，其目的是加重对误差较大部分的惩罚。RMSE 的计算公式如下：

$$\text{RMSE} = \sqrt{\frac{1}{N_t} \sum_{(u,i) \in N_t} (p_{u,i} - R_{u,i})^2} \tag{8.25}$$

(3) 标准平均绝对误差 NMAE。

相对于 MAE 而言，NMAE 主要是对评分区间做了归一化处理，从而削弱不同评分范围对计算结果的影响，其定义式如下：

$$\text{NMAE} = \frac{\text{MAE}}{r_{\max} - r_{\min}} = \frac{\sum\limits_{(u,i) \in N_t} |p_{u,i} - R_{u,i}|}{|N_t|(r_{\max} - r_{\min})} \tag{8.26}$$

其中：$r_{\max}$ 和 $r_{\min}$ 分别表示评分范围的最大值与最小值。

2) 分类准确度

分类准确度用于衡量算法能否正确预测用户对项目"喜欢"或"不喜欢"的能力，常用的评价指标主要有准确率(Precision)、召回率(Recall)及 F_1-measure。

(1) 准确率(Precision)。

准确率定义为推荐列表中用户喜欢的项目所占的比率，其定义式如下：

$$P(L) = \frac{1}{M} \sum_{u \in M} \frac{|R(u) \bigcap T(u)|}{|L|} \tag{8.27}$$

其中：M 表示测试集中用户的总数；L 表示推荐列表的长度；$R(u)$ 和 $T(u)$ 分别表示推荐给用户 u 的项目集合和用户 u 喜欢的项目集合。

(2) 召回率(Recall)。

召回率定义为用户喜欢的项目被推荐的比例，其计算公式如下：

$$R(L) = \frac{1}{M} \sum_{u \in M} \frac{|R(u) \bigcap T(u)|}{|T(u)|} \tag{8.28}$$

(3) F1-measure。

Precision 与 Recall 评价指标均依赖于推荐列表长度 L，且二者呈现负相关性。随着 L 的增大，推荐系统的 Precision 减小，而 Recall 增大。因此，为了克服 Precision 与 Recall 评价指标的片面性，提出了 F_1-measure 指标，其计算公式如下：

$$F_1(L) = \frac{2P(L)R(L)}{P(L) + R(L)} \tag{8.29}$$

3) 覆盖率

覆盖率主要用于衡量算法挖掘长尾项目的能力，其中最基本的指标为评分覆盖率(Rating Coverage，RC)。RC 定义为推荐系统能够预测的评分数占所有评分数的比率，其计算公式如下：

$$\text{RC} = \frac{N_r}{N} \tag{8.30}$$

其中：N_r 表示系统可预测的评分数；N 表示评分数总数。

8.2.2　以用户为中心的协同推荐技术

随着互联网呈现出爆炸式增长的态势，以数据稀疏性为主的多重因素导致基于邻域的协同过滤推荐系统的质量降低。为了提升推荐准确度，一些学者从评分数据处理的角度切入，如利用矩阵填充、矩阵降维以及数据集合交叉复用等方式来提高推荐质量。另一些学者则从相似性计算的角度展开研究，如利用聚类、引入权重等来提升推荐准确度。我们主要从近邻集合选择的角度切入，以 UserCF 算法为基础进行改进，提出一种合理的近邻选择模型。

为了构建准确、合理的近邻集合，许多学者做了相关研究。最初，Herlocke 等人对邻居选择环节进行了全面、深入的剖析，详细阐述了基于邻域预测系统的基本流程，证明了 Pearson 相关系数能够准确表征用户之间的相似性，并且 K 近邻选择策略是构成最近邻居集合(NNS)的有效方法。在此基础上，Kim 和 Yang 提出采用相似性阈值进行过滤的近邻选择策略。Zhang 等人首先对项目进行聚类，随后在项目簇中计算用户间的相似性，该方法打破了以往利用整个评分集合来计算用户间相似性的思路。一些学者首先将所有候选邻居用户与目标用户之间的相似性均值设定为阈值，动态选取与目标用户兴趣相似的用户集合；接着以用户间的信任度为准则进行二次筛选。张佳等人根据用户评分倾向性将用户分为积极、消极评分两类用户群体；随后在与目标用户评分一致的用户群体中计算得到邻居集合；最后利用共同评分项目数进行修正，进而搜索准确的近邻集合。以上文献概述了近邻选择环节的研究历程，虽然从不同的角度提升了推荐准确度，但仍存在两个基本问题：一是计算用户间相似性时没有考虑目标项目的影响，认为每个共同评分项目都具有相同的贡献度，并且贡献度不随目标项目动态变化，导致针对不同项目计算出目标用户与其他用户间的相似性结果保持不变；二是近邻选择环节仅仅以相似性为准则，忽略了邻居用户对目标用户的推荐贡献能力，导致近邻集合中与目标用户相似性较高但对其推荐能力较差的"伪近邻"比例增高，造成推荐质量下降。

针对上述问题，本节在已有研究的基础之上提出一种基于熵优化近邻选择的协同过滤推荐算法。该算法首先利用项目间的相似性改进了用户间的相似性，并且通过用户之间的评分分布差异性提出推荐贡献因子；随后通过融合用户间的相似性和推荐贡献因子共同来选取近邻集合。

1. 相关概念与技术框架

针对近邻选择环节中存在的弊端，我们设计了一种更合理的近邻选择模型。在详细阐述该模型之前，首先简要概述所用到的相关概念。

1) 基础定义

定义 1：用户-项目评分矩阵 $\boldsymbol{R}$。

依据评分信息，由 m 个用户组成的集合 $U = \{u_1, u_2, \cdots, u_m\}$ 和 n 个项目组成的集合 $I = \{i_1, i_2, \cdots, i_n\}$ 构成 $m \times n$ 维用户-项目评分矩阵 $\boldsymbol{R}$。其中，$R_{a,i}(\{(a, i) \mid 1 \leqslant a \leqslant m, 1 \leqslant i \leqslant n\})$ 表示用户 a 对项目 i 的评分。

定义 2：α 算子。

$$\alpha(S,\lambda)=\begin{cases}1,\ \lambda\in S,\ \lambda\neq 0\\ 0,\ \lambda\in S,\ \lambda=0\end{cases} \tag{8.31}$$

其中：S 表示任意一个用户或项目的评分集合，λ 表示 S 中任意一个元素。

定义 3：β 算子。

$$\beta(S)=\{\lambda\mid\alpha(S,\lambda)=1\} \tag{8.32}$$

定义 4：γ 算子。

$$\gamma(S_1,S_2)=\beta(S_1)\bigcap\beta(S_2)=\{\lambda\mid\alpha(S_1,\lambda)=1\bigcap\alpha(S_2,\lambda)=1\} \tag{8.33}$$

定义 5：候选邻居集合 CS。

给定目标用户 $a\,(a\in U)$ 和目标项目 $i\,(i\in I)$，若 $\exists u\in U$，使 $R_{u,i}\in\boldsymbol{R}$，则称用户 u 为用户 a 在项目 i 上的候选邻居用户，因此，用户 a 在项目 i 上的候选邻居集合 $\mathrm{CS}_a(i)$ 可以表述为

$$\mathrm{CS}_a(i)=\left\{u\mid R_{u,i}\in\boldsymbol{R},\ u\in U\right\} \tag{8.34}$$

2) 巴氏系数

巴氏系数广泛应用于信号处理、图像处理、模式识别等领域，主要用于衡量概率分布之间的相似性。设同一数域 $\boldsymbol{X}$ 上的两个概率分布分别为 $p_1(x)$、$p_2(x)$，若同为连续型概率分布，则 $p_1(x)$ 和 $p_2(x)$ 之间的巴氏系数定义为

$$\mathrm{BC}(p_1,p_2)=\int\sqrt{p_1(x)p_2(x)}\mathrm{d}x \tag{8.35}$$

若同为离散型概率分布，则巴氏系数定义为

$$\mathrm{BC}(p_1,p_2)=\sum_{x\in X}\sqrt{p_1(x)p_2(x)} \tag{8.36}$$

在协同过滤中，将评分范围定义为离散型随机变量 X_i 的可能取值，将项目 i 的评分向量 $\boldsymbol{R}(I_i)=\{R_{1,i},R_{2,i},\cdots,R_{m,i}\}$ 定义为随机变量 X_i 的概率分布 $p_i(x)$，则项目 i 和项目 j 之间的巴氏系数定义为

$$\mathrm{BC}(i,j)=\sum_{x\in X}\sqrt{p_i(x)p_j(x)}=\sum_{r\in D}\sqrt{\hat{p}_{i,r}\hat{p}_{j,r}} \tag{8.37}$$

$$\hat{p}_{i,r}=\frac{\sum_i r}{\sum_i} \tag{8.38}$$

其中：$\sum_i$ 表示评价过项目 i 的用户数；$\sum_i r$ 表示给项目 i 评 r 分值的用户数；D 表示评分范围(通常为[1, 5])。

3) 信息熵

熵最初源于热力学知识领域，用于度量系统可达的状态数。1948 年香农提出"信息熵"的概念，用于描述信源的不确定度，从此奠定了信息论的基础。在信息论中，设信源 $\boldsymbol{X}$ 的 n 种可能取值为 $\{x_1,x_2,\cdots,x_n\}$，且相互独立，对应发生的概率分别为 $\{p_1,p_2,\cdots,p_n\}$，则信源的不确定度可以用信息熵描述为 $H(x)$，即

$$H(x) = -\sum_{i=1}^{n} p_i \log p_i \qquad (8.39)$$

其中，信息熵越大表示不确定性越高，反之，不确定性越低。

4) 模型设计

基于相关概念，我们提出了一种基于熵的邻居选择模型。如图 8.10 所示，模型主要分为三个模块：基于巴氏系数的邻居选取模块、信息熵贡献因子模块及邻居选择模块。该模型首先利用用户-项目评分信息，基于巴氏系数计算用户间共同评分的项目与目标项目之间的相似性，接着加权计算用户间的相似性，使候选邻居用户与目标用户之间的相似性结果随目标项目变化而变化，进而提出基于巴氏系数的邻居选取模型，修正邻居选择环节的第一准则。其次，引入信息熵用于描述用户评分分布特性，将评分分布差异性作为贡献因子来表征候选邻居用户对目标用户的推荐贡献能力，提出近邻选择环节的第二准则。最后，融合相似性与评分分布差异性两种准则共同计算推荐权重，从而构建邻居集合。

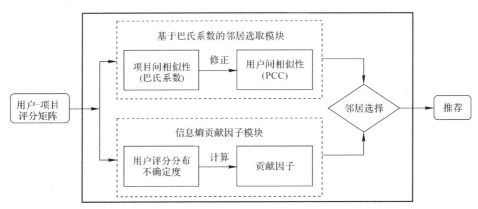

图 8.10　基于熵的邻居选择模型

2. 以用户为中心的协同过滤推荐模型与算法

1) 基于巴氏系数的邻居选取模型

协同过滤系统中，准确地选取最近邻居集合是保障推荐质量的关键。但衡量目标用户与候选邻居用户之间的相似性时，通常忽略目标项目变化的影响，导致针对不同项目计算出的用户间相似性结果保持不变。鉴于此，我们提出假设：目标用户与候选邻居用户之间的相似性应随目标项目的变化而变化。例如，当目标项目是喜剧类电影时，在此类电影上具有相似偏爱的用户对目标用户的影响力应该高于在其他类型的电影上与其具有相似偏爱的用户。因此，本节在衡量用户间的相似性时考虑到目标项目的影响，以共同评分项目和目标项目之间的相似性为权重，加权计算用户间的相似性。但是传统相似性计算方法大多以项目间共同评分的用户集合为基础，在面对共同评分用户数较少的情况时，无法表现出良好的性能。同时，受数据稀疏性的影响，传统相似性计算方法更加令人失望。巴氏系数在计算相似性时能够充分利用项目间所有评分信息，在数据稀疏的条件下比传统相似性计算方法更具优势。

基于上述讨论，首先利用巴氏系数计算项目间的相似性，并以此为权重修正用户间的相似性，其计算公式如下：

$$\text{Sim}(a,u) = \frac{\sum\limits_{j \in I_{au}} \{BC(i,j)^2 \times (R_{a,j} - \overline{R}_a)(R_{u,j} - \overline{R}_u)\}}{\sqrt{\sum\limits_{j \in I_{au}} \{BC(i,j) \times (R_{a,j} - \overline{R}_a)\}^2} \sqrt{\sum\limits_{j \in I_{au}} \{BC(i,j) \times (R_{u,j} - \overline{R}_u)\}^2}} \tag{8.40}$$

其中：$BC(i,j)$ 表示目标项目 i 和用户间共同评分的项目 j 之间的巴氏系数，可以根据公式 (8.37) 和公式 (8.38) 计算得出；其余符号表示的意义与上文相似，在此不再赘述。

基于巴氏系数的邻居选取算法如表 8.10 所示。该算法主要分为三部分：第 1 行为第一部分，为初始化变量；第 2～6 行为第二部分，针对 $CS_a(i)$ 中每一个用户 u，计算共同评分项目 I_{au} 与目标项目 i 之间的巴氏系数；第 7～10 行为第三部分，主要完成目标用户 a 与 $CS_a(i)$ 中用户 u 的相似性计算，并存储结果。

表 8.10　基于巴氏系数的邻居选取算法

输入：用户–项目评分矩阵 R，目标用户 a，目标项目 i 输出：目标用户 a 的相似度集合 SS_a
begin 　1. $SS_a \leftarrow \varnothing$; $CS_a(i) \leftarrow \{ u \mid R_{u,i} \in R, u \in U \}$; 　2. for each $u \in CS_a(i)$　do 　3. 　　$I_{au} \leftarrow \gamma(R(U_a), R(U_u))$; 　4. 　　for each $j \in I_{au}$ do 　5. 　　　　$BC(i,j) \leftarrow \sum_x \sqrt{p_i(x)p_j(x)}$; 　6. 　　end for 　7. 　　$\text{Sim}_{a,u} \leftarrow BC(i,j), \text{Sim}^{pcc}(a,u)$; 　8. 　　$SS_a(u) \leftarrow \text{Sim}_{a,u}$; 　9. end for 　10. return　SS_a; end

2）信息熵贡献因子模型

在近邻选择环节中，通常仅以相似性计算结果为唯一准则，选取与目标用户相似性最高的 k 个用户组成邻居集合，最终用于未知项目的评分预测。但该环节未考虑候选邻居用户对目标用户推荐贡献能力的差异，导致邻居集合中伪邻居的比例增高，特别是相似性计算存在一定的偶然性，使该现象更为严重。针对这一问题，我们引入贡献因子，以此作为邻居选择环节的第二准则，最终融合相似性准则共同为目标用户选取邻居集合。

推荐系统中，用户的评分分布能够表征用户的特性。例如，在 5 分制评分系统中，一些用户倾向于两分评分模式，他们对自己喜欢或者非常喜欢的项目给予 5 分好评，反之给予 1 分差评。另一些用户倾向于利用所有评分值来辨别喜爱程度，他们根据自己对项目的喜爱程度对其打出 4～5 分，反之给予 1～2 分，使用 3 分来表达平均偏爱度。然而，即使所有用户都使用 5 分制评分模式，在表达方式上也是不尽相同的。鉴于此，我们使用信息熵来衡量用户评分分布不确定度(Degree of Uncertainty, DU)，并提出推论。

推论 1　对于 $\forall a \in U$，若 $\exists u, v \in U$，使得 $\text{dif}_a[u] < \text{dif}_a[v]$，则 $\varepsilon_a[u] > \varepsilon_a[v]$，也即

$Sim(a, u) > Sim(a, v)$。其中，$dif_a[x]$ 表示用户 x 与用户 a 之间的评分分布差异，$\varepsilon_a[x]$ 表示用户 x 对用户 a 的推荐贡献因子。

基于上述讨论，首先给出以下公式用于计算用户评分集合中每一个评分值 $r(r \in [1,5])$ 发生的概率：

$$p_{ar} = \frac{\sum_a r}{\sum a} \tag{8.41}$$

其中：$\sum a$ 表示用户 a 已评分的项目数；$\sum_a r$ 表示被用户 a 给予 r 分值的项目数。

由于在实际评分集合中，不同用户评价过的项目数不同，为了使用户间的评分分布差异性因子有意义，利用 $\sum a$ 归一化处理评分分布不确定度，其计算公式如下：

$$DU_a = \frac{-\sum_{r \in D} p_{ar} lb(p_{ar})}{\sum a} \tag{8.42}$$

其中：DU_a 表示用户 a 的评分分布不确定度；D 表示评分范围。

设用户 u 和用户 a 的评分分布不确定度分别为 DU_a、DU_u，则用户 u、a 之间的评分分布差异性 $dif_a[u]$ 为

$$dif_a[u] = |DU_u - DU_a| \tag{8.43}$$

因此，用户 u 对用户 a 的推荐贡献因子 $\varepsilon_a[u]$ 定义为

$$\varepsilon_a[u] = \frac{1}{1 - e^{-dif_a[u]}} \tag{8.44}$$

信息熵贡献因子算法如表 8.11 所示。该算法分为三部分：第 1 行为第一部分，初始化变量；第 2~7 行为第二部分，计算目标用户 a 的评分分布不确定度；第 8~15 行为第三部分，通过计算 $CS_a(i)$ 中用户 u 的 DU_u 得到对目标用户的推荐贡献因子 $\varepsilon_a[u]$，并存储结果。

表 8.11 信息熵贡献因子算法

输入：用户-项目评分矩阵 $\boldsymbol{R}$，目标用户 a，评分范围 D
输出：目标用户 a 的推荐贡献因子集合 ε_a
begin
1. $\varepsilon_a \leftarrow \varnothing$; $CS_a(i) \leftarrow \{u \mid R_{u,i} \in \boldsymbol{R}, u \in U\}$;
2. $\sum a \leftarrow \sum \beta[R(U_a)]$;
3. for each $r \in D$ do
4. $\sum r \leftarrow \#r$;   // $\#r$ 表示评分为 r 的项目数
5. $p_{ar} \leftarrow \sum r / \sum a$;
6. end for
7. $DU_a \leftarrow -\sum_{r \in D} p_{ar} lb(p_{ar}) / \sum a$;
8. for each $u \in CS_a(i)$ do

9.　　　　$p_{ur} \leftarrow \sum r / \sum u$;

10.　　　　$\mathrm{DU}_u \leftarrow -\sum_{r \in D} p_{ur} \mathrm{lb}(p_{ur}) / \sum u$;

11.　　　$\mathrm{dif}_a[u] \leftarrow |\mathrm{DU}_u - \mathrm{DU}_a|$;

12.　　　　$\varepsilon_a[u] \leftarrow 1 / (1 - e^{-\mathrm{dif}_a[u]})$;

13.　　　　$\varepsilon_a \leftarrow \varepsilon_a[u]$;

14. end for

15. return ε_a ;

end

3) 以用户为中心的协同过滤推荐算法流程

输入：用户-项目评分矩阵 $\boldsymbol{R}$，目标用户 a。

输出：项目推荐列表。

第 1 步：计算相似性。

以公式(8.40)为基础，根据表 8.10 中的算法计算目标用户 a 在目标项目 I_i 上的相似度集合 SS_a。

第 2 步：计算贡献因子。

首先根据公式(8.41)和公式(8.42)计算用户评分分布不确定度 DU；其次将公式(8.43)的计算结果代入公式(8.44)来计算候选邻居用户 u 对目标用户 a 的推荐贡献因子，具体流程详见表 8.11。

第 3 步：融合第 1 步和第 2 步，计算最终推荐权重 weigth。

通过以下公式计算候选邻居用户 u 对目标用户 a 的推荐权重 $\mathrm{weigth}(u, a)$：

$$\mathrm{weigth}(u,a) = \varepsilon_a[u] \times \mathrm{Sim}(a,u) \tag{8.45}$$

第 4 步：预测评分。

针对目标用户 a，选取权重最高的 K 个用户构成 NNS；依据 NNS 中用户 $N_q (1 \leqslant q \leqslant k)$ 对目标项目 I_i 的评分信息和对目标用户 a 的推荐权重 $\mathrm{weigth}(N_q, a)$，通过以下公式预测用户 a 对项目 I_i 的评分：

$$p_{a,i} = \overline{R}_a + \frac{\sum_{N_q \in \mathrm{NNS}_a} \left[w(a, N_q)(R_{N_q, i} - \overline{R}_{N_q}) \right]}{\sum_{N_q \in \mathrm{NNS}_a} w(a, N_q)} \tag{8.46}$$

第 5 步：产生推荐列表。

根据预测评分 $\{p_{a,1}, p_{a,2}, \cdots, p_{a,n}\}$，选取评分值最高的前 L 个项目组成目标用户 a 的推荐列表。

8.2.3　以项目为中心的协同推荐技术

为了提升推荐精确度，上一小节以用户为研究对象，从邻居集合选择的角度切入，在 UserCF 算法上进行改进，提出一种合理的邻居选择模型；以下主要以项目为研究对象，聚焦于 ItemCF 算法，从相似性计算的角度展开研究，介绍一种合理的相似性计算模型。

ItemCF 算法的核心是计算不同项目在得分行为上的相似性，其计算结果很大程度上决定了推荐算法的性能。然而，传统相似性计算方法大多都从单一角度衡量项目之间的相似性，这些方法虽然能够在某些特定情况下取得良好的效果，但不具有普适性。其中，余弦相似度是从项目评分值的角度衡量项目间的相似性，并且在相似性计算过程中将未得分项目的评分值设为 0，这一做法尽管取得了一定的效果，但显然是不合理的，原因是未对某一项目评分的用户并不一定都不喜欢该项目。Pearson 相似性考虑到项目评分尺度对计算结果的影响，通过减去评分均值对余弦相似度进行一定程度上的改进。但是，PCC 用于计算项目间的相似性时无法处理分母为 0 的情况。Jaccard 相似性仅从全局角度衡量项目间的相似性，未考虑项目评分值和评分尺度对相似性计算的影响。同时，在推荐系统中，用户-项目评分矩阵的密度通常不足 1%[6]，这就更加导致传统相似性计算方法很难达到理想的效果。

为了解决以上问题，许多研究者进行了相关研究并提出相应的解决办法。Wang 等人使用 K-Means 算法对项目进行聚类，通过计算目标项目与所属类别的相似度来缩减相似性计算时的遍历范围。Huang 等人考虑到项目间的潜在属性对相似性计算的影响，通过定义属性权重建立项目属性特征向量，提出一种基于项目属性的协同过滤算法。邹永贵等人依据目标项目被评分的次数与所属类别中所有项目被评分的总次数之间的比值来计算项目兴趣度向量，通过兴趣度特征向量衡量项目间的相似性。孙光明等人考虑到兴趣度对项目间相似性计算的影响，依据项目的分类、评分值和评分次数等因素建立项目兴趣度特征向量，从而提高了相似性计算的准确性。尽管上述文献在一定程度上改进了传统相似性计算模型，提升了推荐性能，但仍存在一个基本问题：项目之间兴趣关系的引入过于复杂，且项目类别的划分不准确，导致项目间的兴趣特征向量计算精度不高，影响推荐准确度。

针对上述问题，在已有研究的基础之上，聚焦于项目之间的兴趣关系，我们提出一种融合共同评分用户数和项目兴趣关系的以项目为中心的协同过滤推荐算法。该算法首先综合考虑 JCC 和 PCC 计算方法的优点以及不同用户的评分信息对项目间相似性的影响，提出基于项目间共同评分用户数和同类性的相似性模型。其次，通过用户对项目的评分信息定义项目直接兴趣度，接着以系统中的用户为中间节点，一步跳转计算项目间接兴趣度，提出了基于项目兴趣关系的相似性计算方法。最后，将项目之间的兴趣关系与相似度进行加权拟合，提出一种合理的相似性计算模型。

1. 相关概念与技术框架

1) 基于共同评分用户数的相似性模型

传统 Pearson 相似性计算方法存在两个问题：① 项目间的相似性是利用用户对项目的偏爱程度来衡量的，并且每个用户的历史兴趣列表都对项目间的相似性有所贡献，而 Pearson 相似性却认为这种贡献是同等的。如果一个用户同时喜欢或不喜欢某两个项目，则可认为这两个项目可能属于同一类，反之可能不属于同一类。然而，同类项目间的相似性应大于不同类项目间的相似性。② Pearson 相似性仅简单地考虑用户对项目评分值的大小，而未考虑共同评分用户数对计算结果的影响。一般来说，如果项目之间拥有共同评价的用户数越多，则相似性计算结果越准确。因此，针对上述问题，提出如下两个推论：

推论 1： 同类项目之间相似性权重应高于不同类项目；

推论 2： 项目间拥有共同评价的用户数越多，相似性权重就越大。

针对第一个问题，考虑到用户对项目的评分均值能够清晰地表征用户对项目偏爱程度的集中趋势。若用户对项目的评分值高于评分均值，则可认为用户喜爱该项目，反之可认为用户不喜爱该项目。若某一用户同时喜爱或不喜爱某两个项目，则可认为这两个项目属于同类项目，反之可认为它们不属于同类项目。鉴于此，给出如下公式用于计算同类项目间的相似性权重：

$$w(i, j) = \frac{1}{1 + \exp(-(R_{u,i} - \overline{R}_u)(R_{u,j} - \overline{R}_u))} \tag{8.47}$$

针对第二个问题，使用 JCC 来衡量项目间共同评分用户数的权重，其计算公式如下：

$$\mathrm{Sim}^{\mathrm{jcc}}(i, j) = \frac{|I_i \bigcap I_j|}{|I_i \bigcup I_j|} \tag{8.48}$$

其中，$\mathrm{Sim}^{\mathrm{jcc}}(i, j)$ 的取值范围为[0, 1]，若两个项目的评分用户数完全相同，则取值为 1；若两个项目的评分用户数完全不同，则取值为 0。JCC 能够有效地加权共同评分用户数较多的项目间的相似性，惩罚共同评分用户数较少的项目间的相似性。

综上所述，基于项目间共同评分用户数和同类性的相似性计算公式 $\mathrm{Sim}_1(i, j)$ 如下：

$$\mathrm{Sim}^{\mathrm{A\text{-}pcc}}(i, j) = \frac{\sum\limits_{u \in I_{ij}} w(i, j)(R_{u,i} - \overline{R}_i)(R_{u,j} - \overline{R}_j)}{\sqrt{\sum\limits_{u \in I_{ij}} w(i, j)(R_{u,i} - \overline{R}_i)^2} \sqrt{\sum\limits_{u \in I_{ij}} w(i, j)(R_{u,j} - \overline{R}_j)^2}} \tag{8.49}$$

$$\mathrm{Sim}_1(i, j) = \mathrm{Sim}^{\mathrm{jcc}}(i, j) \times \mathrm{Sim}^{\mathrm{A\text{-}pcc}}(i, j) \tag{8.50}$$

2) 基于项目间兴趣关系的相似性模型

通过用户对项目的评分值来计算项目间的相似性固然可行，但影响项目间相似性的因素不仅限于此。项目间的兴趣关系也是影响相似性的一个重要因素。可以简单地假设如果两个项目之间存在一定的兴趣关系，那么它们之间就存在一定的相似性。引入项目之间的兴趣关系，通过建立项目间的兴趣度特征向量来衡量项目间的相似性。基于项目兴趣关系的相似性算法主要分为三个过程，模型如图 8.11 所示：① 根据用户对项目的评分信息定义项目直接兴趣度；② 以系统中的用户为中间节点，结合项目直接兴趣度和用户之间的相似性，一步跳转计算项目间接兴趣度；③ 融合项目直接与间接兴趣度，建立项目兴趣度向量，进而计算项目间的相似性。

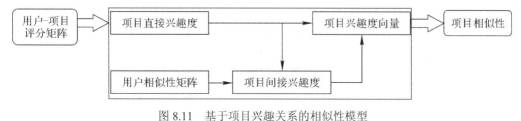

图 8.11　基于项目兴趣关系的相似性模型

2. 以项目为中心的协同过滤推荐模型与算法

1) 项目之间兴趣关系相似性

为了便于问题的描述，首先对评分矩阵做简要说明。用户–项目评分矩阵是一个 $m \times n$ 维的矩阵 $\boldsymbol{R}$，如公式(8.51)所示。其中，m、n 分别表示用户数和项目数，$R_{u,i}$ 表示用户 u 对项目 i 的评分。

$$\boldsymbol{R} = \begin{bmatrix} R_{1,1} & R_{1,2} & \cdots & R_{1,n} \\ R_{2,1} & R_{2,2} & \cdots & R_{2,n} \\ \vdots & \vdots & & \vdots \\ R_{m,1} & R_{m,2} & \cdots & R_{m,n} \end{bmatrix} \tag{8.51}$$

(1) 直接兴趣度。

用户对项目的评分可以直接表征用户对项目的喜爱程度，因此，利用此评分信息量化项目直接兴趣度是可行的。如果用户 u 对项目 i 存在评分 $R_{u,i}$，则用户 u 对项目 i 的直接兴趣度 $\mathrm{InD}(u,i)$ 可以定义为

$$\mathrm{InD}(u,i) = \frac{R_{u,i}}{R_{\max}} \tag{8.52}$$

其中，$R_{\max}$ 表示评分范围最大值。

(2) 间接兴趣度。

协同过滤推荐系统中普遍存在数据稀疏性问题，导致仅仅使用项目间直接兴趣度去衡量相似性不够准确。然而，项目间的间接兴趣度也在一定程度上表征了项目间的潜在关系，使用用户对项目的间接评分来表征项目的间接兴趣度。用户 v 对项目 i 的间接评分可以形式化描述为：如果用户 u 对项目 i 存在评分，用户 v 对项目 i 不存在评分，且用户 v、u 相似，则用户 v 通过用户 u 对项目 i 存在间接评分。

设项目 i 的直接兴趣度向量为 $\{\mathrm{InD}_1, \mathrm{InD}_2, \cdots, \mathrm{InD}_k\}$（$\{k \leqslant m, k \in \mathbf{Z}\}$），用户 v、u 之间的相似性为 $\mathrm{Sim}(v,u)$，其中 $u \in \{1, 2, \cdots, k\}$ 且 $v \notin \{1, 2, \cdots, k\}$，则用户 v 对项目 i 的间接兴趣度可以定义为

$$\mathrm{InI}(v,i) = \frac{\sum_{u=1}^{k} \mathrm{InD}_u \times \mathrm{Sim}(v,u)}{\sum_{u=1}^{k} \mathrm{Sim}(v,u)} \tag{8.53}$$

其中，用户 v、u 之间的相似性 $\mathrm{Sim}(v,u)$ 使用余弦相似度计算。

(3) 项目间相似性。

通过用户对项目 i 的直接兴趣度和间接兴趣度构建用户对项目 i 的兴趣度特征向量为 $\mathrm{Interest}_i = \{\mathrm{In}_{1,i}, \mathrm{In}_{2,i}, \cdots, \mathrm{In}_{m,i}\}$。其中，若用户 u 对项目 i 存在直接兴趣度 $\mathrm{InD}(u, i)$，则 $\mathrm{In}_{u,i} = \mathrm{InD}(u, i)$；否则 $\mathrm{In}_{u,i} = \mathrm{InI}(u, i)$。于是，由项目兴趣度特征向量构成的项目兴趣关系矩阵 $\mathbf{IN}$ 如下：

$$\mathbf{IN} = \begin{bmatrix} \mathrm{In}_{1,1} & \mathrm{In}_{1,2} & \cdots & \mathrm{In}_{1,n} \\ \mathrm{In}_{2,1} & \mathrm{In}_{2,2} & \cdots & \mathrm{In}_{2,n} \\ \vdots & \vdots & & \vdots \\ \mathrm{In}_{m,1} & \mathrm{In}_{m,2} & \cdots & \mathrm{In}_{m,n} \end{bmatrix} \tag{8.54}$$

因此，项目 i、j 之间的相似性定义如下：

$$\mathrm{Sim}_2(i,j) = \frac{\sum_{u=1}^{m}(\mathrm{In}_{u,i} - \overline{\mathrm{In}}_i)(\mathrm{In}_{u,j} - \overline{\mathrm{In}}_j)}{\sqrt{\sum_{u=1}^{m}(\mathrm{In}_{u,i} - \overline{\mathrm{In}}_i)^2}\sqrt{\sum_{u=1}^{m}(\mathrm{In}_{u,j} - \overline{\mathrm{In}}_j)^2}} \tag{8.55}$$

其中，$\overline{\mathrm{In}}_i$ 和 $\overline{\mathrm{In}}_j$ 分别表示项目 i、j 的平均兴趣度。

2）融合共同评分用户数和项目兴趣关系的相似性模型

为了全面考虑影响相似性计算的因素，从多角度统筹衡量项目间的相似性。通过以上分析，加权拟合 $\mathrm{Sim}_1(i,j)$ 和 $\mathrm{Sim}_2(i,j)$，提出一种融合共同评分用户数和项目兴趣关系的相似性计算方法为

$$\mathrm{Sim}(i,j) = \lambda\mathrm{Sim}_1(i,j) + (1-\lambda)\mathrm{Sim}_2(i,j) \tag{8.56}$$

其中，λ 为权重因子。为了调节 $\mathrm{Sim}_1(i,j)$ 和 $\mathrm{Sim}_2(i,j)$ 之间的权重，使相似性计算结果更加准确，给出权重因子 λ 的计算公式为

$$\lambda = \frac{\mathrm{Sim}_1^2(i,j)}{\mathrm{Sim}_1^2(i,j) + \mathrm{Sim}_2^2(i,j)} \tag{8.57}$$

可以看出 λ 的取值范围为 $[0, 1]$，λ 取值为 0 时完全使用 $\mathrm{Sim}_2(i,j)$ 计算相似性，而 λ 取值为 1 时完全使用 $\mathrm{Sim}_1(i,j)$ 计算相似性。

以项目为中心的协同过滤推荐算法介绍如下。

输入：用户-项目评分矩阵。

输出：项目推荐列表。

(1) 衡量项目间同类性和共同评分用户数：依据用户-项目评分矩阵，利用公式(8.47)和公式(8.48)分别计算项目间同类性权重和共同评分用户数权重。

(2) 度量项目之间的相似性：依据项目间的同类性和共同评分用户数权重，通过公式(8.49)计算项目间的相似性 $\mathrm{Sim}_1(i,j)$。

(3) 量化项目间的兴趣关系：首先利用公式(8.52)计算项目直接兴趣度；接着以用户为桥梁，一步跳转计算项目间接兴趣度，其计算公式为公式(8.53)；随后通过融合项目直接、间接兴趣度向量来建立兴趣关系矩阵 $\mathbf{IN}$。

(4) 计算项目兴趣关系相似性：依据项目兴趣关系矩阵，通过公式(8.55)计算项目间的兴趣关系相似性 $\mathrm{Sim}_2(i,j)$。

(5) 融合项目间的兴趣关系和相似性：首先利用公式(8.57)计算权重因子 λ，接着通过

公式(8.56)将项目间的兴趣关系与相似性进行加权拟合。

(6) 寻找目标项目最近邻居集合(NNS)：选取与目标项目相似性最高的 k 个项目组成近邻集合。

(7) 评分预测：利用基于加权平均的方法来预测用户对目标项目的评分，其计算公式如下：

$$p_{u,i} = \overline{R}_i + \frac{\sum\limits_{j \in \text{NNS}_i} [\text{Sim}(i,j)(R_{u,j} - \overline{R}_j)]}{\sum\limits_{j \in \text{NNS}_i} \text{Sim}(i,j)} \tag{8.58}$$

(8) 构建推荐列表：依据预测评分，选择评分值最高的前 L 个项目组成推荐列表。

本 章 小 结

根据用户行为数据刻画用户的行为规律，从而进行行为预测，是行为分析技术有效性的重要反映。本章介绍了静态链路预测技术、时序链路预测技术。链路预测技术为指导生物蛋白质网络构建、社交网络好友推荐、电信用户通联关系挖掘等提供了重要方法。本章同时介绍了以用户为中心和以项目为中心的消费行为预测和消息精准推送技术，该技术是音视频网站、基于位置的服务网站等网络平台的重要技术支撑。

本章参考文献

[1] WEBB A R，COPSEY K D. 统计模式识别[M]. 3 版. 北京：电子工业出版社，2004.

[2] 刘冶，朱蔚恒，潘炎，等. 基于低秩和稀疏矩阵分解的多源融合链接预测算法[J]. 计算机研究与发展，2015，52(2)：423-436.

[3] 吴祖峰，梁棋，刘峤，等. 基于 AdaBoost 的链路预测优化算法[J]. 通信学报，2014(3)：116-123.

[4] 王守辉，于洪涛，黄瑞阳，等. 基于模体演化的时序链路预测方法[J]. 自动化学报，2016，42(5)：735-745.

[5] 朱郁筱，吕琳媛. 推荐系统评价指标综述[J]. 电子科技大学学报，2012，41(2)：163-175.

[6] 周涛. 个性化推荐的十大挑战[J]. 中国计算机学会通讯，2012，8(7)：48-61.

第 9 章　网络空间智慧治理

随着信息技术和网络社会的快速发展，网络空间已经成为继陆地、海洋、天空、外空之外的第五空间，与陆海空天等自然空间不同，网络空间是一个以技术为主导、虚实结合的空间，承载着人类越来越多的活动，成为了人类社会发展不可或缺的空间。目前，中国的网络空间中存在着数以百万计的网站，多达数十亿的用户在这样庞大复杂的网络空间中进行着获取知识、表达观点或者交流意见等活动。

然而，网络攻击等安全事件时有发生，侵犯隐私、窃取信息、诈骗钱财等违法犯罪行为层出不穷，网上舆情谣言屡见不鲜，网络空间安全问题已经成为影响国家公共安全的突出问题。网络空间安全问题已成为全球治理的重要议题，同时也是大国博弈的场所。

党的十八大以来，以习近平同志为核心的党中央高瞻远瞩、审时度势，提出了一系列网络空间治理的新理念、新思想、新战略。

2019 年，全国坚持以习近平新时代中国特色社会主义思想特别是习近平总书记关于网络强国的重要思想为指导，加快建立网络综合治理体系，全面提升综合治网能力，营造风清气正的网络空间。

传统的网络空间治理方式采用"国家制定法律法规 + 监管部门监控网络空间 + 行政部门执行法律"的模式，这种治理方式需要大量人力，而面对体量巨大的网络空间，治理效果捉襟见肘，经常出现网络治理落后一步甚至无法处理、止于表象未完全解决根本问题、耗费大量人力未取得实际效果等问题。面对日益严峻的网络空间形式，迫切需要一种"智能化"的网络治理方式。

随着人工智能时代的到来，网络空间治理技术取得了一定程度的发展，由依赖"国家制定法律法规 + 监管部门监控网络空间 + 行政部门执行法律"的传统治理方式，转变为依靠新型大数据、人工智能等技术的智慧化治理方式。由于这种智慧化治理方式充分适应了网络空间"技术主导，虚实结合"的特点，实现了治理方式的"智能化"，因此在网络空间治理中取得了一定的效果，并受到了学术界以及产业界的关注。根据治理的出发点与着力点不同，网络空间智慧化治理技术可以分为柔性治理技术与刚性治理技术，其中柔性从人性出发，刚性从规则出发；柔性通过影响心理进而影响行为的变化，刚性对外在行为直接进行治理；柔性作用于网络舆论未爆发之际或者在舆论爆发的初始阶段，刚性作用于网络舆论爆发的中后期阶段，其具体描述如表 9.1 所示。

表 9.1　网络空间智慧化治理技术分类

网络空间智慧 化治理技术	具体描述	特点	相关内容	治理所在 时间阶段
柔性治理技术	在网络空间局部区域或者全局区域中，利用相关技术生成诱导性内容，并逐步投放生成的内容，达到潜移默化地影响用户或者治理网络空间的目的	突出潜移默化的影响作用；治理效果相对好，但是速度慢	诱导图片生成、诱导文本生成、诱导音视频生成、诱导网络生成	网络舆论未爆发或者爆发初始阶段
刚性治理技术	在网络空间局部区域或者全局区域中，根据检测的需要治理区域结果，阻断或者隔离需要治理的网络用户或者区域，达到直接干预或治理网络空间的目的	突出直接的影响作用；治理效果相对差但是速度快	小范围隔离治理，大范围阻断治理	网络舆论爆发中后期

9.1　柔性治理技术

　　2016 年是"黑天鹅"频飞的一年，也是影响深远的各种事件起始之年。意大利修宪公投失败、英国脱欧公投成功以及美国总统竞选特朗普成功当选这三只"黑天鹅"颠覆了大多数政治学家、民调机构以及各大民间机构的认知。看似接二连三巧合事件的背后，是精心策划的人为操控——新型政治形态革命。

　　在英国脱欧事件中，剑桥分析公司利用竞猜活动等多种方式采集大量英国民众的数据并进行用户分析；聚合智囊公司根据分析结果，分门别类地投放政治广告。当然政治广告的内容必须十分精巧，广告中包含的图片、文字或者音视频不能生硬地宣传哪个政党、哪个政策，否则会令人民感到反感，同时投放广告的"虚拟用户"也必须让民众感到信任，不会产生怀疑。据统计，聚合智囊在英国脱欧投票前，利用可信度较高的"虚拟账户"向投票人投放了多达十亿条的具有诱导性的定向广告。正是这些定向的具有诱导性的广告导致大约 300 万中立派人员加入了"脱欧派"，大大加强了"脱欧派"的力量，并一举在公投中打败"亲欧派"，使英国脱欧成功。大数据操控政治的方式不仅仅出现在英国脱欧事件中，在之后的 2016 年美国总统竞选、2018 年法国黄背心运动、2019 年欧洲议会选举中，都可以看到"大数据操控"对于选民的影响力，这种新兴政治形态革命已经成熟，仍在继续。

　　从上面的例子可以看出，多样化的诱导性内容会激发用户的情绪甚至改变用户的价值观，进一步威胁着网络空间的生态环境。在网络舆论没有爆发或者爆发的初始阶段，生成积极阳光的诱导内容会成为一种令网络空间保持健康状态或者治理网络空间的有效手段，即柔性治理网络空间。根据生成内容形式的不同,柔性治理技术可以分为诱导图片生成、诱导文本生成、诱导音视频生成,而不同形式内容的传播需要一定数量级的真实度、可信度较高的“虚拟用户”。因此,除了多种形式的内容生成技术,柔性化治理技术也包含诱导网络的生成即“虚拟用户与社区”生成。

9.1.1　诱导图片生成

在各大社交网络中,图片、文字、音视频等多种形式的媒体信息充斥着人们的眼球,其中媒体信息的图片传递的信息具有多样性,并且其展示内容的方式最为直观,带来的视觉冲击最为直接。例如:暴恐新闻中的枪杀图片令人不寒而栗;交通事故的图片让人感到害怕……因此在网络空间治理领域,如果可以利用机器完成对输入图片的自主理解与建模,并生成具有诱导性的图片诸如充满正能量的图片,有助于在网络舆情未爆发之际或者爆发的初始阶段,实现保持网络空间的健康运行状态或者潜移默化地治理网络空间的目的。

在图像生成领域中,研究人员已经研究过很多的生成模型,随着深度神经网络技术的发展,生成模型的研究进展取得了巨大的飞跃,出现了许多具有研究价值的生成模型,其中下面几种生成模型具有一定的影响力:自回归模型(Autoregressive model)、变分自动编码器(VAE)、生成对抗网络(GAN)与基于流的方法(Glow)。前两种方法属于相对传统的生成方法,相对于生成对抗网络与基于流的方法,具有一定的缺陷;而生成对抗网络是目前最为流行的图片生成方式,效果显著;基于流的方法是 2018 年最新的生成模型,但是关注寥寥无几。下面我们简要回顾下几种传统方法并对生成对抗网络方法、基于流的方法做详细的阐述。

1. 传统生成方式

这里主要对自回归模型与变分自编码器这两种传统的生成方式进行简要的阐述。

1) 自回归模型

自回归模型在 PixelRNN 与 PixelCNN 上展示了不错的实验效果,PixelRNN 与 PixelCNN 都属于全可见信念网络,可以对一个密度分布显示建模。假设有图像数据 x,想对该图像的概率分布或者似然 $p(x)$ 建模,我们使用链式法则将这种似然分布分解为一维分布的乘积,一旦定义好这些一维分布,只需要在该定义下最大化训练数据的似然即可,如下式所示:

$$p(\boldsymbol{x}) = \prod_{i=1}^{n} p(x_i \mid x_1, \cdots, x_{i-1}) \tag{9.1}$$

由于这种生成方式是依次生成像素点并最终生成图像,导致计算成本高,并行性受限,在处理大型数据如大型图像或者视频时相对比较麻烦。

2) 变分自编码器

在变分自编码器中,我们想得到一个生成数据的概率模型,将输入数据 x 送入编码器中得到隐藏空间的特征向量 z,然后通过解码器网络将特征向量 z 映射到图像 x,这里编码器网络和解码器网络将所有参数随机化。参数是 ϕ 的编码器网络 $q(z \mid x)$ 输出一个均值

和一个对角协方差矩阵；解码器网络输入 z，参数是 ϕ 的解码器网络 $p(x\,|\,z)$ 输出均值和关于 x 的对角协方差矩阵。如果想要生成诱导性内容，通过使用解码器网络在给定 z 的条件下生成两个参数：均值与协方差，最终可以在给定 z 的条件下从这个分布中采样得到 x，即生成诱导性图像。

变分自动编码器是在自编码器的基础上使得图像编码的隐藏潜在向量服从高斯分布从而实现图像的生成，优化了数据对数似然的下界，其在图像生成上是可并行的，但是存在着生成图像模糊的问题。

2. 生成对抗网络

2014 年提出的生成对抗网络 GAN 是生成模型中最受欢迎的。目前利用生成对抗网络进行图片生成任务的相关学术研究论文已经达到数千篇，GAN 成为学术界甚至工业界绝对的研究热点。

1) 原始 GAN

GAN[1]受博弈论中的零和博弈启发，将生成问题视作判别器和生成器这两个网络的对抗和博弈：生成器从给定噪声(一般是均匀分布或者正态分布的)中产生合成数据，判别器分辨生成器输出的合成数据和真实数据。生成器试图产生更接近真实的数据，即使生成的数据分布 p_g 近似真实的数据分布 p_{data}，相应地，判别器试图更完美地分辨真实数据和合成数据。GAN 结构如图 9.1 所示。

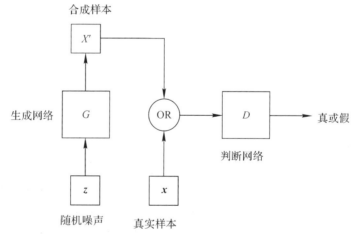

图 9.1　生成对抗网络结构

由此，两个网络在对抗中进步，在进步后继续对抗，由生成网络得到的数据也就越来越完美地接近真实数据，这种博弈可以公式化为

$$\min_G \max_D V(D,G) = E_{x \sim p_{\text{data}}(x)}[\log(D(x))] + E_{z \sim p_g(z)}[\log(1 - D(G(z)))] \tag{9.2}$$

2) 条件 GAN

在原始的 GAN 中，无法控制生成的内容即无法生成我们需要的图像内容，因为输出仅仅依赖于初始随机噪声，如果想生成带有目的性的诱导图片，我们可以将输入条件 c 添加到随机噪声 z 中，以便生成有条件的图像，即带有目的性的诱导图片，这种方法就是 Conditional-GAN(条件 GAN)。条件 GAN 通常直接连接输入条件矢量 c 与噪声矢量 z，并

且将得到的矢量作为生成器的输入。其中，条件矢量 c 可以是图像的类、对象的属性或嵌入想要描述图像的文本描述甚至是图片。

3) VAE-GAN

尽管 GAN 在图像生成方面的效果非常好，但是它存在一个比较棘手的问题：训练过程非常不稳定，需要加入很多技巧才能获得良好的结果。另外，GAN 还存在模式崩溃问题：判别器不需要考虑生成样本的种类，只关注每个样品是否真实，这使得生成器只需要生成少数高质量的图像就足以愚弄判别者。例如：在 MNIST 数据集中包含从 0 到 9 的数字图像，但在极端情况下，生成器只需要学会完美地生成十个数字中的一个以完全欺骗判别器，然后生成器停止尝试生成其他九位数，缺少其他九位数是类间模式崩溃的一个例子。类内模式崩溃的一个例子是，每个数字有很多写作风格，但是生成器只学习为每个数字生成一个完美的样本，以成功地欺骗判别器。

前面利用变分自动编码器(VAE)得到的图片是模糊的，但是 VAE 生成并没有像 GAN 生成模式一样拥有模式崩溃的问题，因此 VAE-GAN[1]的初衷就是结合两者的优点形成更加鲁棒的生成模型，其不仅消除了 VAE 生成图像模糊的问题，同时解决了 GAN 中蕴含的模式崩溃问题，具体模型如图 9.2 所示。但是在实际训练过程中，VAE 和 GAN 结合训练过程也是很难把握的。

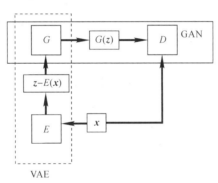

图 9.2　VAE-GAN 网络架构

4) 原始 GAN 的衍生方法

GAN 在 2014 年一经发表，就成为了热门研究领域，对应产生了数百种衍生方法。GAN 衍生方法在图像生成领域的区分标志就是模型拥有几个生成器和判别器，根据其数目可以分为直接方法、分层方法和迭代方法。

直接方法的 GAN 衍生模型都使用一个生成器和一个判别器，并且生成器和判别器的结构是直接相连的，没有分支。许多最早的 GAN 模型属于这一类别，如 DGGAN、ImprovedGAN、InfoGAN、f-GAN 等。其中 DGGAN 是经典的模型之一，其结构被许多后来的模型使用。DGGAN 中生成器使用反卷积、批量归一化和 ReLU 激活，而判别器使用卷积、batchnormalization 和 LeakyReLU 激活，这也是现在很多 GAN 模型网络设计所借鉴的。与分层和迭代方法相比，这种方法设计和实现相对更简单，并且通常可以获得良好的结果。

分层方法下的算法在其模型中使用两个生成器和两个判别器，其中不同的生成器具有不同的目的，这些方法背后的思路是将图像分成两部分，如"样式和结构"和"前景和背景"。两个生成器之间的关系可以是并联或者串联的，例如 SS-GAN[2]。

迭代方法不同于分层方法，首先不使用两个执行不同角色的不同生成器，此类别中的模型使用具有相似甚至相同结构的多个生成器，并且它们生成从粗到细的图像，每个生成器重新生成上一个生成器结果的详细信息。当在生成器中使用相同的结构时，迭代方法可以在生成器之间使用权重共享，而分层方法通常不能。LapGAN 是第一个使用拉普拉斯金字塔从粗到细生成图像的 GAN，多个生成器执行相同的任务：从前一个生成器获取图像并将噪声矢量作为输入，然后输出在添加到输入图像时使图像具有更加清晰的细节。具有类似思想的迭代方法还有 StackGAN、SGAN 等。

当然将 GAN 方法应用到网络空间柔性化治理中，还有一定的路要走。除了这种直接生成诱导性图像，并将其散播到需要的区域之外，还可以利用 GAN 改变网络空间中原始图像，使原始图像变成我们需要的带有倾向性的图像，即利用 GAN 进行风格转化，例如：将一张威胁恐怖的图片变成冲击力较低的漫画风格图片，缓解对用户的视觉冲击，降低用户情感波动幅度。这种技术在网络空间治理中同样具有很好的应用前景。

3. 基于流的方法

目前生成对抗网络 GAN 被认为是图像生成等任务最为有效的方法，越来越多的学者关注 GAN 的研究：在 2018 年的 CVPR(IEEE Conference on Computer Vision and Pattern Recognition，IEEE 国际计算机视觉与模式识别会议)上，高达 8%的论文中包含 GAN。近日来自 OpenAI 的研究人员提出了一种新的生成模型：基于流的生成模型 Glow，一种利用可逆 1×1 卷积的可逆生成模型，其主要通过寻找可逆的双射来实现输入和潜在空间的相互转换。不同于传统方法与 GAN，虽然 Glow 的关注量寥寥无几，但其在标准图像建模基准上的对数似然性方面展示了改进的定量性能，特别是在高分辨率图像生成和插值生成任务上达到了令人惊艳的效果，原因有以下几点：

(1) 准确的潜在变量推理和对数似然估计。在 VAE 中，只能推理出对应于数据点的潜在变量的近似值。GAN 根本没有编码器来推理潜在变量。而在可逆生成变量中，可以在没有近似的情况下实现精确推理，不仅实现了精确推理，还能得到优化数据的准确对数似然度而不是下界。

(2) 高效的推理与和合成。自回归模型，如 PixelCNN，也是可逆的，然而从这样的模型合成难以实现并行化，并且通常在并行硬件上效率低下。基于流的模型如 Flow 和 RealNVP 都能实现推理和合成的并行化。

(3) 对下游任务有用的潜在空间。自回归模型的隐藏层有未知的边际分布，使其更难执行有效的数据操作。在 GAN 中，数据点通常不是在潜在变量空间中直接被表征的，因为它们没有编码器，并且可能无法表征完整的数据分布，而在可逆生成模型和 VAE 中不会如此，它们允许多种应用，例如数据点之间的插值和已有数据点的有目的修改。

(4) 内存存储的巨大潜力。在可逆神经网络中计算梯度需要恒定而不是和深度呈线性关系的内存，有效地节约了内存空间。

诸如 Glow 的基于流的方法整体确实很优美，但存在运算量偏大，训练时间过长的问题，不像一般的 GAN 那么友好，要想在当前以 GAN 为主的生成模型领域中立足，还有比较长的路要走。如果基于流的生成方法 Flow 可以有效应用在生成诱导图像任务中，网络空间环境将得到一定程度的净化。

9.1.2　诱导文本生成

除了网络空间中的图片来源，海量的文字也影响着用户的情感与价值观念。因此，如何自动生成大量带有某种目的性的文本，也是一种柔性治理网络空间的关键技术。

目前自动生成文本的方法可以分为以下三种：生成对抗网络、GPT-2 以及 Grover，其中生成对抗网络是目前主流的文本生成方法；而 GPT-2 以及 Grover 是 2019 年新兴的文本生成方法，效果远远好于 GAN，但是模型参数并未开源。下面将详细介绍生成对抗网络方法并简要介绍 GPT-2 与 Grover 这两种新兴方法。

1. 生成对抗网络

虽然 GAN 在计算机视觉或图像生成领域取得了巨大的成功，但在文本生成领域却捉襟见肘，我们可以从图像与文本这两种数据源的区别找到原因：

首先，图像属于连续数据，即图像中的每个像素点可以用一个值代表，而这个值的取值范围是连续的，例如在调色板上随便滑动一下，可以找到任意一种颜色，由此大致可以感受到图像数据可以微分的特性。而文本数据是离散数据，即代表单词的特征向量中某一维度的值为 1，其余维度的值为 0，最多可以表示单词列表中的单词，无法表示其他的单词。更加直观地说，如果我们将 queen 和 quick 两个单词的特征向量映射在二维平面上，连接这两个点，取中间任意位置，无法说明这个位置代表什么单词。另外，即使可以找到这个单词，BP 反向传播算法也无法对文本特征向量进行求导，更无法更新参数。

其次，图像属于点数据，即生成对抗网络每次可以生成一整张图片，而不是每次只生成一个像素点的值；而文本属于序列数据，即生成对抗网络每次只能生成一个单词，需要递归多次才能生成语句，但是由于每次生成单词的误差会累积到生成下一个单词的误差里面，因此造成累积误差越来越大。更为直观的是，生成的句子可能会随着一个单词出错，后面的单词错得更加离谱，句子整体效果会随着长度的增加变差。

因此，由于文本数据的离散性和序列性问题，我们需要一种更加智慧的生成对抗网络生成方式，比较成熟的解决方法有 Gumbel-softmaxGAN、SeqGAN、LeakGAN 以及其他的衍生算法。

1) Gumbel-softmaxGAN

针对文本数据的离散性问题，来自华威大学和剑桥大学的研究人员将解决问题的方式放在了修改 softmax 的输出方面，在原始 GAN 中，生成器通过最大化 softmax 函数，并利用词表转换成 one_hot 向量，输出生成对应的单词，如以下公式所示：

$$y = one\_hot(\arg\max(soft\max(\boldsymbol{h}))) \tag{9.3}$$

其中，argmax 函数是不可微分的，造成了 BP 反向传播算法无法反向求导，更加无法更新神经网络参数。而 Gumbel-softmax 函数省略了 one_hot 函数与 argmax 函数，能够直接给出近似的操作输出，如以下公式所示：

$$y = \text{soft max}\left(\frac{1}{\tau(\boldsymbol{h} + \boldsymbol{g})}\right) \tag{9.4}$$

其中：$\boldsymbol{g}$ 由 Gumbel 分布生成；τ 表示"逆温参数"，这也是 Gumbel-softmax 函数的精髓所在。当 $\tau \to 0$ 时，公式(9.4)输出的分布等同于 one_hot 函数与 argmax 函数给出的分布；而当 $\tau \to \infty$ 时，公式(9.4)的输出接近于均匀分布。因此在实际训练过程中，τ 成为生成器中的一个特殊的超参数，在初始训练时，给予一个较大的初值，在训练过程中逐渐变小，向 0 逼近，可以有效完成文本生成任务。

2）SeqGAN

除了文本数据的离散性之外，我们在生成文本时还会遇到文本的序列性问题。序列性问题可以具体表述为：原始 GAN 需要在整条文本序列被完全生成后才能进行判断，但此时的指导意义已经不大，而如果生成器生成序列的同时判别器来判断，则如何平衡当前序列的分数和未来序列的分数又是一个问题。

在 2017 年的 AAAI(美国人工智能协会)人工智能国际会议上，研究人员提出了 SeqGAN 模型来解决上述两个问题，该方法也成为了当前文本自动生成领域的基线方法。在文献中，作者提出将生成器看作强化学习中的随机策略，这样 SeqGAN 可以直接通过导数策略更新，避免生成器的可导问题。同时，判别器对整个序列的评分作为强化学习的奖励信号可以通过蒙特卡洛搜索传递到序列生成的中间时刻。模型训练过程分成两部分：一是判别器的训练，通过输入来自真实数据的正样例和来自生成器生成的负样例进行训练，判别器由卷积神经网络组成；二是生成器的训练，通过将判别器判别的概率回传给生成器进行训练。下面将具体介绍文献中的生成器、判别器与策略更新机制。

生成器：假设生成器 G_θ 的循环神经网络的参数为 θ，生成序列为 $Y_{1:T} = \{y_1, \cdots, y_T\}$，其中 $y_t \in V(t = 1, 2, \cdots, T)$，$V$ 表示词典。文献将这个问题建立在强化学习的基础上，在时间步 t 时，状态 s 是当前已经生成序列 $\{y_1, \cdots, y_{t-1}\}$，动作 a 是下一个选择生成的单词 y_t，策略是生成器 $G_\theta(y_t \mid Y_{1:t-1}) = \text{LSTM}(Y_{1:t-1})$。

判别器：假设判别器 D_φ 的卷积神经网络的参数是 ϕ，指导生成器 G 的生成，$D_\phi(Y_{1:T})$ 表示序列 $Y_{1:T}$ 来自真实数据中的概率。

策略更新机制：在讨论策略更新机制之前，需要给出关于强化学习四要素"状态、动作、策略、奖励"中奖励的定义。当生成器已经生成完整文本序列时，奖励 Q 表示如公式(9.5)所示，将完整序列属于真实文本的概率作为奖励值。

$$Q_{D_\phi}^{G_\theta}(a = y_T, s = Y_{1:T-1}) = D_\phi(Y_{1:T}) \tag{9.5}$$

但是，前面已经说过，判别器只能当序列被完全生成之后才会返回一个奖励，因此我们在每一个时间步上，真正关心的是长期的收益，所以不仅应该考虑已经生成序列的效果，也要考虑接下来生成的结果，就像下棋一样，会适当放弃一些眼前优势从而追求长远的胜利。因此为了估计时间步上的奖励，可利用蒙特卡洛搜索和 roll-out 策略 G_β 来对剩下的 $T - t$ 个未知的单词进行采样，将这个 N 次搜索过程表示为

$$\{Y_{1:T}^1, \cdots, Y_{1:T}^N\} = \mathrm{MC}^{G_\beta}(Y_{1:t}; N) \tag{9.6}$$

因此，进行 N 次蒙特卡洛搜索后，我们将得到一个 batch 为 N 的输出样例，任意情况下的奖励可以计算如下：

$$Q_{D_\phi}^{G_\theta}(a = y_t, s = Y_{1:t-1}) = \begin{cases} \dfrac{1}{N}\sum_{n=1}^{N} D_\phi(Y_{1:T}^n), Y_{1:T}^n \mathrm{MC}^{G_\beta}(Y_{1:t}; N) & (t < T) \\ D_\phi(Y_{1:T}) & (t = T) \end{cases} \tag{9.7}$$

最终策略更新机制的梯度表示如下：

$$\nabla J(\boldsymbol{\theta}) = \sum_{t=1}^{T} E_{Y_{1:t-1} \sim G_{\boldsymbol{\theta}}} [\sum_{y_t \in V} \nabla_{\boldsymbol{\theta}} G_{\boldsymbol{\theta}}(y_t \mid Y_{1:t-1}) Q_{D_\phi}^{G_\theta}(Y_{1:t-1}, y_t)] \tag{9.8}$$

之后更新参数方式如下：

$$\boldsymbol{\theta} \leftarrow \boldsymbol{\theta} + \alpha_h \nabla_{\boldsymbol{\theta}} J(\boldsymbol{\theta}) \tag{9.9}$$

因此，利用生成器生成合成文本；判别器对合成文本与真实文本进行分类并将合成文本属于真实文本的概率作为奖励值，确定奖励目标函数，进行策略参数更新即生成器参数更新，这样可以实现自动生成文本的目的。

3) LeakGAN

在 SeqGAN 被提出之后，很多研究人员将强化学习的策略更新方法运用到文本生成之中，取得了一定程度的成功。这些方法虽然考虑到了生成过程中生成每个单词对于奖励甚至参数更新的影响，但是根据更新公式(9.8)，最后返回的奖励只有当生成器完全生成序列之后才能得到，序列生成过程中缺乏一些关于序列结构的中间信息的反馈，而且这里奖励标量没有太多关于序列意义方面的信息量，无法形成有效的指导，生成文本的长度被限制。更加通俗地说，SeqGAN 是在生成完整的文本序列之后进行参数更新的，并不是在生成完整的文本序列中的每个单词过程中进行更新，因此对于完整序列内每个单词的生成没有指导意义。

在 2018 年的 AAAI 人工智能会议上，有学者提出了 LeakGAN 生成方式，判别器会在生成过程中泄露一些特征给生成器，生成器则会利用这个额外信息指导序列中下一个单词的生成。

在 LeakGAN 结构图中，判别器由一个特征提取器和一个分类层构成。生成器采用的是分层强化学习结构，包含管理模块以及工作模块。其中，管理模块是一个 LSTM 网络，充当一个中介的角色，在每个时间步上，它都会从判别器接收一个特征表示，然后将它作为一个指导信号传递给工作模块，因此判别器的中间信息在原始 GAN 中是不应该被生成器指导的，所以将这个特征表示称为泄露信息，该方法称为 LeakGAN。工作模块接收到这个指导信号以后，用 LSTM 将当前输入单词的嵌入表示与收到的指导信号的特征表示连接到一起，进一步计算下一步的动作，即选择下一个单词。

判别器与泄露特征表示：使用判别器 D_ϕ 分类结果作为奖励函数，其中判别器 D_ϕ 可以分为一个特征提取器 $F(s_t, \phi_f)$ 和一个权重向量为 ϕ_l 的 sigmoid 分类层，其中 $s_t = \{x_1, \cdots, x_t\}$，数字化表示为

$$D_{\phi}(s_t) = \text{sigmoid}(\phi_l^{\mathrm{T}} F(s_t, \phi_f)) = \text{sigmoid}(\phi_l^{\mathrm{T}} f_t) \tag{9.10}$$

其中，参数 $\phi = (\phi_f, \phi_l)$，$f_t = F(s_t, \phi_f)$ 是利用 s_t 生成 x_{t+1} 时的中间泄露信息。相比于之前奖励值为标量的模型，特征向量 f_t 可以提供更多的指导信息给生成器。

生成器中的管理模块：LSTM 的初始化状态为 h_0^M，在每个时间步 t 上，以泄露的特征向量 f_t 为输入，输出目标向量 g_t，如公式(9.11)所示：

$$\begin{cases} \hat{g}_t, h_t^M = \text{LSTM}(f_t, h_{t-1}^M; \theta_m) \\ g_t = \dfrac{\hat{g}_t}{\|\hat{g}_t\|} \end{cases} \tag{9.11}$$

为了结合管理模块产生的目标向量 g_t，对最新的 c 个目标向量进行求和并进行权重为 W_{ψ} 的线性变换，得到一个 k 维的目标嵌入 w_t，如公式(9.12)所示：

$$w_t = \psi(\sum_{i=1}^{c} g_{t-i}) = W_{\psi}(\sum_{i=1}^{c} g_{t-i}) \tag{9.12}$$

生成器中的工作模块：以当前单词 x_t 为输入，输出一个矩阵 O_t，它将通过矩阵乘法和目标嵌入 w_t 连接在一起，决定下一步动作的概率分布即下一个生成的单词，如公式(9.13)所示：

$$O_t, h_t^W = \text{LSTM}(x_t, h_{t-1}^W; \theta_w)$$
$$G_{\theta}(\cdot \mid s_t) = \text{soft max}\left(\frac{O_t w_t}{\alpha}\right) \tag{9.13}$$

策略更新机制：在 LeakGAN 模型中，需要对生成器中的管理模块和工作模块分别训练，其中管理模块的训练目标是在判断器的特征空间中找到有利的指导方向，工作模块的训练目标是遵循这个方向以得到奖励。管理模块的梯度为

$$\nabla_{\theta_m}^{\text{adv}} g_t = -Q_F(s_t, g_t) \nabla_{\theta_m} d_{\cos}(f_{t+c} - f_t, g_t(\theta_m)) \tag{9.14}$$

其中：$Q_F(s_t, g_t)$ 是当前策略下的预期奖励，可以通过蒙特卡洛搜索近似估计；$d_{\cos}$ 表示 c 步之后特征向量的改变 $f_{t+c} - f_t$ 和目标向量 $g_t(\theta_m)$ 之间的余弦相似度。损失函数要求目标向量匹配特征空间的转换，同时获得最高奖励。同时，Worker 模块要最大化这个奖励，可以通过对状态 s_{t-1} 和动作 x_t 进行采样来近似。当鼓励工作模块遵循管理模块指示的方向时，工作模块的内在奖励定义为

$$r_t^I = \frac{1}{c} \sum_{i=1}^{c} d_{\cos}(f_t - f_{t-i}, g_{t-i}) \tag{9.15}$$

目前，LeakGAN 依旧是利用生成对抗网络生成文本的最热门的方法。正是由于在生成每个单词的时候，模型考虑了之前生成的部分序列的特征表示即泄露信息，LeakGAN 的方法生成的文本的可读性好于 SeqGAN，但是计算复杂度过高，如表 9.2 所示。

表 9.2　LeakGAN 与 SeqGAN 生成文本效果图的对比

数据集	LeakGAN 模型	SeqGAN 模型
COCO Image Captions	(1) A man sitting in front of a microphone with his dog sitting on his shoulder. (2) A young man is holding a bottle of wine in his hand.	(1) A bathroom with tiled walls and a shower on it. (2) A couple of kids in front of a bathroom that is in a bathroom.
EMNLP2017 WMT	(1)The American Medical Association said that the militants had been arrested in connection with the murder of the same incident. (2)This is the first time that the Fed has been able to launch a probe into the country's nuclear program.	(1)"I think you should really really leave for because we hadn't been busy, where it goes to one" he wrote. (2)What you have to stop, if we do that, as late, law enforcement and where schools use a list of aid, it can rise.

4) 衍生算法

除了上述三种典型的文本生成网络模型，利用 GAN 生成文本的方法还有许多的衍生算法版本。例如谷歌大脑在 2017 年提出了 TextGAN 方法，该方法改变了判别器对于文本的度量方式，不仅包含文本的特征向量表示差异的度量，同时加入了 FeatureMatching 核度量文本差异，使得判别器检测真假的效果得到了提升，合成文本的质量也进一步得到了提升。2018 年，研究人员提出了 RankGAN 算法，该方法改变了判别器的结构，从原来的只区分真假两类标签的分类任务，变成了对一条合成文本与多条真实文本进行排序的任务，提升了合成文本的可读性。

另外，在其他类型的文本生成任务上，生成对抗网络也起到了很好的效果。例如：在长文本生成任务中，研究人员提出了 Mali-GAN 算法；在信息检索任务中，研究人员提出了 IRGAN 方法；在对话生成任务中，研究人员提出了 Seq2seqGAN 算法；在文本填空任务上，研究人员提出 MaskGAN 算法。

目前，生成对抗网络在文本生成任务中发挥了越来越大的作用，新的生成方法层出不穷。然而，对于中文自动生成，生成对抗网络的相关研究还是比较少，对于生成中文诱导性文本更是如此，还有很长的路要走。相信生成对抗网络在柔性化治理网络空间中会发挥不错的作用。

2. GPT-2

在利用 GAN 生成文本时，需要利用训练文本训练 GAN 模型的参数，并利用包含训练好参数的 GAN 模型去生成文本，一旦换一个主题相关的数据集，整个流程需要重复一遍，计算烦琐。2019 年谷歌大脑提出了另一个新的生成模型 GPT-2，该模型迅速引起学术界的广泛关注，其生成效果令人惊艳，利用 GPT-2 生成的假新闻可以达到和真新闻一样逼真的效果。遗憾的是，GPT-2[3]模型参数并未全部公开，只开源了部分参数和数据，主要原因是如果模型全部公开，不法分子会利用该模型生成假新闻甚至谣言，影响社会的安全与稳定。下面阐述一下 GPT-2 的主要改进点。

多样化预训练样本：大部分的训练语言模型的工作都是采用单一领域的文本，例如新闻、百科、小说等，这也是模型可迁移性差的原因，如果要构建一个泛化能力更强的模型，需要在更广泛的任务和领域上训练。GPT-2 应用了一个确保文本多样性的网络爬虫，该爬虫爬取了 Reddit 三分之一以上的链接，大约 4500 万，从 HTML 标签中选取了超过 800 万份文档作为预训练文本。

多任务学习预训练模型：多任务学习对于提升模型性能是很有效的，但在 NLP 领域还是新生儿。从元数据的角度来看，每个数据对都是从数据集和目标的分布中抽取的单个训练示例，因此多任务学习需要大量的数据才能达到很好的效果，除了扩充数据集，GPT-2 给出了应用多任务学习到预训练模型过程的策略。

预训练模型采用非监督学习进行微调的模式：在传统的 NLP 领域中，预训练模型采用监督学习进行微调的模式已经流行了很长时间，也依旧是未来的趋势。但是 GPT-2 将非监督学习融入微调过程，能在没有训练样本(没有任何参数和结构的修改)的情况下执行一些下游任务，并且在零样本的情况下泛化性能更强，在一些任务中取得了业界最佳的效果，其生成文本的效果如图 9.3 所示。

Do you feel like a human being it seems? How did you finish the game and what is your plan for you now?

Of course I felt like a human being just yet I wanted to caution you Salty Dogs is fast moving,

I feel so overwhelmed right now, and it has taken me awhile to get used to being PVP on a big screen map. It's hard to describe just how good the experience is. You can hear the bird and all the bees loudly above you at every turn, but I'll tell you what's first as Dae-bye with the horde.

图 9.3　GPT-2 模型生成的文本效果图

3. Grover

OpenAI 提出的 GPT-2 因为社会舆论安全原因不提供开源，最近，华盛顿大学和艾伦人工智能研究所的研究者展示了一个可控文本生成模型 Grover[3]，Grover 能够可控高效地生成完整的新闻，不仅仅是新闻主题，还包括标题、新闻源、发布日期和作者名单，人们对生成新闻的评分表明了他们认为 Grover 生成的消息是真实可信的，甚至比人工写成的假消息更可信。

具体地，研究者使用了最近较为流行的 Transformer 语言模型，Grover 的构建基于和 GPT-2 相同的架构，研究人员考虑了三种大小的模型：最小的 Grover-Base 使用了 12 个层，有 1.17 亿参数，和 GPT 及 Bert-Base 相同；第二个模型是 Grover-Large，有 24 个层，3.45 亿参数，和 Bert-Large 相同；最大的模型 Grover-Mega 有 48 个层和 15 亿参数，与 GPT-2 相同。同样，该模型创建了一个大型数据语料：RealNews，包含 120 GB 的未压缩数据。

在前面介绍了一些文本生成方法。从这些文本生成模型中可以看出，尽管它们具有良好的生成效果，甚至可以赶超人类写作水平，但仍存在一定的局限性：首先，大部分模型选择少部分开源甚至不开源,看上去不开源像 Grover 这样的模型对我们来说更安全,但是如果不开源生成器,那针对生成器的检测对抗手段就很少了;其次,由于这些模型的体量巨大,参数可达亿级规模,对于普通研究人员的计算设备而言,想了解生成效果的难度很大;最后,目前这些模型都是针对英文文本生成任务的,而中文与英文的语法与逻辑形式有很大区别,因此对于中文生成任务而言是否有效是一个值得思考的问题,也是未来的一个重要的研究方向,对于能否实现利用生成具有诱导性的中文文本方法进行网络空间治理至关重要。

9.1.3　诱导音视频生成

随着软件开发者开发出以传播短视频为特点的抖音等软件,多媒体信息中的文字与图片的比重逐渐降低,短视频受到大量用户的青睐。音视频可以更加客观地表达事实,相对于诱导性图片或文字而言,诱导性音视频被网络用户识别出来的概率较低,因此相对于生成诱导性文本或者图片,生成诱导性音视频的方式更加容易被用户相信,是一种更加有效的网络空间柔性化治理方式。

目前,自动生成音视频的方法主要分为以下三种:传统生成方法、WaveNet 与生成对抗网络。其中,WaveNet 是第一种端到端的语音生成方法,生成的声音更加自然;生成对抗网络是目前音视频生成领域中的热门研究方法。下面对传统生成方法、WaveNet 以及利用生成对抗网络生成音视频的方法做详细的阐述。

1. 传统生成方法

机器合成拟人化语音(文语转换)的技术已经存在很长时间了。在深度学习出现之前,有两种主流的建立语音合成系统的方式:波音拼接合成和参数合成。

1) 波音拼接合成

波音拼接合成的思路就是通过收集一个人的一长列句子的发声录音,将这些录音切割成语音单元,将与最近提供的文本相匹配的语音单元进行拼接缝合,从而生成该文本对应的发声语音。通常情况下计算机将许多预先录好的短小语音片段连接起来生成一句完整的语音。市场上包括 Siri 在内的各种虚拟语音助手都是这么做的。

然而这样生成的数码语音其合成质量受到预先存储的语音片段的限制,只有说特定的句子时才会显得非常逼真,对于那些文本已经存在于用于初始收集的录音之中的部分,文语转换后的语音听上去比较自然,但对于初次遇见的文本,听上去就会有些异样。除此之外,修饰声音要求我们对整个新录音集进行操作。

2) 参数合成

参数合成的思路是通过参数物理模型(本质上来说就是一个函数)来模拟人类的声道并使用记录的声音来调整参数。通过参数合成文语转换生成的声音听上去没有通过音波结合文语转换生成的声音那么自然,但是这种方式更容易通过调整某些模型中的参数来修饰声音。

2. WaveNet

随着深度学习的出现,研究人员在 2017 年提出 WaveNet 模型并利用它生成语音,这标志着以端到端的方式来生成未处理的声音样本成为可能。更重要的是，和传统的语音处理方式相比，WaveNet 模型得到的声音明显更加自然并且可以适应各种各样的语音特性，如文本、发音者特性等，因此 WaveNet 被广泛应用在各种语音生成处理任务中，例如：生成美国总统特朗普的音频，进行全国宣讲。下面介绍 WaveNet 模型的具体特点。

卷积神经网络模型架构：一般来说，递归神经网络模型或者长短记忆网络模型等非线性时序模型是显而易见的选择，但是语音是从至少 16 kHz 的频率采样，这意味着，每秒的音频至少有 16 000 个样本，RNN 或者 LSTM 还未对如此长(大约 10 000 时间步长序列)的时间依赖性进行建模，因此不能很好地适用于语音生成。在 WaveNet 中，研究人员提出利用因果卷积对过长的时间依赖性进行建模，同时采用膨胀卷积来增加回看长度(例如我们的模型在当前时间步长上画一个关于输出的卷积之前，会看至少一秒的音频)或者接受域大小，可以得到更大的滤波器与极大的接受域，而卷积神经网络的适用也保证了算法的并行性，降低了算法复杂度。

Mu-Law 压缩：为了对条件概率建模，WaveNet 采用 softmax 分布(分类分布)来替代其他的混合模型，分类分布没有对它的形状进行假设，因此更加灵活，更容易对任意分布建模。然而未处理音频被作为 16 位整数值存储，使用 softmax 层输出概率分布需要模型在一个时间步长上输出 66 635 个值，大大降低了模型处理速度。研究人员使用 Mu-Law 分布(非线性量化)对原始音频进行压缩，使模型在每个时间步长只输出 256 个值，提高了训练与推论的速度，同时保证了更多的量化等级在较低的振幅，少量的量化等级在较高的振幅，减少量化误差。

tanh 激活函数：非线性激活函数对于任何一个学习输出与输入之间复杂关系的深度学习模型都是要素之一，对于 WaveNet 在实验中的表现而言，使用一个非线性的 tan-hyperbolic 函数比 sigmoid 函数效果更好。同时采用跳跃连接、残差连接等连接方式，有利于减少神经网络训练时间。

正是因为上述原因，WaveNet 在话音合成、文本转语音、音乐合成等领域发挥了巨大的作用，更为便利的是 WaveNet 提供了本地调节和局部调节两种模式，帮助我们根据演讲者身份、相应文本等功能输出语音。后续，研究者提出利用规范化流程 IAF 加速 WaveNet 的训练过程，实现了并行更快的模型，但是其计算复杂度仍然居高不下，需要很长的时间，难以满足商业化应用中的时间限制。

3. 生成对抗网络

随着生成对抗网络在图像生成领域的关注度逐渐提高，研究人员一直在努力将其应用于更加序列化的数据，如音视频。在之前的研究过程中，以 WaveNet 为代表的自回归模型处于主导地位，但是由于它们的运作方式是一次预测单个样本，意味着采样是连续的，训练并生成需要大量的时间。

1) 音频领域

2018 年诞生了一种利用 GAN 生成语音的方式，该技术能够在任意一段参考音频中提取出说话者的声纹信息，并生成与其相似度极高的合成语音。需要说明的是，参考视频与最终合成的语音甚至不必是同一种语言。除了利用参考音频作为输入之外，该技术还能随机生成虚拟的声线，以不存在的说话者的声音进行语音合成。

在 2019 年的 ICLR(International Conference on Learning Representations,学习国际会议)上,研究者提出了 GANynth,它不是从参考视频中生成音乐,而是从单个潜在特征向量生成整个音乐片段,从而更加轻松地分开音高和音色等全局特征,同时并行生成整个序列,在现在 GPU 上合成音频的速度比实时更快,比标准 WaveNet 模型快约 50 000 倍。这项工作是使用 GAN 生成高保真音频的初步尝试,虽然在处理音乐信号方面效果不错,但存在许多有趣的问题,例如对于语音合成存在相位恢复的问题。

2) 视频领域

在 9.1.1 节整部分与 9.1.3 节前 3 部分,我们介绍了大量生成图片和语音的方法,这些方法单独拿出来都可以达到不错的生成效果,足以让用户信以为真,而若将两者结合起来制作视频,那效果一定好的令人无法想象。例如:最近美国众议院议长佩洛西的一段视频在社交媒体上流传开来,在 Facebook 上获得了超过 250 万的点击量,特朗普分享了这段视频,试图嘲笑她的演讲模式以及她是否担任总统,这段被技术修改过的假视频也就成为了政治斗争的新武器。可想而知,一个修改的视频都有如此大的威力,那么完整生成的假视频会有多么大的影响力?

最近的研究表明,只需要少量图像和音频,就可以制作比较逼真的唱歌或者讲话视频。这项新研究出现在 2019 年的 CVPR 上,它提出了一个端到端系统,能够在仅提供一张静止图像和含语音的音频片段的情况下,生成该人物的动态视频,而且不需要手动提取中间特征。另外该方法具有两个特点:视频中人物嘴唇动作和音频完全一样;人物面部表情自然,比如眨眼和皱眉的动作。下面将详细介绍模型的结构。

该系统包含一个时序生成器和多个判别器,每个判别器从不同视角评估生成的序列。生成器捕捉自然序列不同侧面的能力与每个判别器基于不同侧面判别视频的能力成正比。

生成器网络有一个编码器-解码器结构。编码器从概念上可以分为若干子网络,假设一个潜在表征由三个组件构成,这些组件分别负责说话者的身份、语音内容和自然的面部表情,这些组件由不同的模块生成,结合在一个形成一个可被解码器网络转换为帧的嵌入。每个帧的潜在表征由身份、内容和噪声组件联合构成,帧解码器是一个 CNN,使用装置卷积从潜在表征中生成视频帧。在身份编码器和帧解码器之间采用 U-net 架构和残差网络,保存目标的身份。

判别器网络使用了多个判别器以捕获自然视频多个方面的信息,其中帧判别器对视频中说话者的面部进行了高质量的重建。序列判别器确保那些帧形成一个包含自然动作的连贯视频,同步判别器强化了对视听的同步要求。

另外,该研究使用多个指标度量模型生成视频的质量,其中 Reconstruction Metrics 和 Sharpness Metrics 是评估视频帧质量的传统指标,但它们无法反映视频的音画同步、面部表情是否自然,因此该研究使用 Content Metrics 评估视频的内容(视频捕捉目标身份的程度以及话语的准确率),使用 Audio Visual Synchrony Metrics 评估视频的音画同步程度,用 Expression Evaluation 评估视频中人脸表情的自然程度。

本小节介绍了一些音视频生成方法。尽管包含美国政府在内的多个国家政府认识到了相关技术的危害程度,试图通过法律条文对技术的范围进程进制控制,如基于 DeepFakes 的"智能脱衣"软件被下架等,但是我们需要意识到,任何一种技术都有两面性,合成技术在带来危害的同时，也可以服务于治理网络空间的任务需求，例如生成一些包含积极言论的讲话音视频、记录祖国美好风光的音视频，这有助于政府净化网络空间，创建绿色社会，但也需要意识到运行算法所需要的计算资源与设备限制了相关技术的应用实战。

9.1.4 诱导网络生成

无论是生成的诱导性图像、文本还是音视频，都需要通过"虚拟用户"来发布与扩散，这些"虚拟用户"的身份会受到真实用户的怀疑，甚至会被检测系统检测出来。因此，如何生成真实性较高的"虚拟用户"，如何更进一步利用这些用户构建真实的"虚拟网络社区"是一个值得研究的问题。

对于网络空间治理而言，我们将诱导网络生成分为两个层次：节点级别的虚拟用户生成与结构级别的虚拟社区生成。

1. 虚拟用户生成

在网络空间中，社交平台会向用户推送一些感兴趣的人，用户可以添加一些兴趣爱好类似的人为好友，并与之交流意见。久而久之，这些陌生人的意见会潜移默化地影响用户，甚至改变用户对一些事情的观点。因此，如果可以生成一些"虚拟用户"，并且取得用户的信任，委婉地不断传递某种价值观，则可以达到治理网络空间的目的。在不同的社交平台，培植这种"虚拟用户"的方式大多不为人知，这里仅根据培植出"虚拟用户"的级别，简单地介绍普通"虚拟用户"和高价值"虚拟用户"培植的例子。

1) 普通"虚拟用户"培植

新浪微博是中国社交平台中注册用户最为活跃的社交网络，据统计，在新浪微博、腾讯微博、搜狐微博、网易微博、嘀咕网这五家微博平台，新浪微博总访问次数占比 63.52%，总页面浏览量占比 80.64%，总访问时长占比 81.21%。但在新浪微博中，却存在大量内部培植的"虚拟用户"，据相关报道，新浪内部技术人员开发了一套微博平台，这个平台拥有上亿的"虚拟用户"，而且规模在不断增加，它们都是机器制造出来的，粉丝从零到几百不等，甚至可以操纵评论、投票等，形成了特别的"微博业务"。新浪微博的媒体特性使得发言用户以认证名人、机构和媒体为主，普通百姓基本处于收听状态。对于普通用户，微博未必是发言的平台，更多的是阅读信息的平台，大多时候普通用户都处于"只读不写"的状态，如果可以生成可信度高的"虚拟账号"，发送正能量的信息，就可以净化网络空间。

豆瓣网是一个提供书籍、电影、音乐等作品及其相关信息的网站，无论描述还是评论都由用户提供，是 Web 2.0 网站中具有特色的一个网站。但在豆瓣网中，利用"虚拟账号"刷分或者刷评论的事情屡禁不止。据报道，2016 年上映的《摆渡人》的分数明显不正常，很多打分的人都是注册日期很近的新手，如果注册日期很近，评分是不被系统认可的。但是这次，不管谁打分，都被认可了，因此有人怀疑豆瓣评分系统有人为干预的痕迹，相关工作人员也承认，水军是有的，但是豆瓣评分很难刷动。由此，如果政府可以与网络管理人员合作，利用内部"虚拟账号"，就可以提高某个电影的分数，扩大正能量的影响范围。

2) 高价值"虚拟用户"培植

在微博等社交网络中，高价值"虚拟用户"又称为意见领袖。根据传播学理论，意见领袖所引领的传播模式是这样的：舆论源头→舆论引导→舆论扩散→受众和舆论的再造，通过发挥网络意见领袖的"名人效应"，吸引许多公众进行积极互动。借助网络意见领袖创造正面、积极的议题，在网络危机事件的初始阶段，以正面言论引导舆论，就能够有效制止谣言和偏激言论的传播，使舆论朝着积极的方向发展，防止大范围舆论现象的发生。

然而培植出一个意见领袖的过程是漫长的，需要很多年的准备，因此为减少培养周期，政府一般通过设立"官方用户"的形式来引导积极言论，例如：新浪微博官方账号、人民日报官方账号等。由于这些官方账号的可信度较高，因而可以有效辟谣和阻止偏激言论的传播，但同时也正是账号的官方属性使得一些特殊的人群不相信这些账号的公信力，因此政府需要培养没有官方属性的"意见领袖"如一些名人账号，更加有益于柔性治理网络空间。

2. 虚拟社区生成

尽管我们可以通过多种方式生成大量的"虚拟用户"，但是这些"虚拟用户"的体量对于网络空间的体量来说非常少，因此围绕需要治理的用户或者区域，生成"虚拟社区"，利用用户在网络空间的环境影响改变用户的思维模式，是一种更加有效的治理手段。同时，"虚拟社区"的真实可信性必须得到满足，才能达到诱导用户的目的。在 2018 年的 AAAI 人工智能国际会议上，研究人员提出了一种"虚拟社区"生成的方法 GraphGAN，该方法利用生成对抗网络围绕某个固定的网络节点生成"虚拟社区"，达到难以区分的效果。

生成器：对于某个固定节点 v_c，生成器通过生成"虚拟用户"或者说是利用采样策略选取一些"虚拟用户"，这些节点在判别器看来真实存在边的关系。生成器的具体生成策略如公式(9.16)所示：

$$G(v \mid v_c) = \frac{\exp(\boldsymbol{g}_v^{\mathrm{T}} \boldsymbol{g}_{v_c})}{\sum\limits_{v \neq v_c} \exp(\boldsymbol{g}_v^{\mathrm{T}} \boldsymbol{g}_{v_c})} \tag{9.16}$$

其中，$\boldsymbol{g}_v$ 和 $\boldsymbol{g}_{v_c}$ 是节点 v 和 v_c 的表示向量，但是这种方法需要涉及全图所有节点，会造成巨大的计算开销，因此相关学者提出了一种新的基于图的 softmax 方法，同时满足了正规化、图结构敏感与计算高效性的特点，具体形式如公式(9.17)所示：

$$\begin{cases} p_c(v_i \mid v) = \dfrac{\exp(\boldsymbol{g}_{v_i}^{\mathrm{T}} \boldsymbol{g}_v)}{\sum\limits_{v_j \neq N_c(v)} \exp(\boldsymbol{g}_{v_j}^{\mathrm{T}} \boldsymbol{g}_v)} \\[4mm] G(v \mid v_c) = (\prod\limits_{j=1}^{m} p_c(v_{r_j} \mid v_{r_{j-1}})) p_c(v_{r_{m-1}} \mid v_{r_m}) \end{cases} \tag{9.17}$$

判别器：提出在 GraphGAN 中任何模型都可以用作具体的判别器的实现，例如 SDNE 中提出的判别器模型，设计的判别器是一个简单的 sigmoid 函数，如公式(9.18)所示：

$$D(v, v_c) = \sigma(\boldsymbol{d}_v^{\mathrm{T}} \boldsymbol{d}_{v_c}) = \frac{1}{1 + \exp(-\boldsymbol{d}_v^{\mathrm{T}} \boldsymbol{d}_{v_c})} \tag{9.18}$$

其中，d_v 和 d_{v_c} 是通过训练得到的节点 v 和 v_c 的表示向量。

训练过程：相关学者利用生成对抗网络的博弈游戏刻画了生成器与判别器的这种对抗关系，具体形式如公式(9.19)所示：

$$\min_{\boldsymbol{\theta}_G} \max_{\boldsymbol{\theta}_D} V(G,D) = \sum_{c=1}^{V} \{ E_{v \sim p_{\text{true}}(\square v_c)}[\log D(v,v_c;\boldsymbol{\theta}_D)] + E_{v \sim G(\square v_c;\boldsymbol{\theta}_G)}[\log(1 - D(v,v_c;\boldsymbol{\theta}_D))] \} \quad (9.19)$$

通过反复交替迭代，形成一个稳定的状态。

本小节介绍了一些网络生成方法。尽管 GraphGAN 可以生成"虚拟社区"，但是目前这种方法在现实任务中还没有得到有效的检验，在真实场景中的真实度也就不得而知，距离现实应用甚至产业化还有很长的路要走。因此，对于诱导网络的生成，现实方法还停留在人工培植大量"虚拟用户"，采取适合的采样策略在大量的"虚拟用户"中构建"虚拟社区"。未来，希望像 GraphGAN 这样的"虚拟社区"生成技术会受到学术界的重视，并在网络安全领域发挥一定的作用。

9.1.5　柔性治理技术小结

从网络空间内容源头角度，本节将网络空间柔性化治理技术分为诱导图片生成、诱导文本生成与诱导音视频生成，最后介绍了承载这些内容的诱导网络生成方法，并详细介绍了这四个领域的主流方法与未来可能应用的方法，形成了一个网络空间柔性化治理技术流程：通过围绕需要治理的区域生成"虚拟用户"或者"虚拟社区"，利用这些用户发布生成的诱导性图片、文本或音视频，共同完成网络空间柔性治理的任务，如图 9.4 所示。

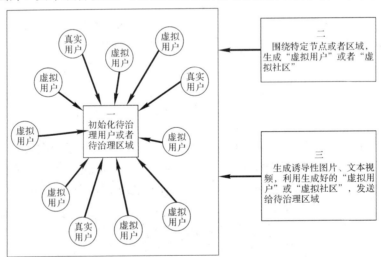

图 9.4　网络空间柔性化治理示意图

9.2　刚性治理技术

在网络舆情没有爆发之际或者爆发的初始阶段，政府可以通过柔性治理技术引导网络空间的舆论，纠正舆论导向的发展方向，回到积极、正能量的轨迹上来，但是到了网络舆情爆发的中后期阶段，如果还采用柔性治理方式，则难以达到预期的治理效果。因此需要采用力度更强、速度更快的治理方式，尽管这种方式会引起民众的反感，但对于快速治理网络空间是一种必不可少的手段，即刚性治理技术。

目前，刚性治理技术分为两种方法：小范围隔离治理和大范围阻断治理。其中：① 小范围隔离治理指将不实信息的发布者或者不实信息的传播重灾区与正常用户区域进行隔离，使得这些用户无法与外界进行交流，但是只能隔离小部分区域；② 大范围阻断治理指过滤网络中一些舆论敏感信息，消除其在用户之间的传播，例如微信公众号上经常显示的网页 404，尽管会影响一些网页的浏览，但传播这些内容的用户仍旧可以与他人进行正常交流，并且这种手段可以应用于较大的网络空间区域。如果网络舆情小区域内爆发，则采用小范围隔离治理处理；如果网络舆情大范围爆发，则隔离治理不再有效，需要大范围阻断治理。下面对这两种隔离手段进行简单的介绍。

9.2.1　小范围隔离治理

当网络舆情在网络空间中小规模爆发，通过发布轨迹找到不良信息的发布者或者恶意传播者时，对相关用户进行隔离是一种极其有效的治理手段，即在网络空间中表现为对相关账户进行停止服务或者封号处理。

基于法治手段的治理。若想对不良信息发布者进行封禁处理，必须要做到有法可依，运用法治思维和法治方式治理网络空间，是我国由"网络大国"走向"网络强国"的不二选择。因此，建构专门的网络空间治理法律体系是实现网络法治必不可少的基石和依据。人类社会进入网络社会时日尚短，尚没有积累网络治理的成熟经验。随着 5G 网络的迅猛发展，万物互联的网络空间的秩序将被重构，人类的沟通方式和生活方式都将由此发生改变。技术进步让我们的生活更便利、更舒适、更美好的同时，网络谣言、网络色情、网络侵权盗版甚至网络恐怖主义等乱象丛生，与线下世界相比，网络治理要面对的问题更为复杂。为避免网络空间落入"无秩序状态"，应未雨绸缪，以网络法治为根本保障，实现网络空间的"规则之治"和"良善之治"。

基于技术手段的治理。网络中一旦出现舆情，管理者基本采用禁止关键词内容发布的方式阻止消息发送，例如无法检索相关关键词，虽然这种方法足够暴力简单，但是不能从源头上杜绝消息的传播。在网络舆情爆发之初，一般由小范围的用户进行大量转发与传播，因此如果能在这个阶段将正常用户与之隔离，则可以从源头上消灭舆情。研究人员曾经提出过渗流模型，根据渗流模型理论，在真实网络中，可以选取渗流阈值，模拟渗流跳变。例如：通过对现实的因特网的分析，因特网显示出鲁棒性与脆弱性的混合特征，其中鲁棒性指对于网络用户的随机删除，网络具有显著的弹性；脆弱性指对于网络用户的"针对性"的攻击，网络变得极为敏感。因此当网络舆情在小范围爆发时，通过选取小范围网络区域内某些节点如介数大于阈值的节点，进行有针对性的攻击，可以缓解网络舆论的扩散甚至消除网络舆论。

本小节主要介绍了小范围隔离治理的方法。目前由于网络安全等原因，网络舆情等安全领域的网络拓扑甚至内容等数据无法做到开源，再退一步即使可以开源，网络空间的用户数目体量之大对于数据采样的难度也可想而知，因此对于阻断治理方法的技术层面研究较少，大部分停留在人工处理或者法律领域。

9.2.2　大范围阻断治理

当网络舆情已经在网络空间中大规模爆发时，由于无法对大规模区域进行隔离处理，因此需要对一些敏感内容进行过滤，禁止其在网络空间甚至用户之间进行传播，即需要对传播过程进行阻断治理。在现实中，经常采用内容过滤技术对传播过程进行阻断治理。一般来说，现阶段的内容过滤技术主要分为基于网关、基于代理和基于网页三种。

基于网关的内容过滤，一般嵌入专门的安全网关或者防火墙等网关设备中，此种网络设备一般通过静态和动态内容过滤来进行。所谓静态过滤，就是可自定义可信站点和禁止站点。比如，静态过滤可以阻塞对"交友社区"的访问，以拒绝访问"交友社区"的网站内容。动态过滤也很重要，因为 Internet 和 Web 都不是静态的。相反，新的网页正以每年数以亿计的速度添加到 Web，每分钟都有新的站点和页面出现。此外，Web 页也不是一个单一的实体，而是由众多独立的组件组成，每个组件都有它们自己的 URL，浏览器可以单独和独立地获取它们。其中每个组件都可以通过其 URL 直接访问，因此也可能是过滤对象。动态内容过滤可以通过设定 URL 中的关键词来过滤含此关键词的站点以确定用户是否应获取某一请求的 URL，即便该 URL 没有明确定义。比如，动态过滤可以拒绝访问 URL 中有"Porn"字样的所有站点。理想的防火墙不仅应支持静态内容过滤，还应能让用户选择一个可以自行决定阻塞的广泛类别列表，如拍卖、聊天、就业搜索、游戏、仇恨/歧视、历史、玩笑、新闻、股票、泳衣等。这种功能可使办公室管理员和父母允许或阻塞对任何站点类别的访问。而且，由于 Internet 始终都在变化，因此应当定期用被归入站点类型的新 URL 更新类别列表。

基于代理的内容过滤，主要以专用的硬件代理上网设备实现，一般是将设备配置成代理缓存服务器，并部署在企业用户和 Internet 之间，这些优化的专用设备就能够智能地管理用户的内容请求。当用户请求一个 URL 时，请求首先到达设备相应端口安全专用设备进行认证和授权。如果请求页面中的对象已经在该专用设备的本地缓存中，它们就从本地直接访问给用户，如果不在本地缓存中，安全专用设备就作为用户的代理，通过 Internet 和源服务器通信。当对象从源服务器返回时，就保存在本地缓存中以为后续的访问请求服务，同时传送一个拷贝给访问的用户。整个过程被全程监控，并做记录，供访问报告统计和为企业计划提供依据。

基于网页的内容过滤，主要以大数据技术对网页中的内容或者用户间的交互内容进行分析识别，过滤出不良信息甚至封禁网站，例如关键词过滤技术、图像过滤技术、模板过滤技术、智能过滤技术等。目前，网络空间中各个行业通过推行行业自治准则，督促网络服务商采用技术手段快速实现治理效果，例如通过各种过滤机制减少典型网络电信诈骗、减少谣言的传播范围等。甚至有些厂商建立了内容分类数据库与内容分类部门，他们专职监控每天新出现的网站，然后将这些网站分类更新到数据库当中。还有些厂商使用人工智能技术，自动进行分析。目前，内容安全产品在市场上的火爆程度证明这种办法是可行的，也是经济的。

本小节主要介绍了大范围阻断治理的方法。发展到现在，尽管内容过滤系列技术已经应用比较广泛，涵盖了各个领域，但值得一提的还是，内容过滤技术还处于初级阶段，实用的技术相对比较单一，图像过滤与模板过滤技术还处于起步阶段，面临着图片的智能识别和过滤对机器或网络性能存在负面影响的障碍。现阶段的内容过滤技术主要是对 URL 网址过滤和网页文字等固定内容过滤，还无法做到智能的判断。

本 章 小 结

任何事物都要经历从产生、发展再到消亡的过程，网络空间中的事件也不例外。只有充分把握网络空间事件的发展规律，才能对其进行有效的治理。因此在本章中，我们将网络事件的时间进程分为三个部分：网络舆情未爆发之际或者初始阶段、网络舆情小规模爆发阶段与网络舆情大规模爆发阶段。根据不同阶段的特点，采取了不同的治理技术。本章分别介绍了柔性治理技术，刚性治理技术中的小范围隔离治理、大范围阻断治理。未来，在恰当的时机，选取合适的治理手段对网络空间进行相应的治理，有助于打造一个风清气正的网络空间。

我们需要意识到：网络空间已成为大国博弈的制高点，现有的方案仍存争议。以国家意志来保障网络空间安全与发展，正成为各国国家战略，并成为培育新的国家优势的重要方面。长期以来，互联网核心关键资源均由美国主导，但"斯诺登事件"使美欧主导的全球网络空间治理阵营开始出现离心倾向，各国互联网治理主权意识空前高涨，希望重塑全球网络空间治理格局，维护国家在网络空间的核心利益。目前，"多利益相关方"治理大行其道，但其表面的"共治"掩盖不了一个事实——代表着西方及其利益的代理人，仍实际控制着全球网络空间治理权。

经过这些年的发展，中国互联网企业已具备同世界领先的互联网公司竞争的实力，越来越多的企业"走出去"，积极开拓海外市场的同时，传播了中国网络空间治理理念和经验。然而，中国互联网企业"出海"并非一帆风顺，必然面临发达国家技术封锁、安全审查、海外文化差异、个人隐私保护合规等问题。在相关技术研发与市场化仍未获得重大突破的情况下，我国参与全球网络空间治理仍缺乏足够话语权。

随着网络技术的不断发展，网络空间治理应当继续保持相当的开放性与自由度，在实现网络主体利益最大化的同时，要确保公权力对网络空间治理的主动权、掌控权。在未来，所有国家应该共同参与网络空间治理工作，研发网络空间治理的相关技术，加速相关技术的产业化与实战化，分享网络空间治理模式并相互帮助不断提高，共同营造民主、透明、有序的网络空间！

本 章 参 考 文 献

[1]　GOODFELLOW I, POUGET-ABADIE J, MIRZA M, et al . Generative adversarial nets[C]// Advances in Neural Information Processing Systems, 2014:2672-2680.

[2]　WANG X L，GUPTA A. Generative Image Modeling Using Style and Structure Adversarial

Networks[C]//Computer Vision-ECCV 2016: 318-335.

[3]　ZELLERS R, HOLTZMAN A, RASHKIN H, et al. Defending Against Neural Fake News: Advances in Neural Information Processing Systems 32(NIPS)[C].New York: Curran Associates, Inc, 2019.